원리 이해력 향상! 체계적 실력 향상!

연마 중학수학

1·1

중학 수학의 특징

01 스스로 원리를 터득하는 계산력 시스템

· 풀이 과정을 채워 가면서 스스로 수학의 연산 원리를 이해할 수 있습니다.
· 쉽고 재미있는 문제들을 통해 개념을 이해하고 다양한 문제 접근 방법으로 어떠한 문제도 스스로 해결할 수 있습니다.
· 빠르고 정확한 계산능력을 키울 수 있습니다.

02 연산 드릴을 통한 개념 완성 시스템

· 탄탄한 기본 연산력이 수학 실력 향상의 밑거름이 될 수 있습니다.
· 매일 반복하는 연산 학습으로 자연스럽게 개념을 이해할 수 있습니다.
· 주제별, 유형별로 묻는 문제를 반복하여 풀면서 기본 원리를 완성할 수 있습니다.
· 수학의 기초인 연산 부분을 강화하여 학교 수업에 자신감을 가질 수 있습니다.

03 교과 단원별로 구성한 보충 학습 시스템

· 단원별, 유형별 다양한 문제 접근 방법으로 부족한 부분을 집중 학습할 수 있습니다.

이 책은 수학의 가장 기본이 되는 연산 능력뿐 아니라 확실하게 개념을 잡을 수 있도록 하여 수학의 기본 실력이 향상 되도록 하였습니다.
다음과 같이 본 책을 학습하면 효과를 극대화 할 수 있습니다.

01. 개념, 연산 원리 이해

글과 수식으로 표현된 개념을 창(Window)을 통해 시각적으로 표현하여 직관적으로 개념을 익히고, 구체적인 예시와 함께 연산 원리를 이해합니다.

02. 연산 반복 훈련

동일한 주제의 문제를 반복하여 손으로 풀어 봄으로써 풀이 방법을 익힙니다. 유형별로 문제를 제시하여 약한 유형이 무엇인지 파악할 수 있어 약한 부분에 대한 집중 학습을 합니다.

03. 학교시험 대비

연산 반복 훈련을 통해 개념과 원리를 터득하고, 학교시험 필수예제 문항을 통해 실제 학교 시험 문제에 적용하여 풀어 봅니다. 또한 교과서 수준의 개념을 한눈에 확인 할 수 있도록 빈칸 채우기 형식의 문제로 대단원 기본 개념 CHECK를 통해 전체적인 개념과 흐름을 확인합니다.

연마 중학 수학의 구성

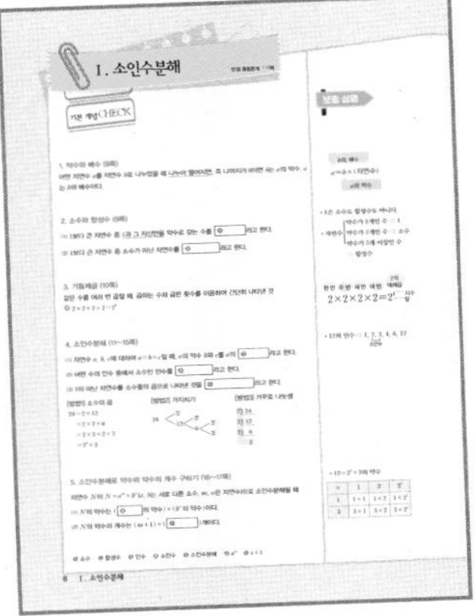

대단원 기본 개념 CHECK

문장력 강화와 서술형 대비를 위해 문장 속 네모박스 채우기로 개념을 정리하며, 단원을 체계적, 종합적으로 볼 수 있습니다.

TIP / 문제 풀이에 필요한 도움말을 해당하는 문항의 하단에 제시하여 첨삭지도합니다.

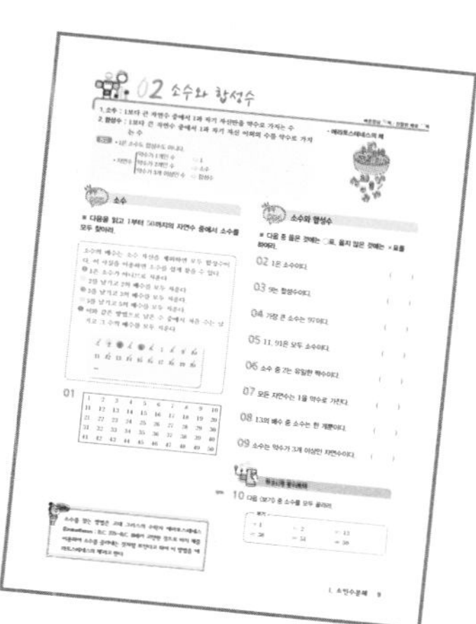

• 학교시험 필수예제

연산 반복 훈련을 통해 터득한 개념과 원리를 확인 합니다. 각 유형별로 배운 내용을 정리하고 스스로 문제를 해결함으써 학교 시험에 대비할 수 있습니다.

• 개념정리

핵심 내용정리는 단원에서 꼭 알아야 하는 기본적인 개념과 원리를 창(Window) 형태로 이미지화하여 제시함으로 이해하기 쉽고, 기억이 잘됩니다.

• 개념 적용/연산 반복 훈련

기본 원리를 적용하여 같은 유형의 문제를 반복적으로, 스몰스텝으로 단계화하여 풀게함으로써 실력을 키울 수 있습니다. 직접 풀이 과정을 쓰면서 개념을 익힐 수 있습니다. 개념을 이해하고 문제풀이를 스스로 하면서 수학에 대한 자신감을 가질 수 있습니다.

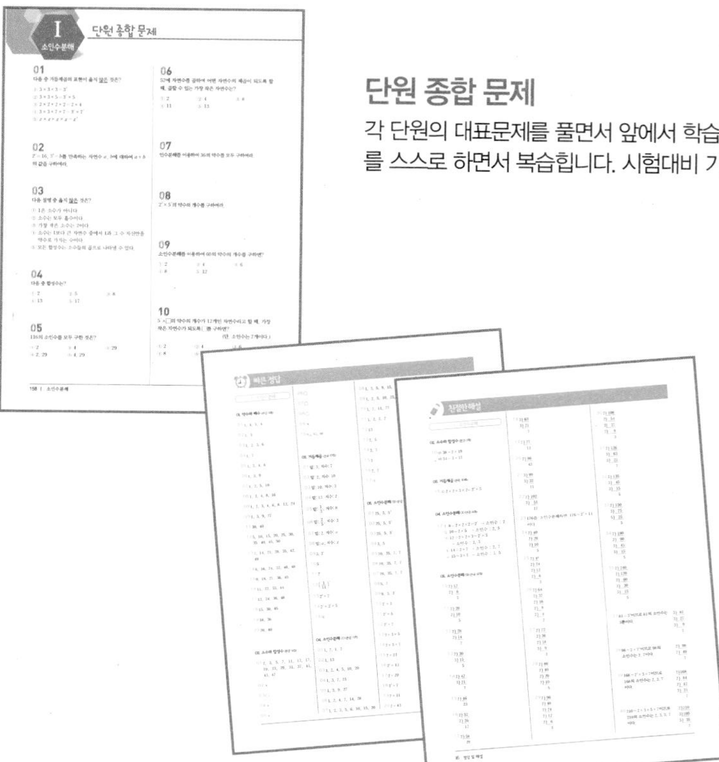

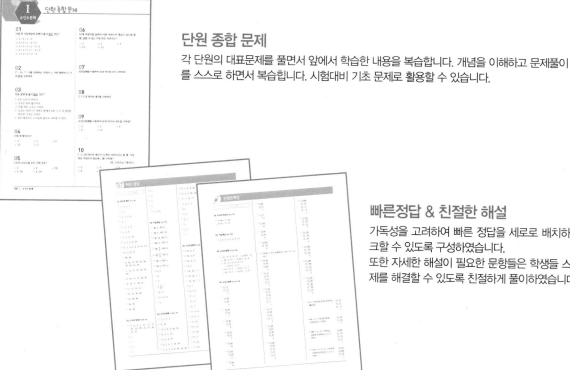

단원 종합 문제

각 단원의 대표문제를 풀면서 앞에서 학습한 내용을 복습합니다. 개념을 이해하고 문제풀이를 스스로 하면서 복습힙니다. 시험대비 기초 문제로 활용할 수 있습니다.

빠른정답 & 친절한 해설

가독성을 고려하여 빠른 정답을 세로로 배치하여 빠르게 정답을 체크할 수 있도록 구성하였습니다.
또한 자세한 해설이 필요한 문항들은 학생들 스스로 해설을 보고 문제를 해결할 수 있도록 친절하게 풀이하였습니다.

차례

단원 종합 문제 158쪽

1. 약수와 배수 (8쪽)

어떤 자연수 a를 자연수 b로 나누었을 때 나누어 떨어지면, 즉 나머지가 0이면 b는 a의 약수, a는 b의 배수이다.

2. 소수와 합성수 (9쪽)

(1) 1보다 큰 자연수 중 1과 그 자신만을 약수로 갖는 수를 ❶ ＿＿＿ 라고 한다.

(2) 1보다 큰 자연수 중 소수가 아닌 자연수를 ❷ ＿＿＿ 라고 한다.

3. 거듭제곱 (10쪽)

같은 수를 여러 번 곱할 때, 곱하는 수와 곱한 횟수를 이용하여 간단히 나타낸 것

예 $2\times2\times2\times2=2^4$

4. 소인수분해 (11~15쪽)

(1) 자연수 a, b, c에 대하여 $a=b\times c$일 때, a의 약수 b와 c를 a의 ❸ ＿＿＿ 라고 한다.

(2) 어떤 수의 인수 중에서 소수인 인수를 ❹ ＿＿＿ 라고 한다.

(3) 1이 아닌 자연수를 소수들의 곱으로 나타낸 것을 ❺ ＿＿＿ 라고 한다.

[방법1] 소수의 곱

$24=2\times12$
$=2\times2\times6$
$=2\times2\times2\times3$
$=2^3\times3$

[방법2] 가지치기

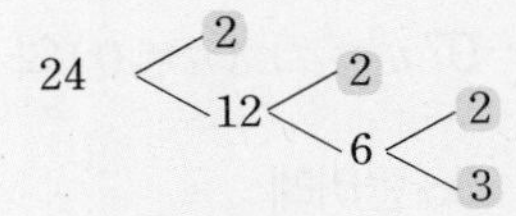

[방법3] 거꾸로 나눗셈

2) 24
2) 12
2) 6
3

5. 소인수분해로 약수와 약수의 개수 구하기 (16~17쪽)

자연수 N이 $N=a^m\times b^n$(a, b는 서로 다른 소수, m, n은 자연수)으로 소인수분해될 때

(1) N의 약수는 (❻ ＿＿＿ 의 약수)$\times$(b^n의 약수)이다.

(2) N의 약수의 개수는 $(m+1)\times($❼ ＿＿＿$)$개이다.

❶ 소수 ❷ 합성수 ❸ 인수 ❹ 소인수 ❺ 소인수분해 ❻ a^m ❼ $n+1$

보충 설명

$a=b\times$(자연수) — b의 배수, a의 약수

• 1은 소수도 합성수도 아니다.

• 자연수
- 약수가 1개인 수 ⇨ 1
- 약수가 2개인 수 ⇨ 소수
- 약수가 3개 이상인 수 ⇨ 합성수

한 번 두 번 세 번 네 번 — 2의 네제곱

$2\times2\times2\times2=2^4$ (4 ← 지수, 2 ← 밑)

• 12의 인수 ⇨ 1, 2, 3, 4, 6, 12 (2, 3: 소인수)

• $12=2^2\times3$의 약수

$\times$	1	2	2^2
1	1×1	1×2	1×2^2
3	3×1	3×2	3×2^2

6. 공약수와 최대공약수 (18쪽)

(1) 두 개 이상의 자연수들의 공통인 약수를 ⑧ ____ 라고 한다.

(2) 공약수 중 가장 큰 수를 ⑨ ____ 라고 한다.

(3) 최대공약수의 성질 : 두 개 이상의 자연수의 공약수는 그 수들의 ⑩ ____ 의 약수이다.

최대공약수가 1인 두 자연수를 서로소라고 한다.

7. 최대공약수를 구하기 (19~22쪽)

(1) 각 수를 소인수분해한다.

(2) 공통인 소인수를 모두 곱한다.

$$\begin{array}{r|rr} 2 & 24 & 60 \\ \hline 2 & 12 & 30 \\ \hline 3 & 6 & 15 \\ \hline & 2 & 5 \end{array}$$

(2, 5: 서로소)

⇨ 24와 60의 최대공약수는 $2\times2\times3=12$

[방법2] 소인수분해 이용

$$\begin{aligned} 24 &= 2\times2\times2\times3 \\ 60 &= 2\times2\quad\ \times3\times5 \\ \hline &\ \ 2\times2\quad\ \times3 \end{aligned}$$

⇨ 24와 60의 최대공약수는 $2\times2\times3=12$

8. 공배수와 최소공배수 (23쪽)

(1) 두 개 이상의 자연수들의 공통인 배수를 ⑪ ____ 라고 한다.

(2) 공배수 중 가장 작은 수를 ⑫ ____ 라고 한다.

(3) 최소공배수의 성질 : 두 개 이상의 자연수의 공배수는 그 수들의 최소공배수의 ⑬ ____ 이다.

[방법2] 소인수분해 이용

$$\begin{aligned} 24 &= 2\times2\times2\times3 \\ 60 &= 2\times2\quad\ \times3\times5 \\ \hline &\ \ 2\times2\times2\times3\times5 \end{aligned}$$

⇨ 24와 60의 최소공배수는 $2\times2\times2\times3\times5=120$

9. 최소공배수를 구하기 (24~27쪽)

(1) 각 수를 소인수분해한다.

(2) 공통인 소인수들과 어느 한쪽에만 나타난 소인수들을 모두 곱한다.

$$\begin{array}{r|rr} 2 & 24 & 60 \\ \hline 2 & 12 & 30 \\ \hline 3 & 6 & 15 \\ \hline & 2 & 5 \end{array}$$

⇨ 24와 60의 최소공배수는 $2\times2\times3\times2\times5=120$

10. 최대공약수와 최소공배수의 관계 (33쪽)

두 자연수 A, B의 최대공약수를 G, 최소공배수를 L이라 하면

(1) a, b는 서로소

(2) $A=G\times a$, $B=G\times$ ⑭ ____

(3) ⑮ ____ $=G\times a\times b$

(4) $A\times B=(G\times a)\times(G\times b)=G\times(G\times a\times b)=$ ⑯ ____ $\times L$

$$\begin{array}{r|rr} G & A & B \\ \hline & a & b \end{array}$$

(a, b: 서로소)

⑧ 공약수 ⑨ 최대공약수 ⑩ 최대공약수 ⑪ 공배수 ⑫ 최소공배수 ⑬ 배수 ⑭ b ⑮ L ⑯ G

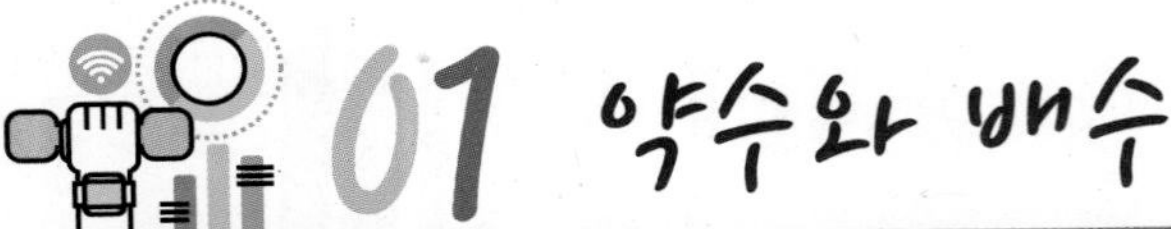

01 약수와 배수

빠른정답 01쪽

1. 몫과 나머지 : 자연수 a를 자연수 b로 나누면 다음 식이 성립한다.
$a=b\times$(몫)+(나머지) (단, $0\leq$(나머지)$<b$)
2. 약수와 배수 : 어떤 자연수 a를 자연수 b로 나누었을 때 나누어 떨어지면, 즉 나머지가 0이면 b는 a의 약수, a는 b의 배수이다.

b의 배수
$a=b\times$(자연수)
a의 약수

유형 001 약수

※ 다음 수의 약수를 모두 구하여라.

01 12

|해설| $12=\square\times12=2\times6=3\times\square$이므로 12의 약수는 $\square$, 2, 3, $\square$, 6, 12이다.

02 3

03 6

04 7

05 8

06 9

07 10

08 16

09 24

10 27

유형 002 배수

※ 1부터 50까지의 자연수 중에서 다음 수의 배수를 모두 말하여라.

11 10

|해설| 1부터 50까지의 자연수 중에서 10의 배수는 10, 20, $\square$, $\square$, 50이다.

12 5

13 7

14 8

15 9

16 11

17 12

18 15

19 18

20 20

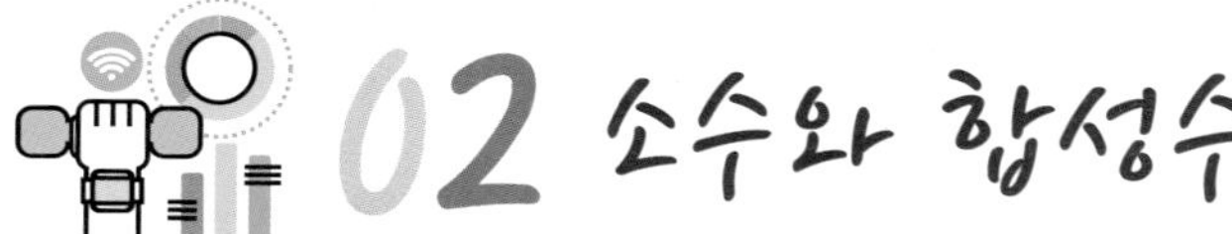

02 소수와 합성수

빠른정답 01쪽 / 친절한 해설 16쪽

1. **소수** : 1보다 큰 자연수 중에서 1과 자기 자신만을 약수로 가지는 수
2. **합성수** : 1보다 큰 자연수 중에서 1과 자기 자신 이외의 수를 약수로 가지는 수

참고 • 1은 소수도 합성수도 아니다.

• 자연수 { 약수가 1개인 수 ⇨ 1 / 약수가 2개인 수 ⇨ 소수 / 약수가 3개 이상인 수 ⇨ 합성수 }

• **에라토스테네스의 체**

유형 003 소수

※ 다음을 읽고 1부터 50까지의 자연수 중에서 소수를 모두 찾아라.

소수의 배수는 소수 자신을 제외하면 모두 합성수이다. 이 사실을 이용하면 소수를 쉽게 찾을 수 있다.

❶ 1은 소수가 아니므로 지운다.
❷ 2를 남기고 2의 배수를 모두 지운다.
❸ 3을 남기고 3의 배수를 모두 지운다.
❹ 5를 남기고 5의 배수를 모두 지운다.
❺ 이와 같은 방법으로 남은 수 중에서 처음 수는 남기고 그 수의 배수를 모두 지운다.

~~1~~ 2 3 ~~4~~ 5 ~~6~~ 7 ~~8~~ ~~9~~ ~~10~~
11 ~~12~~ 13 ~~14~~ ~~15~~ ~~16~~ 17 ~~18~~ 19 ~~20~~
…

01

1	2	3	4	5	6	7	8	9	10
11	12	13	14	15	16	17	18	19	20
21	22	23	24	25	26	27	28	29	30
31	32	33	34	35	36	37	38	39	40
41	42	43	44	45	46	47	48	49	50

Tip

소수를 찾는 방법은 고대 그리스의 수학자 에라토스테네스(Eratosthenes ; B.C. 275~B.C. 194)가 고안한 것으로 마치 체를 이용하여 소수를 골라내는 것처럼 보인다고 하여 이 방법을 '에라토스테네스의 체'라고 한다.

유형 004 소수와 합성수

※ 다음 중 옳은 것에는 ○표, 옳지 않은 것에는 ×표를 하여라.

02 1은 소수이다. (　　)

03 9는 합성수이다. (　　)

04 가장 큰 소수는 97이다. (　　)

05 11, 91은 모두 소수이다. (　　)

06 소수 중 2는 유일한 짝수이다. (　　)

07 모든 자연수는 1을 약수로 가진다. (　　)

08 13의 배수 중 소수는 한 개뿐이다. (　　)

09 소수는 약수가 3개 이상인 자연수이다. (　　)

학교시험 필수예제

10 다음 〈보기〉 중 소수를 모두 골라라.

보기

㉠ 1	㉡ 2	㉢ 13
㉣ 38	㉤ 51	㉥ 59

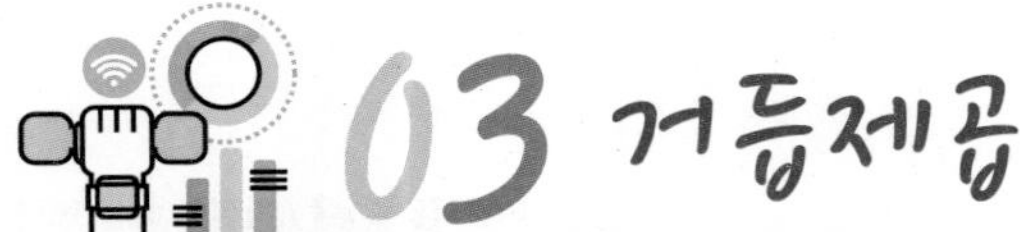

03 거듭제곱

빠른정답 01쪽 / 친절한 해설 16쪽

1. **거듭제곱** : 같은 수를 여러 번 곱할 때, 곱하는 수와 곱한 횟수를 이용하여 간단히 나타낸 것
   예 $2\times2\times2\times2=2^4$
2. **밑** : 거듭제곱으로 나타낼 때 곱하는 수
3. **지수** : 거듭제곱으로 나타낼 때 곱한 횟수

한 번 두 번 세 번 네 번 2의 네제곱

$2\times2\times2\times2=2^4$ ← 지수, ← 밑

참고 2^2은 '2의 제곱', 2^3은 '2의 세제곱', 2^4은 '2의 네제곱'…으로 읽는다.

유형 005 거듭제곱

※ 다음 수의 밑과 지수를 각각 말하여라.

01 3^7

02 2^{10}

03 10^3

04 13^2

05 $\left(\frac{1}{3}\right)^8$

06 $\left(\frac{2}{5}\right)^3$

07 2^n

08 a^x

※ 다음을 거듭제곱을 써서 나타내어라.

09 $3\times3\times3\times3\times3$

해설 곱하는 수가 ☐, 곱한 횟수가 5이므로 거듭제곱으로 나타내면 ☐이다.

10 $5\times5\times5\times5$

11 $2\times2\times2\times2\times2\times2\times2$

12 $\frac{1}{11}\times\frac{1}{11}\times\frac{1}{11}$

13 $2\times2\times2\times7\times7$

14 $2\times2\times3\times3\times3\times5$

학교시험 필수예제

15 다음 중 옳지 않은 것은?

① $2\times2\times2\times2=2^4$
② $3\times3\times3=3^3$
③ $7\times2\times7=2\times7^2$
④ $2\times2\times3\times2=2^2\times3^2$
⑤ $2\times2\times5\times7=2^2\times5\times7$

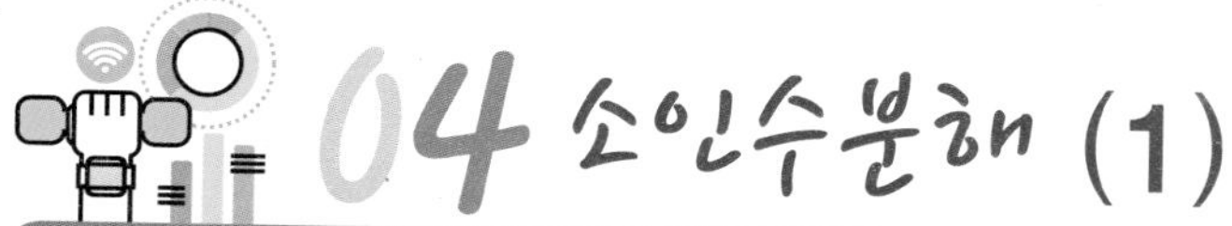

04 소인수분해 (1)

빠른정답 01쪽 / 친절한 해설 16쪽

1. **인수** : 세 자연수 a, b, c에 대하여 $a=b\times c$일 때, a의 약수 b와 c를 인수라고 한다.
2. **소인수** : 어떤 수의 인수 중에서 소수인 수
3. **소인수분해** : 자연수를 소인수들만의 곱으로 나타내는 것

$12=1\times12$
$12=2\times6$
$12=3\times4$
12의 인수 ⇨ 1, 2, 3, 4, 6, 12 (2, 3: 소인수)

유형 006 인수

※ 다음 수의 인수를 모두 구하여라.

01 8

|해설| $8=\square\times8=\square\times4$이므로
8의 인수는 □, □, 4, 8이다.

02 13

03 20

04 21

05 27

06 28

07 30

08 45

09 50

10 77

유형 007 소인수

※ 다음 수의 소인수를 모두 구하여라.

11 8

|해설| 8의 인수 □, □, 4, 8 중에서 소수인 것은 □ 뿐이므로, 8의 소인수는 □이다.

12 13

13 20

14 21

15 27

16 28

학교시험 필수예제

17 다음 중 2와 3을 소인수로 갖는 자연수는?

① 8 ② 10 ③ 12
④ 14 ⑤ 15

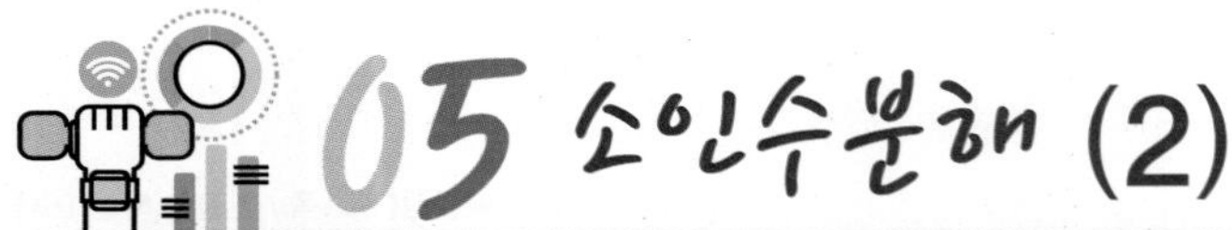

05 소인수분해 (2)

빠른정답 01쪽 / 친절한 해설 16쪽

다음과 같은 방법으로 24를 소인수분해할 수 있다.

[방법1] 소수의 곱

$24=2\times12$
$=2\times2\times6$
$=2\times2\times2\times3$
$=2^3\times3$

[방법2] 가지치기

24 → 2, 12
12 → 2, 6
6 → 2, 3

⇨ $24=2^3\times3$

[방법3] 거꾸로 나눗셈

2) 24
2) 12
2) 6
　　3

⇨ $24=2^3\times3$

유형 008 소인수분해

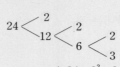

※ 다음은 75를 소인수분해하고, 소인수를 구하는 과정이다. □ 안에 알맞은 수를 써넣어라.

01 $75=3\times\square$
$=3\times5\times\square$
$\therefore 75=3\times\square$

02 75 → 3, □
□ → 5, □

$\therefore 75=3\times\square$

03 3) 75
5) □
　 □

$\therefore 75=3\times\square$

04 75의 소인수는 □과 □이다.

※ 다음은 140을 소인수분해하고, 소인수를 구하는 과정이다. □ 안에 알맞은 수를 써넣어라.

05 $140=2\times\square$
$=2\times2\times\square$
$=2\times2\times5\times\square$
$\therefore 140=2^2\times5\times\square$

06

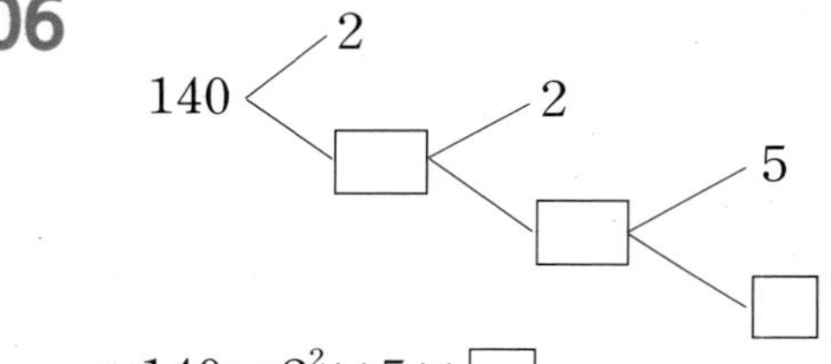

140 → 2, □
□ → 2, □
□ → 5, □

$\therefore 140=2^2\times5\times\square$

07 2) 140
2) □
5) □
　 □

$\therefore 140=2^2\times5\times\square$

08 140의 소인수는 2, □, □이다.

※ 다음 수를 소인수분해하여라.

09 2) 54
3) 27
3) □
□ $\therefore 54=2\times$ □

10 12

11 20

12 28

13 30

14 42

15 46

16 52

17 58

18 63

19 77

20 86

21 99

22 102

학교시험 필수예제

23 다음 중 소인수분해가 잘못된 것은?

① $12=2^2\times3$
② $48=2^4\times3$
③ $84=2^2\times3\times7$
④ $176=2^3\times3^2\times7$
⑤ $294=2\times3\times7^2$

※ 다음 수를 소인수분해하여라.

24 40

25 48

26 64

27 72

28 80

29 96

30 108

31 126

32 135

33 150

34 180

35 240

유형 009 소인수분해와 소인수

※ 다음 수의 소인수를 모두 구하여라.

36 60

|해설| 2) 60
2) 30
3) □
□

$60=2^2\times3\times\square$이므로
60의 소인수는 2, 3, □이다.

37 81

38 98

39 168

40 210

유형 010 제곱인 수 만들기

※ 다음 수에 가장 작은 자연수를 곱하여 어떤 자연수의 제곱이 되게 하려고 한다. 곱해야 할 가장 작은 자연수를 구하여라.

41 56

|해설| 2) 56
2) 28
2) 14
□

어떤 수의 제곱이 되려면 그 수를 소인수분해하였을 때, 모든 소인수의 지수가 짝수이어야 한다.
$56=2^3\times\square$이므로 곱해야하는 가장 작은 자연수는 $2\times\square=\square$이다.

42 18

43 32

Tip 어떤 수의 제곱이 되려면 소인수분해하였을 때, 모든 소인수의 지수가 짝수이어야 하므로 지수가 홀수인 소인수를 짝수가 되도록 곱한다.

학교시험 필수예제

44 60에 자연수를 곱하여 어떤 자연수의 제곱이 되게 하려고 한다. 이때, 곱해야 할 자연수 중 가장 작은 수는?

① 3 ② 5 ③ 10
④ 15 ⑤ 60

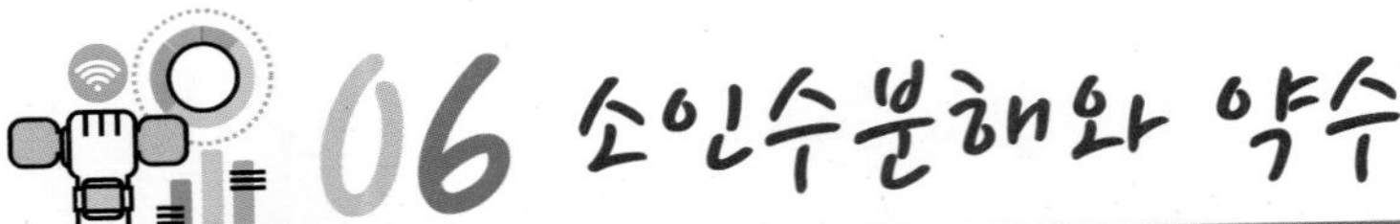

06 소인수분해와 약수

빠른정답 01쪽 / 친절한 해설 17쪽

자연수 A가 $A=a^m \times b^n$으로 소인수분해될 때, A의 약수는
a^m의 약수 $1, a, a^2, \cdots, a^m$과 b^n의 약수 $1, b, b^2, \cdots, b^n$을 곱해서 구한다.

예 $12=2^2\times3$의 약수

$\times$	1	2	2^2
1	1×1	1×2	1×2^2
3	3×1	3×2	3×2^2

유형 011 소인수분해와 약수

※ 다음은 소인수분해를 이용하여 약수를 구하는 과정이다. 표의 빈칸에 알맞은 수를 써넣어라.

01 $36=2^2\times3^2$

$\times$	1	2	2^2
1	1	2	4
3	3		
3^2	9		

02 $50=2\times5^2$

$\times$	1	2
1		2
5	5	
5^2		

03 $144=2^4\times3^2$

$\times$	1	2	2^2	2^3	2^4
1		2	4	8	16
3		6	12	24	48
3^2					

04 $275=5^2\times11$

$\times$	1	5	5^2
1			
11	11		275

※ 소인수분해를 이용하여 다음 수의 약수를 모두 구하여라.

05 24

| 해설 | $24=2^3\times3$이므로

$$\begin{array}{r|l} 2 & 24 \\ \hline 2 & 12 \\ \hline 2 & 6 \\ \hline & 3 \end{array}$$

$\times$	1	2	2^2	2^3
1	1	2	4	8
3	3		12	

따라서 24의 약수는
1, 2, 3, 4, ☐, 8, 12, ☐이다.

06 45

학교시험 필수예제

07 다음 중 $2^2\times3^3\times5$의 약수가 될 수 없는 것은?

① 2^2 ② 2^3 ③ 2×3^2
④ $2^2\times5$ ⑤ $2^2\times3^3\times5$

07 소인수분해와 약수의 개수

빠른정답 02쪽 / 친절한 해설 17쪽

자연수 A가 $A=a^m\times b^n$으로 소인수분해될 때, A의 약수의 개수는 $(m+1)\times(n+1)$개이다.

예 12의 약수의 개수

$2^2\times3^1 \Rightarrow (2+1)\times(1+1)=6$(개)

└→ 소인수분해　└→ 약수의 개수

유형 012 소인수분해와 약수의 개수

※ 다음 수의 약수의 개수를 구하여라.

01 5×7^3

| 해설 | $a^m\times b^n$의 약수의 개수는 $(m+1)\times(n+1)$이므로 5×7^3의 약수의 개수는 $(1+1)\times(\square+1)=\square$이다.

02 $3^4\times5^2$

03 $2^3\times3^3$

04 $5^2\times11\times13$

05 $2^3\times3^2\times7$

※ 다음 수의 약수의 개수를 구하여라.

06 56

| 해설 | $56=2^3\times7$이므로 56의 약수의 개수는 $(3+1)\times(\square+1)=\square$이다.

$$\begin{array}{r|l} 2 & 56 \\ \hline 2 & 28 \\ \hline 2 & 14 \\ \hline & 7 \end{array}$$

07 78

08 125

학교시험 필수예제

09 다음 중 약수의 개수가 20개인 것은?

① $2^3\times3^4$　② $2\times3\times5$
③ $2^2\times5^2$　④ $3^2\times7^3$
⑤ $2^2\times3\times7$

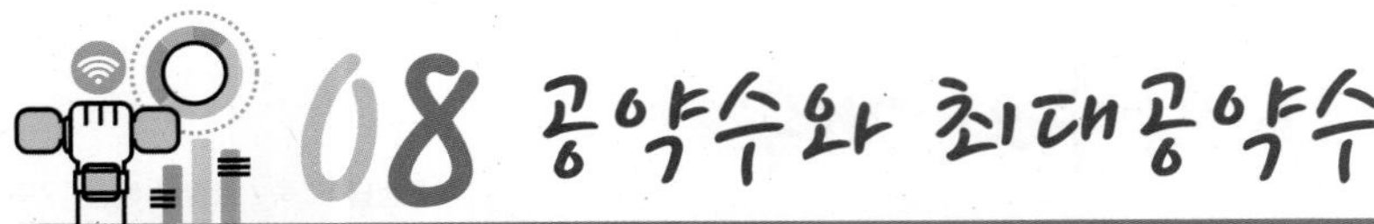

08 공약수와 최대공약수

빠른정답 02쪽 / 친절한 해설 17쪽

1. **공약수** : 두 개 이상의 자연수의 공통인 약수
2. **최대공약수** : 공약수 중에서 가장 큰 수
3. **서로소** : 최대공약수가 1인 두 자연수를 서로소라고 한다.
4. **최대공약수의 성질**
   두 개 이상의 자연수의 공약수는 최대공약수의 약수이다.

- 24의 약수
  ⇨ 1, 2, 3, 4, 6, 8, 12, 24
- 60의 약수
  ⇨ 1, 2, 3, 4, 5, 6, 10, 12, 15, 20, 30, 60
- 24와 60의 공약수
  ⇨ 1, 2, 3, 4, 6, 12 ← 최대공약수

유형 013 최대공약수

※ 다음을 구하여라.

01 12, 30

(1) 12의 약수

(2) 30의 약수

(3) 12와 30의 공통인 약수

(4) 12와 30의 공통인 약수 중 가장 큰 수

02 35, 44

(1) 35의 약수

(2) 44의 약수

(3) 35와 44의 공통인 약수

(4) 35와 44의 공통인 약수 중 가장 큰 수

유형 014 서로소

※ 다음 중 두 자연수가 서로소인 것에는 ○표, 서로소가 아닌 것에는 ×표를 하여라.

03 6, 16 ( )

04 8, 39 ( )

05 14, 35 ( )

06 18, 24 ( )

07 25, 36 ( )

학교시험 필수예제

08 두 자연수 A, B의 최대공약수가 45일 때, 두 자연수의 공약수의 개수를 구하여라.

09 최대공약수 구하기

빠른정답 02쪽 / 친절한 해설 17쪽

[방법1] 나눗셈 이용

$$\begin{array}{r|rr} 2 & 24 & 60 \\ \hline 2 & 12 & 30 \\ \hline 3 & 6 & 15 \\ \hline & 2 & 5 \end{array}$$

서로소

⇨ 24와 60의 최대공약수는
$2\times2\times3=12$

[방법2] 소인수분해 이용

$$\begin{array}{l} 24 = 2\times2\times2\times3 \\ 60 = 2\times2 \quad\ \ \times3\times5 \\ \hline \quad\quad\ \ 2\times2 \quad\ \ \times3 \end{array}$$

⇨ 24와 60의 최대공약수는
$2\times2\times3=12$

유형 015 최대공약수 구하기

※ 다음 수들의 최대공약수를 소인수의 거듭제곱의 꼴로 나타내어라.

01 $2^2\times3\times5,\ 2^3\times3^2$

|해설| 두 수 $2^2\times3\times5$, $2^3\times3^2$의 공통인 소인수를 모두 곱한다. 이때 지수는 같으면 그대로, 다르면 작은 것을 택한다.
따라서 (최대공약수)$=\square^2\times\square$이다.

02 $2^3\times3^3,\ 2\times3^2$

03 $3^2\times5,\ 2^2\times3^3$

04 $5^2,\ 2^3\times3\times5$

05 $2\times3^2,\ 2^2\times3\times5$

06 $3^2\times5,\ 2^2\times3^2\times7$

07 $2^3\times3\times7^2,\ 2^2\times7\times11$

08 $2^2\times5,\ 2^3\times3,\ 2\times3\times5$

학교시험 필수예제

09 세 자연수 $A=2^3\times3^2\times5$, $B=2^2\times3^2\times7$, $C=2\times3^3\times5^2$의 최대공약수를 고르면?

① 2×3 ② 2×3^2
③ $2^3\times3^3$ ④ $2\times3\times5\times7$
⑤ $2^3\times3^3\times5^2\times7$

※ 다음 수들의 최대공약수를 소인수분해를 이용하여 구하여라.

10 24, 36

|해설| $24=2^3\times3$, $36=2^2\times\square$이므로
최대공약수는 $2^2\times\square=\square$이다.

11 12, 16

12 16, 20

13 16, 48

14 18, 32

15 25, 35

16 48, 72

17 90, 126

18 9, 27, 36

19 14, 28, 35

※ 다음 수들의 최대공약수를 공약수로 나누어 구하여라.

20 18, 30

|해설|

$$\begin{array}{r|rr} 2 & 18 & 30 \\ \hline \square & 9 & 15 \\ \hline & 3 & \square \end{array}$$

∴ (최대공약수)$=2\times\square=\square$

21 8, 12

22 12, 30

23 16, 32

24 21, 35

25 48, 60

26 56, 72

27 72, 90

28 6, 8, 10

29 12, 18, 30

※ 다음 수들의 공약수를 모두 구하여라.

30 54, 72

|해설| 두 자연수의 최대공약수가
$\square \times 3^2 = \square$이므로
공약수는 1, $\square$, 3, 6, $\square$, $\square$이다.

$$\begin{array}{r|rr} 2 & 54 & 72 \\ \hline 3 & 27 & 36 \\ \hline 3 & 9 & 12 \\ \hline & 3 & 4 \end{array}$$

31 10, 14

32 15, 24

33 20, 32

34 24, 32

35 36, 60

36 42, 70

37 75, 90

38 6, 8, 12

39 24, 36, 48

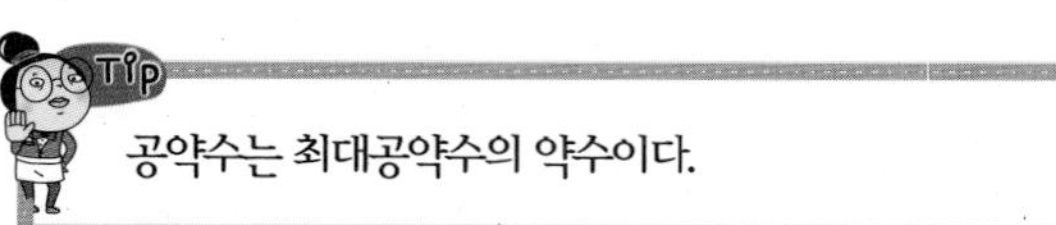

공약수는 최대공약수의 약수이다.

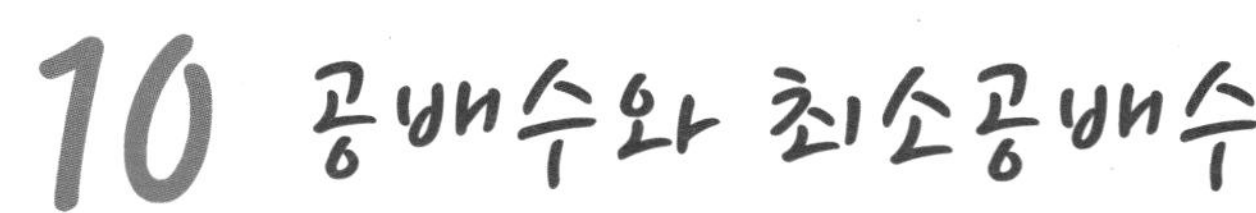

10 공배수와 최소공배수

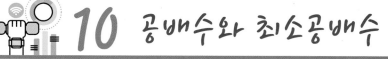

빠른정답 02쪽 / 친절한 해설 18쪽

1. **공배수** : 두 개 이상의 자연수의 공통인 배수
2. **최소공배수** : 공배수 중에서 가장 작은 수
3. **최소공배수의 성질**
   두 개 이상의 자연수의 공배수는 최소공배수의 배수이다.

참고 두 자연수가 서로소일 때, 이 두 수의 최소공배수는 두 수의 곱과 같다.

- 24의 배수
  ⇨ 24, 48, 72, 96, 120, 144, ⋯
- 60의 배수
  ⇨ 60, 120, 180, 240, 300, 360, ⋯
- 24와 60의 공배수
  ⇨ 120, 240, 360, ⋯
  (120: 최소공배수)

유형 016 최소공배수

※ 주어진 두 자연수에 대해 다음을 구하여라.

01 3, 6

(1) 3의 배수

(2) 6의 배수

(3) 3과 6의 공통인 배수

(4) 3과 6의 공통인 배수 중 가장 작은 수

02 10, 15

(1) 10의 배수

(2) 15의 배수

(3) 10과 15의 공통인 배수

(4) 10과 15의 공통인 배수 중 가장 작은 수

※ 다음 두 자연수의 공배수를 작은 것부터 3개를 차례로 말하여라.

03 2, 3

04 3, 4

05 3, 9

06 5, 10

07 6, 9

학교시험 필수예제

08 두 자연수의 최소공배수가 12일 때, 두 수의 공배수 중 100 이하인 것의 개수를 구하여라.

11 최소공배수 구하기

빠른정답 02쪽 / 친절한 해설 18쪽

[방법1] 나눗셈 이용

$$\begin{array}{r|rr} 2 & 24 & 60 \\ \hline 2 & 12 & 30 \\ \hline 3 & 6 & 15 \\ \hline & 2 & 5 \end{array}$$

서로소

⇨ 24와 60의 최소공배수는 $2\times2\times3\times2\times5=120$

[방법2] 소인수분해 이용

$24=2\times2\times2\times3$

$60=2\times2\quad\times3\times5$

$2\times2\times2\times3\times5$

⇨ 24와 60의 최소공배수는 $2\times2\times2\times3\times5=120$

최소공배수 구하기

※ 다음 수들의 최소공배수를 소인수의 거듭제곱의 꼴로 나타내어라.

01 $2^2\times3\times5,\ 2^3\times3^2$

| 해설 | 두 수 $2^2\times3\times5$, $2^3\times3^2$의 공통인 소인수와 공통이 아닌 소인수를 모두 곱한다.
이때 지수는 같으면 그대로, 다르면 큰 것을 택한다.
따라서 (최소공배수)$=\square^3\times\square^2\times\square$이다.

02 $2^3\times3^3,\ 2\times3^2$

03 $3^2\times5,\ 2^2\times3^3$

04 $5^2,\ 2^3\times3\times5$

05 $2\times3^2,\ 2^2\times3\times5$

06 $3^2\times5,\ 2^2\times3^2\times7$

07 $2^3\times3\times7^2,\ 2^2\times7\times11$

08 $2^2\times5,\ 2^3\times3,\ 2\times3\times5$

학교시험 필수예제

09 세 자연수 $A=2^3\times3^2\times5$, $B=2^2\times3^2\times7$, $C=2\times3^3\times5^2$의 최소공배수를 고르면?

① $2\times3\times5\times7$
② $2\times3^2\times5\times7$
③ $2^3\times3^3\times5\times7$
④ $2^3\times3^2\times5^2\times7$
⑤ $2^3\times3^3\times5^2\times7$

※ 다음 수들의 최소공배수를 소인수분해를 이용하여 구하여라.

10 18, 24

|해설| $18=2\times3^2$, $24=2^3\times$ □ 이므로
최소공배수는 $2^3\times$ □ = □ 이다.

11 4, 6

12 4, 10

13 6, 8

14 8, 10

15 12, 15

16 6, 8, 10

17 15, 20, 30

학교시험 필수예제

18 세 수 35, 56, 140의 최대공약수를 a, 최소공배수를 b라고 할 때, $a+b$의 값은?

① 147 ② 287 ③ 294
④ 567 ⑤ 1134

※ 다음 수들의 최소공배수를 공약수로 나누어 구하여라.

19 16, 20

|해설|
$$\begin{array}{r|rr} 2 & 16 & 20 \\ \hline 2 & 8 & 10 \\ \hline & 4 & \square \end{array}$$

$\therefore$ (최소공배수)$=2^2\times4\times\square=\square$

20 6, 12

21 8, 12

22 9, 12

23 10, 14

24 12, 16

25 20, 30

26 24, 36

27 6, 8, 12

28 21, 28, 42

※ 200 이하의 자연수 중에서 다음 수들의 공배수의 개수를 구하여라.

29 12, 18

해설 | 12, 18의 공배수는 최소공배수인 ☐의 배수이므로 구하는 자연수의 개수는 ☐이다.

2) 12 18
3) 6 9
2 ☐

30 3, 7

31 6, 10

32 8, 20

33 12, 20

34 16, 24

35 4, 6, 8

36 6, 9, 15

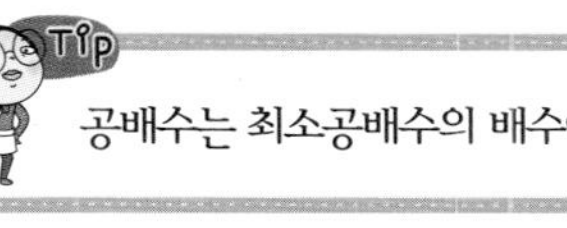

공배수는 최소공배수의 배수이다.

학교시험 필수예제

37 두 수 12, 16, 공배수 중에서 200에 가장 가까운 수는?

① 144 ② 180 ③ 192
④ 214 ⑤ 240

12 최대공약수의 활용

빠른정답 02쪽

주어진 문제에 다음과 같은 표현이 들어 있는 경우 최대공약수를 이용한다.

(1) '가장 많은', '가능한 한 많은', '가능한 한 크게', '최대의' 등의 표현이 있을 때 ➡ 최대

(2) '똑같이 나누어 주는', '같은 간격으로 나누는', '남는 부분이 없이 정사각형(정육면체)으로 나누는' 등의 표현이 있을 때 ➡ 공약수

도형에 관한 문제

※ 가로의 길이, 세로의 길이가 각각 다음과 같은 직사각형 모양의 종이를 남김없이 가장 큰 정사각형으로 나누려고 한다. 정사각형의 한 변의 길이를 구하여라.

01 가로의 길이가 36 cm, 세로의 길이가 63 cm

|해설| 구하는 정사각형의 한 변의 길이는 가로의 길이와 세로의 길이의 최대공약수이므로

3)	□	63
□)	□	21
	4	□

따라서 한 변의 길이는 □ cm이다.

02 가로의 길이가 24 cm, 세로의 길이가 18 cm

03 가로의 길이가 32 cm, 세로의 길이가 24 cm

04 가로의 길이가 35 cm, 세로의 길이가 21 cm

※ 가로의 길이, 세로의 길이, 높이가 각각 다음과 같은 직육면체 모양의 상자를 크기가 같은 여러 개의 정육면체를 되도록 적게 사용하여 빈틈없이 채우려고 한다. 정육면체의 한 모서리의 길이를 구하여라.

05 가로의 길이가 30 cm, 세로의 길이가 45 cm, 높이가 75 cm

|해설| 구하는 정육면체의 한 모서리의 길이는 가로의 길이, 세로의 길이와 높이의 최대공약수이므로

3)	30	45	□
□)	10	15	□
	2	3	□

따라서 한 모서리의 길이는 □ cm이다.

06 가로의 길이가 18 cm, 세로의 길이가 24 cm, 높이가 36 cm

07 가로의 길이가 21 cm, 세로의 길이가 14 cm, 높이가 35 cm

08 가로의 길이가 84 cm, 세로의 길이가 72 cm, 높이가 90 cm

※ 다음을 읽고 □ 안에 알맞은 것을 써넣어라.

가로의 길이가 80 cm, 세로의 길이가 100 cm인 직사각형 모양의 벽에 남는 부분이 없이 가능한 큰 정사각형 모양의 타일을 붙이려고 한다.

09 타일의 한 변의 길이는 80, □의 최대공약수이다.

10 타일의 한 변의 길이는 □ cm이다.

11 필요한 타일의 수는 □장이다.

Tip
'되도록 많이', '가능한 큰', '최대의' 등의 표현이 들어 있는 문제는 최대공약수를 이용한다.

유형 019 분배에 관한 문제

※ 다음을 읽고 □ 안에 알맞은 것을 써넣어라.

사과 40개와 귤 72개를 가능한 많은 학생들에게 똑같이 나누어 주려는데, 나누어 줄 수 있는 최대 학생의 수를 구하려고 한다.

12 사과 40개를 똑같이 나누어 줄 수 있는 학생의 수는 □의 약수이다.

13 귤 72개를 똑같이 나누어 줄 수 있는 학생의 수는 72의 □이다.

14 사과와 귤을 모두 똑같이 나누어 줄 수 있는 학생의 수는 40, □의 □이다.

15 사과와 귤을 모두 똑같이 나누어 줄 수 있는 최대 학생의 수는 40, 72의 □인 □명이다.

13 최소공배수의 활용

빠른정답 03쪽

주어진 문제에 다음과 같은 표현이 들어 있는 경우 최소공배수를 이용한다.

(1) '가장 작은', '가능한 한 적은', '가능한 한 작게', '최소의' 등의 표현이 있을 때 ➡ 최소

(2) '동시에 출발하여 다시 만나는', '다시 맞물리는', '빈틈없이 붙여 정사각형(정육면체)이 되도록' 등의 표현이 있을 때 ➡ 공배수

도형에 관한 문제

※ 가로의 길이, 세로의 길이가 각각 다음과 같은 직사각형 모양의 종이를 겹치지 않게 빈틈없이 붙여서 가장 작은 정사각형을 만들려고 한다. 정사각형의 한 변의 길이를 구하여라.

01 가로의 길이가 12 cm, 세로의 길이가 15 cm

|해설| 구하는 정사각형의 한 변의 길이는 가로의 길이와 세로의 길이의 최소공배수이므로

$\square$) 12 $\square$

4 $\square$

따라서 한 변의 길이는 $\square$ cm이다.

02 가로의 길이가 10 cm, 세로의 길이가 6 cm

03 가로의 길이가 12 cm, 세로의 길이가 8 cm

04 가로의 길이가 10 cm, 세로의 길이가 14 cm

회전에 관한 문제

※ 다음을 읽고 □ 안에 알맞은 것을 써넣어라.

두 사람이 운동장 한 바퀴를 도는데 각각 60초, 90초가 걸린다. 이와 같은 속력으로 출발점을 동시에 출발하여 같은 방향으로 돌 때, 처음으로 두 사람이 출발한 곳에서 다시 만나는 것은 몇 초 후인지 구하려고 한다.

05 두 사람이 출발한 곳으로 돌아오는데 걸리는 시간은 각각 60, $\square$의 배수이다.

06 두 사람이 동시에 출발한 곳으로 돌아오는데 걸리는 시간은 60, $\square$의 $\square$이다.

07 처음으로 두 사람이 동시에 출발한 곳으로 돌아오는데 걸리는 시간은 60, 90의 $\square$인 $\square$초이다.

'되도록 적은', '가능한 작은', '최소의' 등의 표현이 들어 있는 문제는 최소공배수를 이용한다.

※ 다음을 읽고 □ 안에 알맞은 것을 써넣어라.

어느 역에서 전철은 14분마다 출발하고 버스는 20분마다 출발한다. 오전 8시에 전철과 버스가 동시에 출발하였을 때, 처음으로 다시 동시에 출발하는 시각을 구하려고 한다.

08 전철이 출발하는 시각은 14의 □이다.

09 버스가 출발하는 시각은 □의 배수이다.

10 전철과 버스가 동시에 출발하는 시각은 14, □의 □이다.

11 전철과 버스가 오전 8시에 동시에 출발하여 다시 처음으로 동시에 출발하는 시각은 14, 20의 □인 □분 후이므로 오전 10시 □분이다.

※ 다음을 읽고 □ 안에 알맞은 것을 써넣어라.

톱니의 수가 각각 36개, 90개인 두 톱니바퀴 A, B가 서로 맞물려 돌아가고 있다. 두 톱니바퀴가 돌기 시작하여 처음으로 출발 위치에서 만날 때, 톱니바퀴의 회전 수를 구하려고 한다.

12 A 톱니바퀴가 출발 위치로 돌아오는데 돌아간 톱니의 수는 □의 배수이다.

13 B 톱니바퀴가 출발 위치로 돌아오는데 돌아간 톱니의 수는 90의 □이다.

14 두 톱니바퀴가 동시에 출발 위치로 돌아오는데 돌아간 톱니의 수는 □, 90의 □이다.

15 두 톱니바퀴가 처음으로 동시에 출발 위치로 돌아오는데 돌아간 톱니의 수는 36, 90의 □인 □이다.

16 두 톱니바퀴가 처음으로 동시에 출발 위치로 돌아오는데 A 톱니바퀴의 회전 수는 □바퀴이다.

분수를 자연수로 만드는 수

※ 다음을 읽고 □ 안에 알맞은 것을 써넣어라.

> 두 분수 $\frac{1}{16}$과 $\frac{1}{20}$의 어느 것에 곱하여도 그 값이 자연수가 되게 하는 자연수 중에서 가장 작은 수를 구하려고 한다.

17 분수 $\frac{1}{16}$에 곱하여 그 값이 자연수가 되게 하는 자연수는 □의 배수이다.

18 분수 $\frac{1}{20}$에 곱하여 그 값이 자연수가 되게 하는 자연수는 20의 □이다.

19 두 분수 $\frac{1}{16}$과 $\frac{1}{20}$의 어느 것에 곱하여도 그 값이 자연수가 되게 하는 자연수는 □, 20의 □이다.

20 두 분수 $\frac{1}{16}$과 $\frac{1}{20}$의 어느 것에 곱하여도 그 값이 자연수가 되게 하는 자연수 중에서 가장 작은 수는 16, 20의 □인 □이다.

※ 다음을 읽고 □ 안에 알맞은 것을 써넣어라.

> 두 분수 $\frac{20}{21}$과 $\frac{15}{28}$의 어느 것에 곱하여도 그 값이 자연수가 되게 하는 가장 작은 수를 구하려고 한다.

21 두 분수 $\frac{20}{21}$과 $\frac{15}{28}$의 어느 것에 곱하여도 그 값이 자연수가 되게 하는 분수의 분모는 20, □의 □이다.

22 두 분수 $\frac{20}{21}$과 $\frac{15}{28}$의 어느 것에 곱하여도 그 값이 자연수가 되게 하는 분수의 분자는 □, 28의 □이다.

23 두 분수 $\frac{20}{21}$과 $\frac{15}{28}$의 어느 것에 곱하여도 그 값이 자연수가 되는 분수는

$\frac{(21,\ 28\text{의 }\square)}{(20,\ \square\text{의 공약수})}$ 이다.

24 두 분수 $\frac{20}{21}$과 $\frac{15}{28}$의 어느 것에 곱하여도 그 값이 자연수가 되는 분수 중에서 가장 작은 수는

$\frac{(21,\ 28\text{의 }\square)}{(20,\ \square\text{의 최대공약수})}$ 인 □이다.

> **Tip** 어떤 수에 곱하여도 그 결과가 자연수가 되려면 곱하는 수는 $\frac{(\text{분모들의 공배수})}{(\text{분자들의 공약수})}$ 이어야 한다.

14 최대공약수와 최소공배수의 관계

빠른정답 03쪽 / 친절한 해설 18쪽

두 자연수 A, B의 최대공약수를 G, 최소공배수를 L이라 하면

(1) a, b는 서로소

(2) $A=G\times a$, $B=G\times b$

(3) $L=G\times a\times b$

(4) $A\times B=(G\times a)\times(G\times b)=G\times(G\times a\times b)=G\times L$

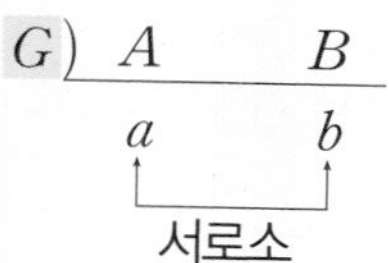

최대공약수와 최소공배수의 관계

※ 두 수 24, 60에 대하여 다음을 구하여라.

01 최대공약수 G

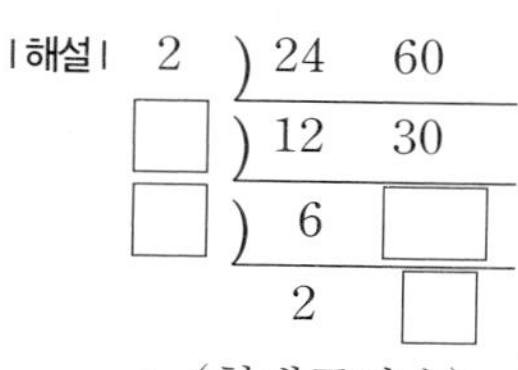

02 최소공배수 L

03 24×60

04 $G\times L$

※ 두 자연수 A, B의 최대공약수 G와 최소공배수 L이 다음과 같을 때, $A\times B$의 값을 구하여라.

05 $G=4$, $L=12$

|해설| $A\times B=G\times L=$ □ $\times12=$ □

06 $G=10$, $L=60$

07 $G=9$, $L=108$

08 $G=1$, $L=72$

학교시험 필수예제

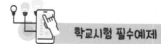

09 두 자연수의 곱이 225이고 최소공배수가 45일 때, 이 두 자연수의 최대공약수를 구하여라.

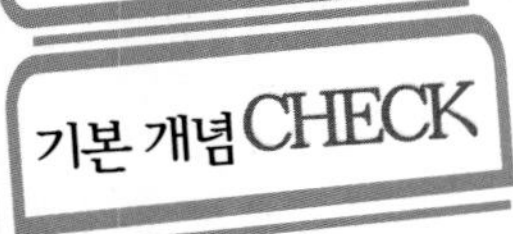

Ⅱ. 정수와 유리수

단원 종합 문제 161쪽

기본 개념 CHECK

보충 설명

1. 정수 (36~39쪽)

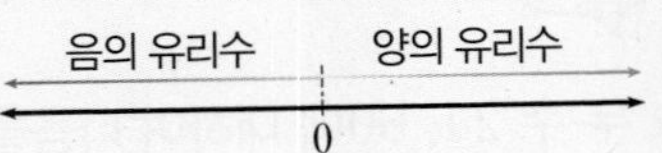

(1) 양의 정수는 자연수에 '+' 부호를 붙인 수이다.

(2) 음의 정수는 자연수에 ❶ ______ 부호를 붙인 수이다.

(3) 양의 정수, ❷ ______, 음의 정수를 통틀어 정수라고 한다.

2. 유리수 (37~39쪽)

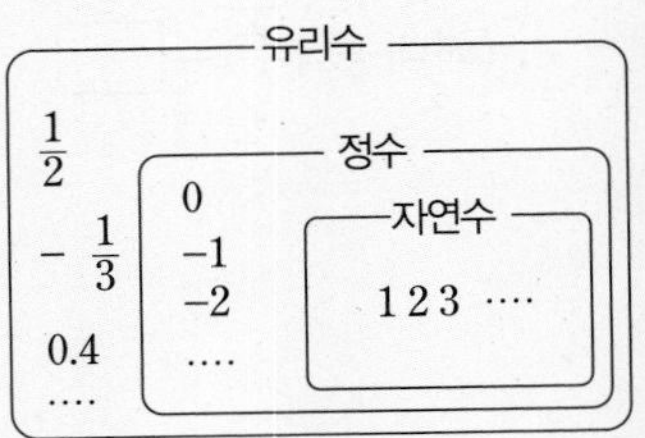

(1) 유리수의 뜻 : 분자, 분모가 자연수인 분수에 양의 부호를 붙인 수와 ❸ ______ 를 붙인 수, 그리고 ❹ ______ 을 통틀어 유리수라고 한다.

(2) 유리수의 분류

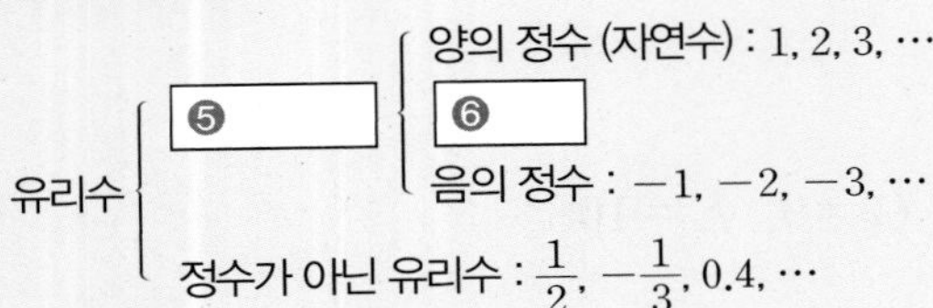

유리수 ┬ ❺ ______ ┬ 양의 정수 (자연수) : $1, 2, 3, \cdots$
　　　 │　　　　　 ├ ❻ ______
　　　 │　　　　　 └ 음의 정수 : $-1, -2, -3, \cdots$
　　　 └ 정수가 아닌 유리수 : $\frac{1}{2}, -\frac{1}{3}, 0.4, \cdots$

3. 절댓값 (40~43쪽)

절댓값은 수직선 위에 어떤 수를 나타내는 점과 ❼ ______ 사이의 거리이다.
또한, 기호 '| |'를 사용하여 나타낸다.

• 절댓값이 3인 수 : $+3, -3$

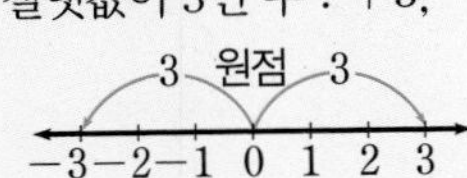

• 수직선은 직선 위에 기준이 되는 점 O(원점)를 잡아 0을 대응시키고, 오른쪽에는 양수, 왼쪽에는 음수를 대응시켜 만든 직선이다.

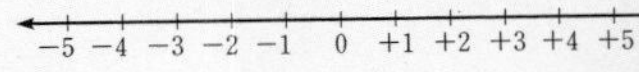

4. 유리수의 대소 관계 (44~47쪽)

(1) ❽ ______ $<0<$ 양수

(2) 두 ❾ ______ 에서는 그 절댓값이 큰 수가 크다.

(3) 두 음수에서는 그 절댓값이 큰 수가 ❿ ______. 예 $-9<-3$

•
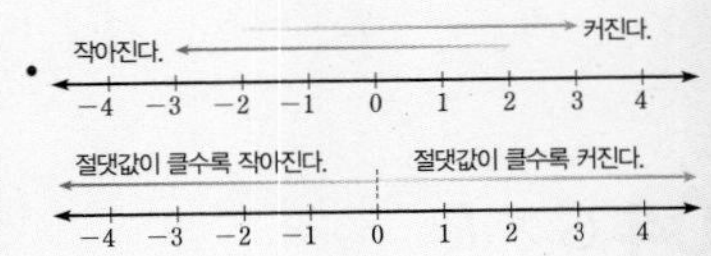

❶ − ❷ 0 ❸ 음의 부호 ❹ 0 ❺ 정수 ❻ 0 ❼ 원점 ❽ 음수 ❾ 양수 ❿ 작다

6. 유리수의 덧셈 (48~56쪽)

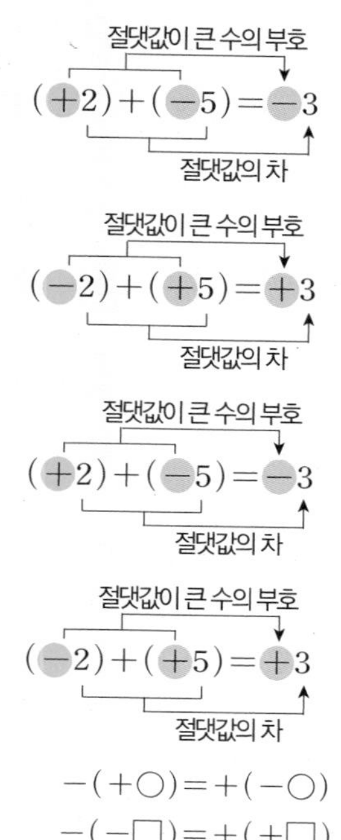

(1) 유리수의 덧셈

① 부호가 같은 두 유리수의 합은 두 수의 절댓값의 합에 공통인 부호를 붙인다.

② 부호가 다른 두 유리수의 합은 두 수의 절댓값의 차에 절댓값이 큰 수의 부호를 붙인다.

(2) 덧셈의 계산 법칙 : 세 유리수 a, b, c에 대하여 다음이 성립한다.

① 덧셈의 ⑪ [　　　] 법칙 : $a+b=b+a$

② 덧셈의 ⑫ [　　　] 법칙 : $(a+b)+c=a+(b+c)$

7. 유리수의 뺄셈 (57~60쪽)

유리수의 뺄셈은 빼는 수의 부호를 바꾸어 ⑬ [　　　] 으로 고쳐서 계산한다.

참고 덧셈과 뺄셈의 혼합 계산(61~64쪽)일 때,
뺄셈을 덧셈으로 고치기 ⇨ 양수는 양수끼리, 음수는 음수끼리 모아 계산하기 ⇨ 계산하기

8. 유리수의 곱셈 (65~73쪽)

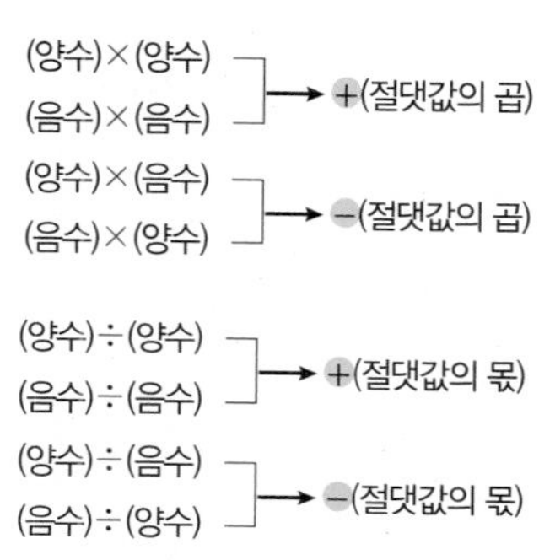

(1) 유리수의 곱셈

① 부호가 같은 두 유리수의 곱은 두 수의 절댓값의 곱에 양의 부호를 붙인다.

② 부호가 다른 두 유리수의 곱은 두 수의 절댓값의 곱에 음의 부호를 붙인다.

(2) 곱셈의 계산 법칙 : 세 유리수 a, b, c에 대하여 다음이 성립한다.

① 곱셈의 교환법칙 : $a\times b=$ ⑭ [　　　]

② 곱셈의 ⑮ [　　　] 법칙 : $(a\times b)\times c=a\times(b\times c)$

9. 유리수의 나눗셈 (74~77쪽)

(1) 두 수의 곱이 1이 될 때, 한 수를 다른 수의 ⑯ [　　　] 라고 한다.

(2) 유리수의 나눗셈은 나누는 수를 그 역수로 바꾸어 ⑰ [　　　] 으로 고쳐서 계산한다.

참고 유리수의 혼합계산(78~81)은
① 거듭제곱, ② 괄호, ③ 곱셈, 나눗셈, ④ 덧셈, 뺄셈 의 순으로 계산한다.

⑪ 교환 ⑫ 결합 ⑬ 덧셈 ⑭ $b\times a$ ⑮ 결합 ⑯ 역수 ⑰ 곱셈

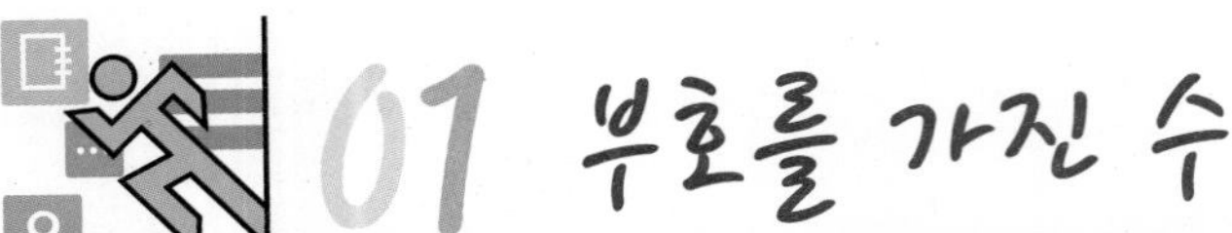

빠른정답 03쪽 / 친절한 해설 19쪽

1. **양수** : 0보다 큰 수를 양수라 하고, 양의 부호 +(플러스)를 붙여서 나타낸다.
2. **음수** : 0보다 작은 수를 음수라 하고, 음의 부호 −(마이너스)를 붙여서 나타낸다.

예 영상 9 ℃ ⇨ +9 ℃, 영하 15 ℃ ⇨ −15 ℃

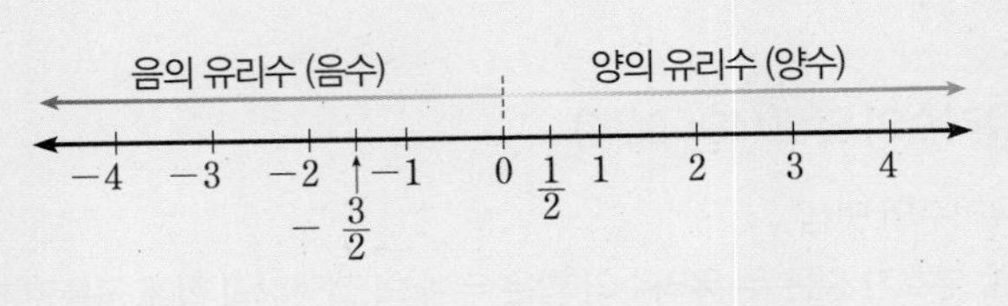

유형 024 부호를 가진 수

※ 다음을 +, −부호를 사용하여 나타내어라.

01 수입 50000원

| 해설 | '수입'을 ☐로 '지출'을 −로 나타낸다.
따라서 수입 50000원은 ☐원으로 나타낸다.

02 지출 10000원

03 30 cm증가

04 12 cm감소

05 7점 득점

06 2점 실점

07 지상 15층

08 지하 2층

09 5 % 증가

10 15 % 감소

※ 다음을 +, −부호를 사용하여 나타내어라.

11 0보다 2만큼 큰 수

12 0보다 5만큼 큰 수

13 0보다 11만큼 큰 수

14 0보다 1만큼 큰 수

15 0보다 10만큼 큰 수

16 0보다 1만큼 작은 수

학교시험 필수예제

17 다음 중 밑줄 친 부분을 부호를 붙여 표현할 때, 부호가 나머지 넷과 다른 것은?

① 약속 시간 10분 전에 도착하였다.
② 우리 팀은 오늘 시합에서 15점을 실점하였다.
③ 엘리베이터의 지하 3층 버튼을 눌렀다.
④ 오늘의 금리가 어제보다 0.01%p 상승하였다.
⑤ 몸무게가 200g 줄었다.

02 정수와 유리수

빠른정답 03쪽 / 친절한 해설 19쪽

1. **정수** : 양의 정수, 0, 음의 정수를 통틀어 일컫는 수
   ① 양의 정수 : 자연수에 양의 부호 +를 붙인 수
   ② 0(영) : 양의 정수도 음의 정수도 아닌 수
   ③ 음의 정수 : 자연수에 음의 부호 −를 붙인 수
2. **유리수** : a, b가 정수일 때, $\frac{a}{b}$ $(b \neq 0)$의 꼴로 나타낼 수 있는 수

유리수
- 정수
  - 양의 정수 (자연수) : 1, 2, 3, ⋯
  - 0
  - 음의 정수 : −1, −2, −3, ⋯
- 정수가 아닌 유리수 : $\frac{1}{2}$, $-\frac{1}{3}$, 0.4, ⋯

유형 025 정수

※ 다음 〈보기〉에서 알맞은 것을 골라라.

보기

−4	+20	9	0	+10
5	−21	+6	−7	16

01 양의 정수

02 음의 정수

03 정수

04 양수

05 음수

06 유리수

07 정수가 아닌 유리수

Tip

양수 +1, +2, +3, ⋯은 양의 부호 +를 생략하여 1, 2, 3, ⋯과 같이 나타내기도 한다.

유형 026 유리수

※ 다음 〈보기〉에서 알맞은 것을 골라라.

보기

+1.3	−2	0	$-\frac{6}{2}$	+4
2	$+\frac{2}{5}$	−7.1	+12	$-\frac{6}{7}$

학교시험 필수예제

08 다음 수에 대한 설명으로 옳지 않은 것은? (정답 2개)

$$-4.5,\ 5,\ +\frac{1}{3},\ -\frac{4}{7},\ 0,\ -2$$

① 정수는 3개이다.
② 유리수는 4개이다.
③ 양수는 2개이다.
④ 음수는 2개이다.
⑤ 자연수는 1개이다.

※ 다음 설명 중에서 옳은 것은 ○표, 옳지 않은 것은 ×표를 하여라.

09 모든 자연수는 정수에 포함된다. ( )

10 0은 정수가 아니다. ( )

11 모든 유리수는 분수의 꼴로 나타낼 수 있다. ( )

12 양수와 음수를 통틀어 유리수라 한다. ( )

13 양수의 $+$부호는 생략할 수 있다. ( )

14 정수가 아닌 유리수는 없다. ( )

학교시험 필수예제

15 다음 설명 중 옳지 않은 것은?

① 0은 유리수이다.
② 모든 자연수는 유리수이다.
③ 모든 정수는 유리수이다.
④ 정수는 양수와 음수로 분류된다.
⑤ 두 유리수 사이에는 항상 또 다른 유리수가 있다.

유형 027 수직선

※ 다음 수에 대응하는 점을 수직선 위에 나타내어라.

16 A : 2, B : -5, C : 0, D : -1

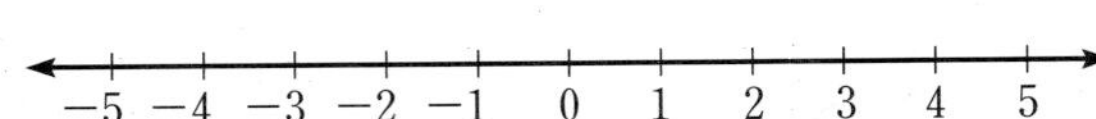

17 A : -3, B : $+3$, C : 5, D : -4

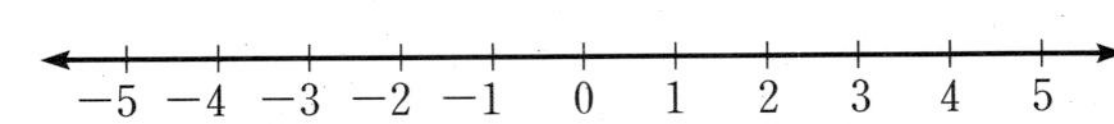

18 A : $+\frac{1}{3}$, B : -1.5, C : $\frac{9}{4}$

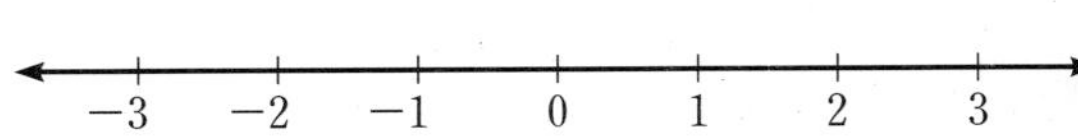

19 A : 1.5, B : $-\frac{4}{3}$, C : -2.5

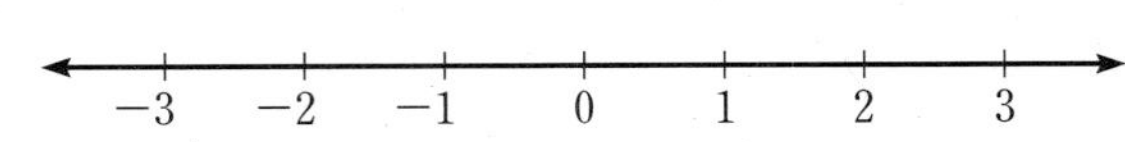

※ 다음 수직선 위의 점에 대응하는 수를 써라.

20

(1) A : □

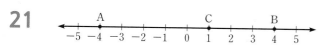

(2) B : □

(3) C : □

21

(1) A : □

(2) B : □

(3) C : □

22

(1) A : □

(2) B : □

(3) C : □

23

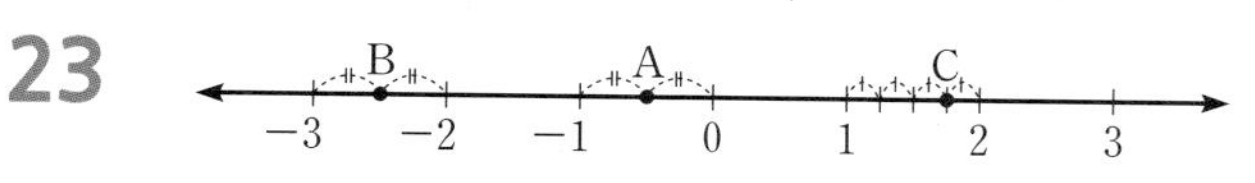

(1) A : □

(2) B : □

(3) C : □

※ 다음 두 유리수 사이의 정수를 모두 구하여라.

24 $-3.5,\ \dfrac{8}{3}$

| 해설 | 두 유리수를 수직선 위에 나타내면

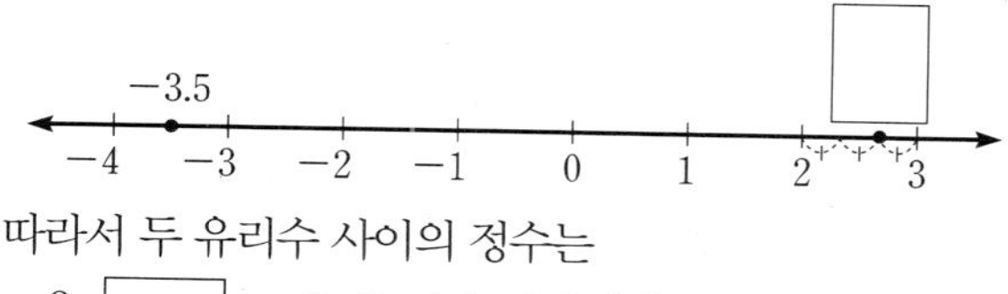

따라서 두 유리수 사이의 정수는

−3, □, −1, 0, +1, +2이다.

25 $-\dfrac{12}{5},\ \dfrac{13}{4}$

26 $-4.5,\ -\dfrac{2}{3}$

27 $-\dfrac{4}{5},\ 2.5$

학교시험 필수예제

28 두 유리수 $-\dfrac{7}{3}$과 8.5 사이의 정수의 개수를 구하여라.

빠른정답 03쪽 / 친절한 해설 19쪽

1. 절댓값 : 수직선에서 어떤 수를 나타내는 점과 원점 사이의 거리
2. 절댓값의 성질
   ① 양수, 음수의 절댓값은 그 수에서 부호 $+$, $-$를 없앤 수와 같다.
   ② 0의 절댓값은 0이다.
   ③ 원점에서 멀리 떨어질수록 절댓값이 크다.

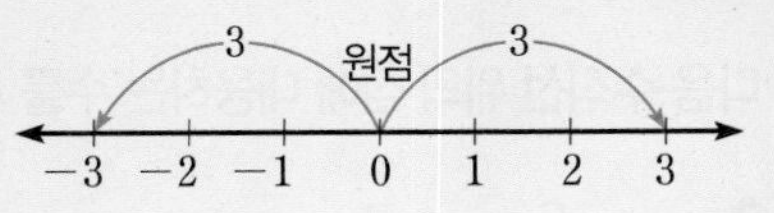

절댓값이 3
⇔ 원점으로부터 거리가 3

절댓값

※ 다음 수의 절댓값을 구하여라.

01 $+7$

02 11

03 $+100$

04 -9

05 -50

06 -72

07 $+\frac{3}{4}$

08 3.4

09 $+11.9$

10 $-\frac{8}{7}$

학교시험 필수예제

11 다음 중 옳은 것은?

① 절댓값이 가장 작은 정수는 -1과 1이다.
② 0은 정수가 아니다.
③ 서로 다른 두 정수 사이에는 반드시 또 다른 정수가 존재한다.
④ 자연수 중에서 가장 작은 자연수가 존재한다.
⑤ 가장 작은 정수는 존재하지만 가장 큰 정수는 존재하지 않는다.

※ 다음을 구하여라.

12 $|+2|$

13 $|+48|$

14 $|50|$

15 $|+99|$

16 $|0|$

17 $|-4|$

18 $|-16|$

19 $|-64|$

20 $\left|+\frac{8}{3}\right|$

21 $|+4.5|$

22 $|12.3|$

23 $|+54.3|$

24 $\left|-\frac{1}{2}\right|$

25 $\left|-\frac{7}{5}\right|$

26 $|-3.14|$

학교시험 필수예제

27 다음 수들을 절댓값이 큰 수부터 차례로 나열하여라.

$-\frac{11}{3}$ $\quad +4 \quad$ $\frac{3}{2}$ $\quad 0 \quad$ -9

※ 다음을 구하여라.

28 원점으로 부터의 거리가 4인 수

|해설| 원점으로 부터의 거리가 4인 수는 -4, □로 2개이다.

29 원점으로 부터의 거리가 1인 수

30 원점으로 부터의 거리가 $\frac{5}{3}$인 수

31 절댓값이 0인 수

|해설| 절댓값이 0인 수는 □뿐이다.

32 절댓값이 7인 수

33 절댓값이 5인 수

학교시험 필수예제

34 다음 수 중에서 수직선 위에 나타내었을 때, 원점으로부터 가장 멀리 떨어진 것은?

① -8　② -2　③ 0

④ $+5$　⑤ $+\frac{15}{2}$

※ 다음을 계산하여라.

35 $|+2|+|-1|=2+\square=\square$

36 $|-5|-|+3|$

37 $|4|+|+12|$

38 $|-10|-|-7|$

39 $|3.5|+|+0.5|$

40 $\left|-\frac{1}{2}\right|-\left|+\frac{1}{4}\right|$

41 $|-1|+\left|-\frac{5}{2}\right|$

42 $|-8.5|-|+2.3|$

※ 다음을 구하여라.

43 절댓값이 2 이하인 정수

|해설| 절댓값이 2인 수는 $\square$, 2이고,
이 사이에 있는 수는 절댓값이 모두 2보다 작다.
따라서 절댓값이 2 이하인 정수는
-2, -1, $\square$, 1, $\square$이다.

44 절댓값이 4보다 작은 정수

45 절댓값이 3.2 이하인 정수

46 절댓값이 1보다 작은 정수

47 절댓값이 $\left|+\frac{7}{3}\right|$ 이하인 정수

48 절댓값이 $|-1.7|$보다 작은 정수

※ 절댓값이 같고 부호가 다른 두 수 사이의 거리가 다음과 같을 때, 두 수를 구하여라.

49 6

|해설| 두 수의 절댓값이 같고, 두 수 사이의 거리가 6이므로 두 수의 절댓값은 $\frac{1}{2}\times\square=\square$이다.
따라서 구하는 두 수는 -3과 $\square$이다.

50 2

51 1

52 7

학교시험 필수예제

53 수직선 위에서 -2에 대응하는 점으로부터의 거리가 4인 점에 대응하는 수 중에서 작은 수보다 5만큼 작은 수는?

① -3　② -5　③ -7
④ -9　⑤ -11

04 수의 대소 관계

빠른정답 04쪽 / 친절한 해설 19쪽

1. 양수는 0보다 크고, 음수는 0보다 작다.
2. 양수는 음수보다 크다.
3. 양수끼리는 절댓값이 큰 수가 크다.
4. 음수끼리는 절댓값이 큰 수가 작다.

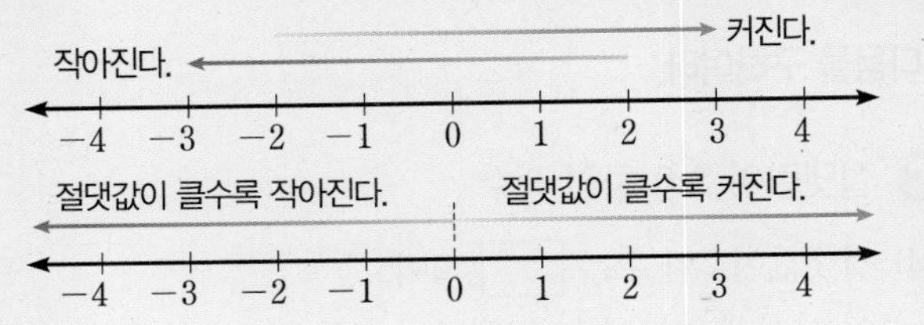

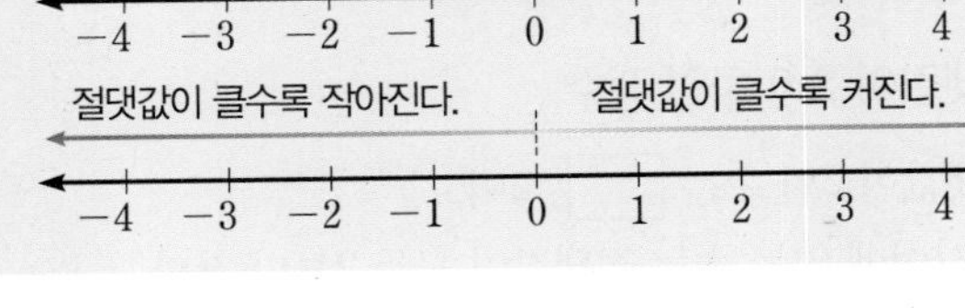

유형 029 수의 대소 관계

※ 다음 ○ 안에 >, < 중 알맞은 것을 써넣어라.

01 0 ○ 3

02 2 ○ 0

03 $+\frac{1}{2}$ ○ 0

04 -0.1 ○ 0

05 0 ○ -10

06 0 ○ -1

07 -2 ○ $+1$

08 $-\frac{7}{3}$ ○ $+0.4$

09 4 ○ -4

10 -7.3 ○ $+3.7$

11 $\frac{9}{2}$ ○ $-\frac{15}{2}$

학교시험 필수예제

12 다음 중 대소 관계가 옳지 않은 것은?

① $+9>+5$ ② $-4<0$ ③ $+\frac{1}{2}<-\frac{3}{2}$
④ $-6<-3$ ⑤ $-\frac{6}{5}>-\frac{4}{3}$

※ 다음 ○ 안에 >, < 중 알맞은 것을 써넣어라.

13 $+\frac{5}{3}$ ○ $+\frac{1}{3}$

| 해설 | $\left|+\frac{5}{3}\right|$○$\left|+\frac{1}{3}\right|$이므로

$+\frac{5}{3}$○$+\frac{1}{3}$이다.

14 7 ○ 5

15 10 ○ 20

16 $+\frac{28}{3}$ ○ $+\frac{20}{3}$

17 4.5 ○ +4

18 +0.8 ○ 1.2

19 $\frac{3}{4}$ ○ $\frac{2}{3}$

20 $\frac{7}{2}$ ○ 4

21 −4 ○ −9

| 해설 | $|-4|$○$|-9|$이므로

−4 ○ −9이다.

22 −6 ○ −1

23 −10 ○ −13

24 $-\frac{1}{2}$ ○ $-\frac{1}{3}$

25 $-\frac{5}{4}$ ○ −3

학교시험 필수예제

26 다음 중 옳지 않은 것은?

① $|-1|=|+1|$ ② $\left|-\frac{2}{3}\right|<\frac{2}{5}$

③ $-|-4|=-4$ ④ $|+4|<|-5|$

⑤ $\left|-\frac{1}{4}\right|<\left|-\frac{1}{3}\right|$

※ 다음 세 수의 대소 관계를 부등호를 사용하여 나타내어라.

27 $\frac{4}{3}$, $\frac{9}{10}$, $\frac{1}{7}$

|해설| $\frac{4}{3}$ ◯ $\frac{9}{10}$, $\frac{9}{10}$ ◯ $\frac{1}{7}$이므로
$\frac{1}{7}$ ◯ $\frac{9}{10}$ ◯ $\frac{4}{3}$이다.

28 -2.5, $+3.4$, 0

29 -3, $+1$, -9

30 $\frac{4}{5}$, $\frac{3}{2}$, $-\frac{1}{2}$

31 7.5, 8, 7.9

32 $-\frac{9}{8}$, -2, $-\frac{7}{3}$

※ 아래와 같이 주어진 수에 대하여 다음을 구하여라.

$\frac{1}{7}$	-9	8.5	0	$-\frac{9}{2}$

33 절댓값이 가장 작은 수

34 절댓값이 가장 큰 수

35 가장 작은 수

36 가장 큰 수

37 작은 수부터 차례로 나열하여라.

학교시험 필수예제

38 다음의 수를 작은 수부터 차례로 나열할 때, 앞에서부터 네 번째 순서하는 수를 구하여라.

-3.14	$\frac{3}{4}$	$+\frac{1}{7}$	-4	$+2$

유형 030 부등호의 사용

※ 다음을 부등호를 사용하여 나타내어라.

39 x는 -3보다 크다.

40 x는 $\frac{1}{2}$ 미만이다.

41 x는 3.8보다 작지 않다.

42 x는 $-\frac{5}{3}$보다 작거나 같다.

43 x는 $-\frac{1}{5}$ 초과이고 $\frac{7}{4}$보다 크지 않다.

44 x는 $-\frac{8}{3}$ 이상 $-\frac{8}{5}$ 이하이다.

45 x는 -1.2보다 크거나 같고 0.3보다 작다.

Tip

- 크다 ⇔ 초과
- 작다 ⇔ 미만
- 크거나 같다 ⇔ 작지 않다, 이상
- 작거나 같다 ⇔ 크지 않다, 이하

※ 다음을 구하여라.

46 -1보다 크고 2보다 작은 정수

47 3 이상 9 이하인 정수

48 -5 이상이고 2보다 작거나 같은 정수

49 4보다 크고 6보다 작은 정수

50 $-\frac{7}{2}$보다 작지 않고 1 미만인 정수

51 10 초과이고 15.5보다 크지 않은 정수

학교시험 필수예제

52 "x는 -2보다 작지 않고, 7보다 크지 않다."를 부등호를 사용하여 나타내면?

① $-2<x<7$ ② $-2\le x<7$
③ $-2<x\le 7$ ④ $-2\le x\le 7$
⑤ $-7<x<2$

05 유리수의 덧셈

빠른정답 04쪽 / 친절한 해설 19쪽

① 부호가 같은 두 수의 덧셈은 두 수의 절댓값의 합에 공통인 부호를 붙여서 계산한다.
② 부호가 다른 두 수의 덧셈은 두 수의 절댓값의 차에 절댓값이 큰 수의 부호를 붙여서 계산한다.
③ 어떤 수와 0의 합은 그 수 자신이다.

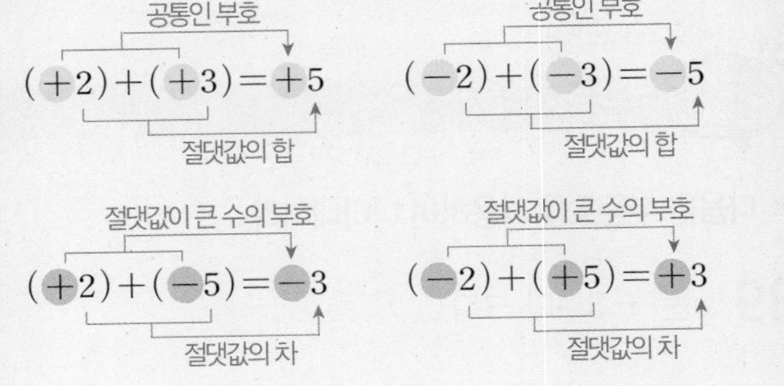

정수의 덧셈

※ 다음 수직선을 보고 □ 안에 알맞은 것을 써넣어라.

01

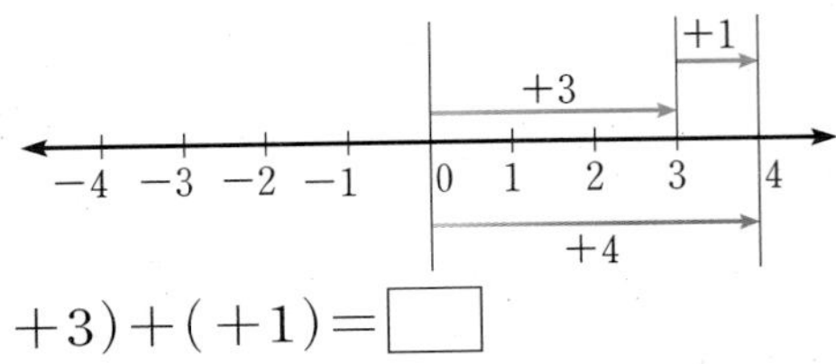

$(+3)+(+1)=\square$

02

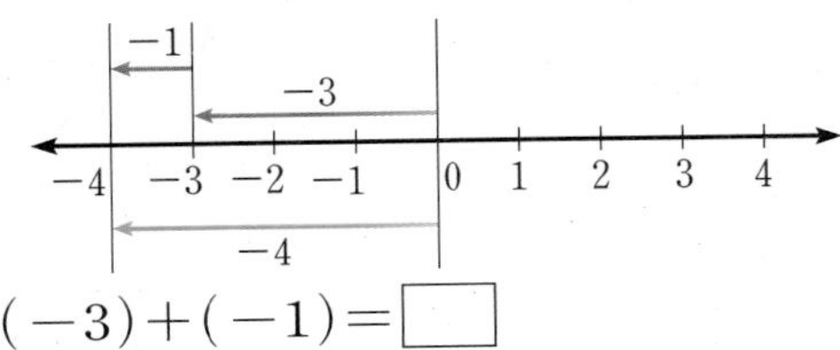

$(-3)+(-1)=\square$

03

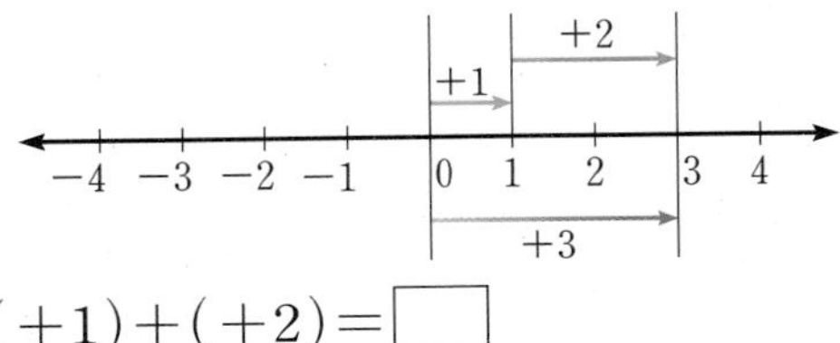

$(+1)+(+2)=\square$

04

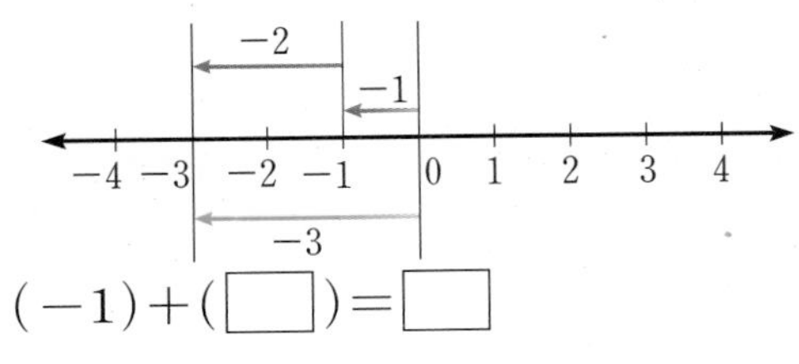

$(-1)+(\square)=\square$

05

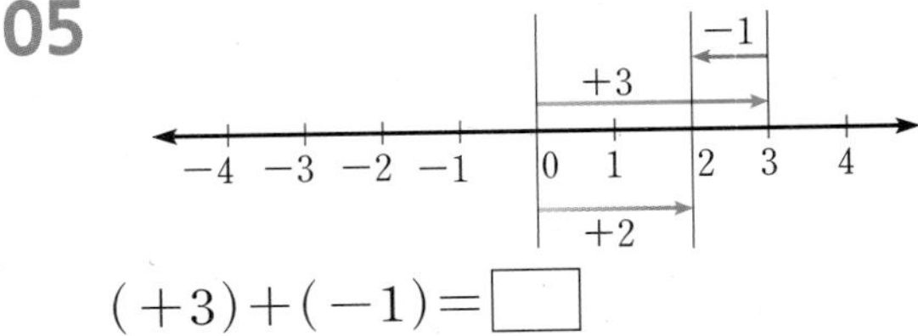

$(+3)+(-1)=\square$

06

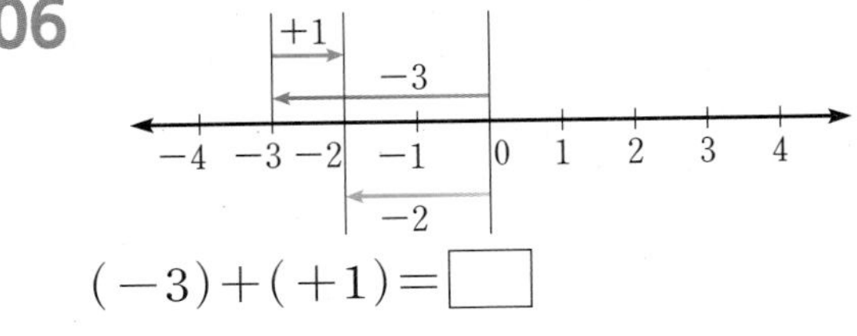

$(-3)+(+1)=\square$

07

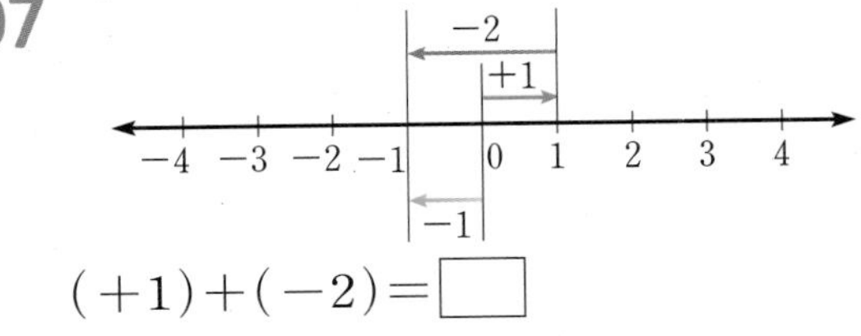

$(+1)+(-2)=\square$

08

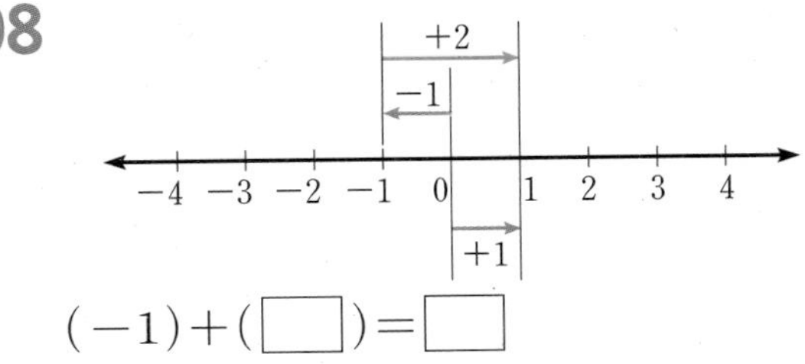

$(-1)+(\square)=\square$

※ 다음을 계산하여라.

09 $(+4)+(+2)=\square(4+2)=\square$

10 $(+2)+(+8)$

11 $(+5)+(+3)$

12 $(+9)+(+3)$

13 $(+3)+(+4)$

14 $(+6)+(+13)$

15 $(+7)+(+4)$

16 $(+3)+(+7)$

17 $(+8)+(+1)$

18 $(+12)+(+1)$

19 $(+10)+(+8)$

20 $(+25)+(+2)$

21 $(+12)+(+36)$

22 $(+24)+(+50)$

23 $(+40)+(+27)$

24 $(+55)+(+15)$

※ 다음을 계산하여라.

25 $(-8)+(-4)=\square(8+4)=\square$

26 $(-2)+(-5)$

27 $(-1)+(-3)$

28 $(-6)+(-5)$

29 $(-3)+(-6)$

30 $(-9)+(-8)$

31 $(-10)+(-7)$

32 $(-4)+(-11)$

33 $(-6)+(-12)$

34 $(-3)+(-30)$

35 $(-25)+(-1)$

36 $(-7)+(-23)$

37 $(-20)+(-10)$

38 $(-24)+(-60)$

39 $(-11)+(-45)$

40 $(-40)+(-15)$

※ 다음을 계산하여라.

41 $(+2)+(-8)=\square(8-2)=\square$

42 $(+1)+(-4)$

43 $(+2)+(-6)$

44 $(-3)+(+1)$

45 $(-5)+(+2)$

46 $(-7)+(+3)$

47 $(-7)+(+5)$

48 $(-10)+(+4)$

49 $(-10)+(+6)$

50 $(+10)+(-22)$

51 $(+12)+(-14)$

52 $(+11)+(-20)$

53 $(+16)+(-37)$

54 $(-20)+(+15)$

55 $(-50)+(+12)$

56 $(+41)+(-81)$

※ 다음을 계산하여라.

57 $(-3)+(+5)=\square(5-3)=\square$

58 $(-1)+(+4)$

59 $(-4)+(+6)$

60 $(-6)+(+12)$

61 $(-9)+(+11)$

62 $(-10)+(+16)$

63 $(-9)+(+15)$

64 $(+4)+(-2)$

65 $(+10)+(-5)$

66 $(+7)+(-2)$

67 $(+14)+(-8)$

68 $(+9)+(-6)$

69 $(+12)+(-4)$

70 $(-16)+(+40)$

학교시험 필수예제

71 다음과 같은 마방진에서 가로, 세로, 대각선에 있는 수의 합이 같을 때, ㉠+㉡의 값을 구하여라.

-2	3	2
5	1	㉡
㉠	-1	4

유리수의 덧셈

※ 다음을 계산하여라.

72 $\left(+\frac{1}{4}\right)+\left(+\frac{1}{3}\right)=\square\left(\frac{1}{4}+\frac{1}{3}\right)=\square$

73 $\left(+\frac{3}{7}\right)+\left(+\frac{5}{7}\right)$

74 $\left(+\frac{2}{3}\right)+\left(+\frac{4}{3}\right)$

75 $(+2.4)+(+3.1)$

76 $(+1.25)+(+3.31)$

77 $(+2.7)+(+8)$

78 $\left(-\frac{3}{4}\right)+(-0.5)=\square\left(\frac{3}{4}+0.5\right)$
$=\square\left(\frac{3}{4}+\frac{\square}{2}\right)=\square$

79 $\left(-\frac{7}{5}\right)+\left(-\frac{1}{5}\right)$

80 $\left(-\frac{9}{2}\right)+\left(-\frac{5}{2}\right)$

81 $(-1.4)+(-3.9)$

82 $(-8.9)+(-12.1)$

83 $\left(-\frac{5}{3}\right)+\left(-\frac{5}{2}\right)$

84 $\left(+\frac{5}{7}\right)+(-5)=\square\left(5-\frac{5}{7}\right)=\square$

85 $\left(+\frac{4}{3}\right)+\left(-\frac{2}{3}\right)$

86 $\left(+\frac{2}{5}\right)+\left(-\frac{7}{4}\right)$

87 $(+7.8)+(-5.6)$

88 $(+9.1)+(-3.7)$

89 $\left(+\frac{5}{3}\right)+(-2.5)$

90 $(-1.5)+\left(+\frac{2}{3}\right)=\square\left(1.5-\frac{2}{3}\right)$

$=\square\left(\frac{\square}{2}-\frac{2}{3}\right)=\square$

91 $\left(-\frac{5}{7}\right)+\left(+\frac{3}{7}\right)$

92 $\left(-\frac{5}{8}\right)+\left(+\frac{5}{4}\right)$

93 $(-2.7)+(+3.1)$

94 $(-4.31)+(+1.2)$

95 $\left(-\frac{2}{5}\right)+(+0.4)$

06 덧셈에 대한 계산 법칙

빠른정답 05쪽 / 친절한 해설 20쪽

세 수 a, b, c에 대하여

1. 덧셈의 교환법칙 : $a+b=b+a$
2. 덧셈의 결합법칙 : $(a+b)+c=a+(b+c)$

① $(+5)+(-4)=+1$
$(-4)+(+5)=+1$

② $(-12)+(+7)+(+2)=-3$
$(-12)+\{(+7)+(+2)\}=-3$

유형 033 덧셈의 교환법칙, 결합법칙

※ 다음 □ 안에 알맞은 것을 써넣어라.

01 $(+4)+(-9)+(+6)$
$=(-9)+(+4)+(+6)$) 덧셈의 □ 법칙
$=(-9)+\{(+4)+(+6)\}$) 덧셈의 □ 법칙
$=(-9)+(\square)$
$=\square$

02 $(-1)+(+3)+(-6)$
$=(+3)+(\square)+(-6)$) 덧셈의 □ 법칙
$=(+3)+\{(\square)+(-6)\}$) 덧셈의 □ 법칙
$=(+3)+(\square)$
$=\square$

03 $\left(-\frac{2}{7}\right)+\left(+\frac{3}{2}\right)+\left(-\frac{5}{7}\right)$
$=\left(+\frac{3}{2}\right)+(\square)+\left(-\frac{5}{7}\right)$) 덧셈의 교환법칙
$=\left(+\frac{3}{2}\right)+\left\{(\square)+\left(-\frac{5}{7}\right)\right\}$) 덧셈의 결합법칙
$=\left(+\frac{3}{2}\right)+(\square)$
$=\square$

04 $(-2.4)+(+1.125)+(+1.4)$
$=(+1.125)+(-2.4)+(+1.4)$) 덧셈의 □ 법칙
$=(+1.125)+\{(\square)+(+1.4)\}$) 덧셈의 결합법칙
$=(+1.125)+(\square)$
$=\square$

※ 덧셈의 교환법칙과 결합법칙을 이용하여 다음을 계산하여라.

05 $(-1)+(+10)+(-6)$

$=(+10)+\{(\square)+(-6)\}$

$=(+10)+(\square)=\square$

06 $(+4)+(+3)+(-4)$

07 $(+5)+(-10)+(+9)$

08 $(-3)+(+7)+(-2)$

09 $(-4)+(+12)+(-16)$

10 $(+2)+(-7)+(+4)+(-3)$

11 $\left(-\frac{5}{2}\right)+\left(+\frac{7}{3}\right)+\left(-\frac{1}{2}\right)$

$=\left(+\frac{7}{3}\right)+\left\{\left(-\frac{5}{2}\right)+\left(\square\right)\right\}$

$=\left(+\frac{7}{3}\right)+(\square)=\square$

12 $\left(+\frac{1}{4}\right)+\left(-\frac{3}{5}\right)+\left(+\frac{3}{4}\right)$

13 $(+0.9)+(-1.5)+(+0.1)$

14 $(-4.2)+(+7.5)+(-3.4)$

학교시험 필수예제

15 오른쪽 그림의 전개도를 접어 정육면체를 만들었을때, 서로 마주 보는 면에 절댓값이 같고, 부호가 반대인 수가 놓이도록 A, B, C의 값을 구하여라. 이때, A+B+C의 값을 구하여라.

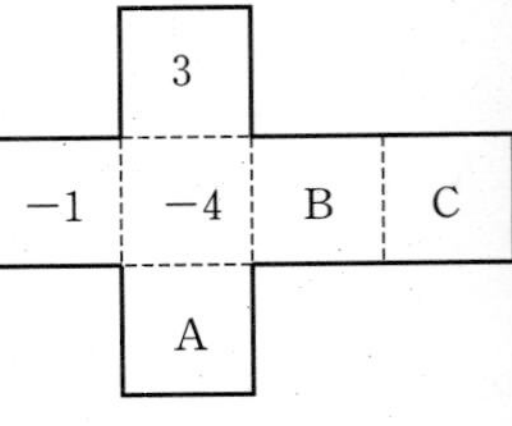

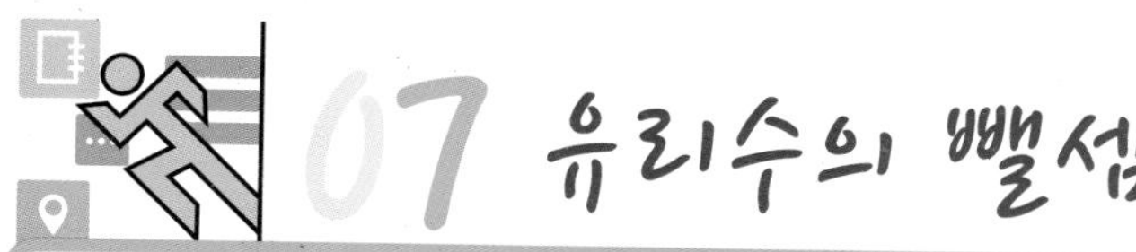

빠른정답 05쪽 / 친절한 해설 20쪽

유리수의 뺄셈은 빼는 수의 부호를 바꾸어 더한다.

예 $(+2)-(+5)=(+2)+(-5)=-3$

$-(+\bigcirc)=+(-\bigcirc)$

$-(-\square)=+(+\square)$

정수의 뺄셈

※ 다음을 계산하여라.

01 $(+3)-(+4)=(+3)+(\square)=\square$

02 $(+4)-(+9)$

03 $(+2)-(+8)$

04 $(+6)-(+1)$

05 $(+3)-(+7)$

06 $(+12)-(+8)$

07 $(-3)-(-1)=(-3)+(\square)=\square$

08 $(-7)-(-9)$

09 $(-5)-(-3)$

10 $(-8)-(-12)$

11 $(-6)-(-3)$

12 $(-4)-(-24)$

※ 다음을 계산하여라.

13 $(+2)-(-1)=(+2)+(\square)=\square$

14 $(+7)-(-4)$

15 $(+9)-(-2)$

16 $(+8)-(-5)$

17 $(+6)-(-14)$

18 $(+9)-(-10)$

19 $(-2)-(+8)=(-2)+(\square)=\square$

20 $(-1)-(+2)$

21 $(-7)-(+1)$

22 $(-5)-(+4)$

23 $(-2)-(+5)$

24 $(-15)-(+40)$

유리수의 뺄셈

※ 다음을 계산하여라.

25 $\left(+\frac{7}{6}\right)-\left(+\frac{5}{6}\right)=\left(+\frac{7}{6}\right)+\left(\square\right)=\square$

26 $\left(+\frac{1}{3}\right)-\left(+\frac{8}{3}\right)$

27 $\left(+\frac{8}{9}\right)-\left(+\frac{5}{9}\right)$

28 $(+3.5)-(+2.1)$

29 $\left(+\frac{5}{6}\right)-\left(+\frac{11}{8}\right)$

30 $(+1.5)-\left(+\frac{10}{3}\right)$

31 $\left(-\frac{3}{4}\right)-\left(-\frac{15}{4}\right)=\left(-\frac{3}{4}\right)+\left(\square\right)=\square$

32 $\left(-\frac{7}{8}\right)-\left(-\frac{3}{8}\right)$

33 $\left(-\frac{7}{12}\right)-\left(-\frac{5}{12}\right)$

34 $(-1.5)-(-0.7)$

35 $\left(-\frac{5}{2}\right)-\left(-\frac{3}{4}\right)$

36 $(-1)-\left(-\frac{7}{9}\right)$

37 $\left(+\frac{7}{3}\right)-\left(-\frac{1}{3}\right)=\left(+\frac{7}{3}\right)+\left(\square\right)=\square$

38 $\left(+\frac{3}{10}\right)-\left(-\frac{1}{10}\right)$

39 $\left(+\frac{1}{3}\right)-\left(-\frac{4}{3}\right)$

40 $(+1.8)-(-6.5)$

41 $\left(+\frac{5}{6}\right)-\left(-\frac{1}{2}\right)$

42 $\left(+\frac{7}{9}\right)-\left(-\frac{2}{3}\right)$

43 $\left(-\frac{2}{5}\right)-\left(+\frac{8}{5}\right)=\left(-\frac{2}{5}\right)+\left(\square\right)=\square$

44 $\left(-\frac{3}{7}\right)-\left(+\frac{4}{7}\right)$

45 $\left(-\frac{2}{9}\right)-\left(+\frac{4}{9}\right)$

46 $(-3.8)-(+4.2)$

47 $\left(-\frac{3}{5}\right)-\left(+\frac{3}{10}\right)$

48 $\left(-\frac{3}{2}\right)-\left(+\frac{5}{3}\right)$

08 덧셈과 뺄셈의 혼합 계산

빠른정답 06쪽 / 친절한 해설 21쪽

덧셈과 뺄셈의 혼합 계산 순서

① 뺄셈을 덧셈으로 고친다.

② 양수는 양수끼리, 음수는 음수끼리 모아서 계산한다.

③ 다른 부호끼리 계산한다.

뺄셈을 덧셈으로 고친다. → 같은 부호의 수끼리 모은다. → 계산한다.

유형 036 덧셈과 뺄셈의 혼합 계산

※ 다음을 계산하여라.

01 $(-6)+(+1)-(+3)$

$=(-6)+(+1)+(\square)$

$=(+1)+\{(-6)+(\square)\}$

$=(+1)+(\square)=\square$

02 $(+3)-(-2)+(-5)$

03 $(-5)-(-3)+(+7)$

04 $(+8)-(+2)+(+5)$

05 $(-7)+(+1)-(-3)$

06 $(-3)-(+5)-(-4)$

07 $(-5)+(-2)-(+8)$

08 $(+7)+(+4)-(+10)$

09 $(-6)-(+2)+(+7)$

10 $(+15)-(+3)+(-8)$

11 $(+8)-(+10)+(+6)+(-2)$

12 $(+6)+(-7)+(+10)-(-4)$

13 $\left(-\frac{7}{3}\right)-\left(-\frac{5}{3}\right)+\left(+\frac{1}{3}\right)$

$=\left(-\frac{7}{3}\right)+\left(\square\right)+\left(+\frac{1}{3}\right)$

$=\left(-\frac{7}{3}\right)+(\square)=\square$

14 $\left(+\frac{1}{2}\right)+(-3)-\left(-\frac{3}{2}\right)$

15 $\left(-\frac{2}{3}\right)+\left(-\frac{7}{3}\right)-\left(+\frac{4}{3}\right)$

16 $\left(-\frac{1}{2}\right)-\left(-\frac{3}{4}\right)+\left(-\frac{3}{2}\right)$

17 $(+1)+\left(+\frac{1}{2}\right)-\left(+\frac{1}{3}\right)$

18 $\left(+\frac{2}{5}\right)-\left(+\frac{1}{4}\right)+\left(+\frac{3}{5}\right)$

19 $(-2.8)-(+5.6)+(-4.3)$

$=(-2.8)+(\square)+(-4.3)$

$=\square$

20 $(-0.3)+(-1.7)-(-4)$

21 $(-2.4)-(+7)+(+1.3)$

22 $(+7.3)-(+2.4)+(-5)$

23 $(+1.2)+(-2.4)-(+4.3)$

24 $(-5.4)-(+10)+(-2.3)-(-3.7)$

괄호가 없는 식의 계산

※ 다음을 계산하여라.

25 $3-5=(+3)+(\square)=\square$

26 $-2+10$

27 $4-11$

28 $-6+9$

29 $-7-4$

30 $-2-5$

Tip

괄호가 없는 식의 계산은 생략된 + 부호를 살려서 계산한다.

31 $10-2+11=(+10)+(-2)+(+11)$
$=(-2)+\{(+10)+(\square)\}$
$=(-2)+(\square)=\square$

32 $-5+3-8$

33 $2-5+4$

34 $-7+1+4$

35 $6+4-9$

36 $-4-7+10$

37 $-\frac{2}{7}+\frac{5}{7}=\left(-\frac{2}{7}\right)+\left(\square\right)=\square$

38 $\frac{8}{3}-\frac{20}{3}$

39 $\frac{7}{4}-\frac{8}{3}$

40 $-\frac{3}{2}+\frac{5}{3}$

41 $-\frac{1}{2}+1-\frac{2}{3}$

42 $\frac{1}{2}-\frac{3}{4}+\frac{5}{8}$

43 $4.7-6.2=(+4.7)+(\square)=\square$

44 $-0.5+1.2$

45 $1.1-2$

46 $-1.3+2.2$

47 $4-3.5+7.7-2.8$

48 $-1.3-1.1-1.6$

09 유리수의 곱셈

빠른정답 06쪽

1. 부호가 같은 두 수의 곱셈은 절댓값의 곱에 양의 부호 +를 붙여서 계산한다.
2. 부호가 다른 두 수의 곱셈은 절댓값의 곱에 음의 부호 −를 붙여서 계산한다.
3. 어떤 수와 0의 곱은 0이다.

1. (양수)×(양수), (음수)×(음수) ⇨ +(절댓값의 곱)
2. (양수)×(음수), (음수)×(양수) ⇨ −(절댓값의 곱)

유형 038 정수의 곱셈

※ 다음을 계산하여라.

01 $(+3)\times(+4)=\square(3\times4)=\square$

02 $(+7)\times(+3)$

03 $(+6)\times(+2)$

04 $(+8)\times(+4)$

05 $(+9)\times(+5)$

06 $(+8)\times(+6)$

07 $(+10)\times(+6)$

08 $(+7)\times(+11)$

09 $(+10)\times(+7)$

10 $(+11)\times(+5)$

11 $(+20)\times(+3)$

12 $(+20)\times(+6)$

13 $(+2)\times(+31)$

14 $(+3)\times(+40)$

15 $(+15)\times(+4)$

16 $(+5)\times(+40)$

※ 다음을 계산하여라.

17 $(-4)\times(-3)=\square(4\times3)=\square$

18 $(-3)\times(-5)$

19 $(-5)\times(-8)$

20 $(-4)\times(-9)$

21 $(-8)\times(-3)$

22 $(-6)\times(-2)$

23 $(-5)\times(-9)$

24 $(-7)\times(-8)$

25 $(-3)\times(-12)$

26 $(-10)\times(-5)$

27 $(-6)\times(-30)$

28 $(-15)\times(-2)$

29 $(-10)\times(-25)$

30 $(-22)\times(-4)$

31 $(-5)\times(-40)$

32 $(-11)\times(-5)$

※ 다음을 계산하여라.

33 $(+12)\times(-6)=\square(12\times6)=\square$

34 $(+3)\times(-6)$

35 $(+4)\times(-7)$

36 $(+2)\times(-8)$

37 $(+5)\times(-2)$

38 $(+6)\times(-5)$

39 $(+7)\times(-8)$

40 $(+5)\times(-10)$

41 $(+11)\times(-5)$

42 $(+10)\times(-4)$

43 $(+8)\times(-30)$

44 $(+4)\times(-11)$

45 $(+15)\times(-3)$

46 $(+11)\times(-9)$

47 $(+21)\times(-2)$

48 $(+60)\times(-9)$

※ 다음을 계산하여라.

49 $(-15)\times(+2)=\square(15\times2)=\square$

50 $(-2)\times(+2)$

51 $(-6)\times(+5)$

52 $(-4)\times(+3)$

53 $(-8)\times(+5)$

54 $(-3)\times(+7)$

55 $(-5)\times(+9)$

56 $(-7)\times(+4)$

57 $(-9)\times(+7)$

58 $(-7)\times(+8)$

59 $(-3)\times(+12)$

60 $(-13)\times(+2)$

61 $(-5)\times(+30)$

62 $(-22)\times(+2)$

63 $(-5)\times(+14)$

64 $(-5)\times(+40)$

유리수의 곱셈

※ 다음을 계산하여라.

65 $\left(+\frac{8}{3}\right)\times(+0.25)=\square\left(\frac{8}{3}\times\frac{1}{4}\right)=\square$

66 $\left(+\frac{9}{7}\right)\times\left(+\frac{14}{3}\right)$

67 $\left(+\frac{7}{8}\right)\times\left(+\frac{16}{3}\right)$

68 $\left(+\frac{7}{6}\right)\times\left(+\frac{4}{21}\right)$

69 $\left(+\frac{5}{2}\right)\times(+4)$

70 $\left(+\frac{7}{8}\right)\times\left(+\frac{16}{49}\right)$

71 $\left(+\frac{4}{3}\right)\times\left(+\frac{19}{20}\right)$

72 $\left(+\frac{8}{27}\right)\times\left(+\frac{9}{2}\right)$

73 $\left(-\frac{8}{9}\right)\times\left(-\frac{3}{2}\right)=\square\left(\frac{8}{9}\times\frac{3}{2}\right)=\square$

74 $\left(-\frac{5}{4}\right)\times\left(-\frac{1}{8}\right)$

75 $\left(-\frac{4}{5}\right)\times\left(-\frac{15}{8}\right)$

76 $\left(-\frac{3}{2}\right)\times(-4)$

77 $\left(-\frac{5}{4}\right)\times\left(-\frac{6}{5}\right)$

78 $(-9)\times\left(-\frac{1}{12}\right)$

79 $\left(-\frac{10}{9}\right)\times\left(-\frac{3}{8}\right)$

80 $\left(-\frac{13}{6}\right)\times\left(-\frac{3}{4}\right)$

※ 다음을 계산하여라.

81 $\left(+\frac{4}{11}\right)\times(-22)=\square\left(\frac{4}{11}\times22\right)=\square$

82 $\left(+\frac{3}{4}\right)\times\left(-\frac{16}{3}\right)$

83 $\left(+\frac{2}{3}\right)\times\left(-\frac{15}{2}\right)$

84 $\left(+\frac{24}{5}\right)\times\left(-\frac{9}{4}\right)$

85 $\left(+\frac{8}{9}\right)\times(-27)$

86 $\left(+\frac{17}{24}\right)\times\left(-\frac{6}{5}\right)$

87 $\left(+\frac{14}{5}\right)\times\left(-\frac{10}{7}\right)$

88 $\left(+\frac{11}{3}\right)\times\left(-\frac{6}{55}\right)$

89 $\left(-\frac{1}{8}\right)\times\left(+\frac{4}{13}\right)=\square\left(\frac{1}{8}\times\frac{4}{13}\right)=\square$

90 $\left(-\frac{16}{3}\right)\times\left(+\frac{7}{6}\right)$

91 $\left(-\frac{9}{4}\right)\times\left(+\frac{16}{27}\right)$

92 $\left(-\frac{5}{3}\right)\times\left(+\frac{9}{10}\right)$

93 $\left(-\frac{4}{5}\right)\times\left(+\frac{3}{20}\right)$

94 $\left(-\frac{5}{24}\right)\times\left(+\frac{4}{3}\right)$

95 $\left(-\frac{5}{8}\right)\times(+24)$

96 $\left(-\frac{1}{12}\right)\times\left(+\frac{2}{5}\right)$

10 곱셈에 대한 계산 법칙

빠른정답 07쪽 / 친절한 해설 22쪽

세 수 a, b, c에 대하여

1. **곱셈의 교환법칙** : $a\times b=b\times a$
2. **곱셈의 결합법칙** : $(a\times b)\times c=a\times(b\times c)$

$(-0.2)\times(+17)\times(-50)$

$=(+17)\times(-0.2)\times(-50)$) 교환법칙

$=(+17)\times\{(-0.2)\times(-50)\}$) 결합법칙

$=(+17)\times(+10)=+170$

유형 040 곱셈의 계산 법칙

※ 다음 □ 안에 알맞은 것을 써넣어라.

01 $(-5)\times(+3)\times(-2)$

$=(+3)\times(-5)\times(-2)$) 곱셈의 □ 법칙

$=(+3)\times\{(-5)\times(-2)\}$) 곱셈의 □ 법칙

$=(+3)\times(\square)$

$=\square$

02 $(-4)\times(+7)\times(+2)$

$=(+7)\times(-4)\times(\square)$) 곱셈의 교환법칙

$=(+7)\times\{(-4)\times(\square)\}$) 곱셈의 결합법칙

$=(+7)\times(\square)$

$=\square$

03 $(+4)\times(-7)\times(+5)$

$=(-7)\times(+4)\times(+5)$) 곱셈의 □ 법칙

$=(-7)\times\{(+4)\times(+5)\}$) 곱셈의 □ 법칙

$=(-7)\times(\square)$

$=\square$

04 $(-6)\times(+12)\times(-5)$

$=(+12)\times(\square)\times(-5)$) 곱셈의 교환법칙

$=(+12)\times\{(\square)\times(-5)\}$) 곱셈의 결합법칙

$=(+12)\times(\square)$

$=\square$

여러 개의 유리수의 곱셈

※ 다음을 계산하여라.

05 $(-10)\times(-2)\times(-3)$
$=\square(10\times2\times\square)=\square$

06 $(-2)\times(+9)\times(-3)$

07 $(-2)\times(+5)\times(-4)$

08 $(+3)\times(-5)\times(+8)$

09 $(+6)\times(+10)\times(-2)$

10 $(-2)\times(-3)\times(+10)$

11 $(-5)\times(-7)\times(-2)$

12 $(-3)\times(-9)\times(-1)$

13 $(+3)\times(-2)\times(-1)\times(+5)$

14 $(-4)\times(-5)\times(-2)\times(-10)$

15 $\left(+\frac{3}{2}\right)\times\left(-\frac{7}{12}\right)\times(+8)$

16 $\left(-\frac{1}{2}\right)\times\left(-\frac{1}{3}\right)\times\left(-\frac{1}{4}\right)$

17 $(-1.2)\times(-0.2)\times(-100)$

18 $(+0.5)\times\left(-\frac{1}{5}\right)\times\left(-\frac{10}{3}\right)$

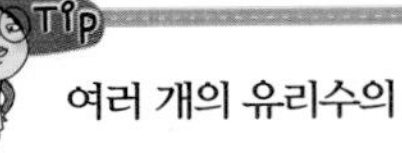

여러 개의 유리수의 곱셈 결과는

곱하는 수 중에서 음수가 $\begin{cases}\text{짝수 개} \Rightarrow +\\ \text{홀수 개} \Rightarrow -\end{cases}$ 이다.

거듭제곱의 계산

※ 다음을 계산하여라.

19 $(-1)^5$
$=(-1)\times(-1)\times(-1)\times(-1)\times(-1)$
$=\square(1\times1\times1\times1\times1)=\square$

20 $(-1)^2$

21 $(-1)^3$

22 $(-1)^4$

23 $(-2)^2$

24 -2^2

25 $-(-5)^2$

26 $-(-10)^3$

27 $\left(-\frac{1}{2}\right)^2=\left(-\frac{1}{2}\right)\times\left(\square\right)=\square$

28 $\left(-\frac{1}{2}\right)^3$

29 $\left(-\frac{1}{2}\right)^5$

30 $-\left(\frac{1}{3}\right)^3$

31 $\left(-\frac{2}{3}\right)^3$

32 $-\left(\frac{3}{4}\right)^2$

33 $-\left(-\frac{1}{2}\right)^4$

34 $-\left(-\frac{3}{2}\right)^3$

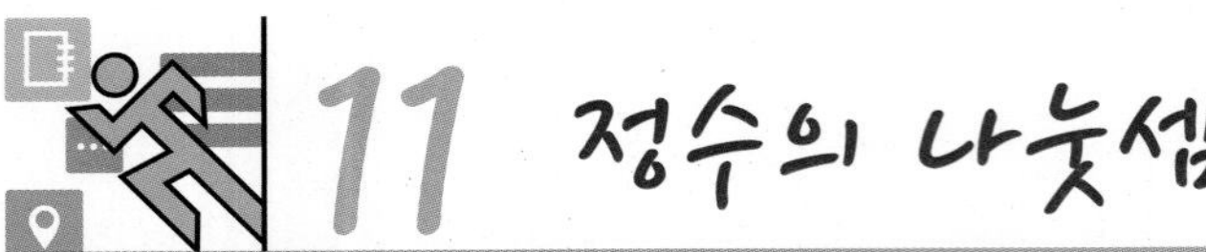

빠른정답 07쪽

1. 부호가 같은 두 수의 나눗셈의 몫은 두 수의 절댓값의 나눗셈의 몫에 양의 부호 +를 붙인다.
2. 부호가 다른 두 수의 나눗셈의 몫은 두 수의 절댓값의 나눗셈의 몫에 음의 부호 −를 붙인다.

1. (양수)÷(양수), (음수)÷(음수) ⇨ +(절댓값의 몫)
2. (양수)÷(음수), (음수)÷(양수) ⇨ −(절댓값의 몫)

정수의 나눗셈

※ 다음을 계산하여라.

01 $(+84)\div(+7)=\square(84\div7)=\square$

02 $(+24)\div(+6)$

03 $(+16)\div(+2)$

04 $(+20)\div(+10)$

05 $(+9)\div(+3)$

06 $(+72)\div(+8)$

07 $(+16)\div(+4)$

08 $(+33)\div(+11)$

09 $(-80)\div(-5)=\square(80\div5)=\square$

10 $(-18)\div(-2)$

11 $(-24)\div(-4)$

12 $(-27)\div(-9)$

13 $(-56)\div(-7)$

14 $(-40)\div(-10)$

15 $(-65)\div(-5)$

16 $(-100)\div(-4)$

17 $(+24)\div(-12)=\square(24\div12)=\square$

18 $(+45)\div(-9)$

19 $(+36)\div(-6)$

20 $(+30)\div(-10)$

21 $(+40)\div(-5)$

22 $(+16)\div(-8)$

23 $(+48)\div(-6)$

24 $(+39)\div(-3)$

25 $(-36)\div(+9)=\square(36\div9)=\square$

26 $(-56)\div(+8)$

27 $(-24)\div(+8)$

28 $(-28)\div(+7)$

29 $(-12)\div(+4)$

30 $(-30)\div(+5)$

31 $(-42)\div(+2)$

32 $(-50)\div(+25)$

12 유리수의 나눗셈

빠른정답 07쪽 / 친절한 해설 22쪽

1. **역수** : 어떤 두 수의 곱이 1이 될 때, 한 수를 다른 수의 역수라고 한다.
2. **유리수의 나눗셈**
   유리수의 나눗셈은 나누는 수의 역수를 곱하여 계산한다. $\bigcirc \div \triangle = \bigcirc \times \frac{1}{\triangle}$

참고 0은 어떤 수를 곱하여도 1이 될 수 없으므로 0의 역수는 생각하지 않는다.

유형 044 역수

※ 다음 수의 역수를 구하여라.

01 $+4$

02 $+\frac{2}{3}$

03 -5

04 $-\frac{1}{2}$

05 1

06 -1

07 0.3

08 -1.2

Tip 역수를 구할 때는 부호를 바꾸지 않는다.

※ 다음을 구하여라.

09 a의 역수가 2일 때, a의 값

10 a의 역수가 $-\frac{1}{3}$일 때, a의 값

11 $\frac{a}{2}$의 역수가 $\frac{5}{4}$일 때, a의 값

12 $\frac{a}{5}$의 역수가 $-\frac{1}{2}$일 때, a의 값

13 $2a$의 역수가 1일 때, a의 값

14 $4a$의 역수가 -1일 때, a의 값

학교시험 필수예제

15 -0.25의 역수를 a, 2의 역수를 b라 할 때, $a \times b$의 값을 구하여라.

유리수의 나눗셈

※ 다음을 계산하여라.

16 $\left(-\frac{9}{5}\right)\div(+1.5)=\left(-\frac{9}{5}\right)\times\square=\square$

17 $\left(+\frac{3}{8}\right)\div\left(+\frac{9}{2}\right)$

18 $\left(-\frac{8}{7}\right)\div\left(-\frac{4}{3}\right)$

19 $\left(+\frac{5}{4}\right)\div\left(+\frac{1}{2}\right)$

20 $\left(-\frac{5}{8}\right)\div\left(+\frac{9}{16}\right)$

21 $\left(+\frac{9}{14}\right)\div\left(-\frac{24}{7}\right)$

22 $\left(+\frac{2}{11}\right)\div\left(-\frac{5}{22}\right)$

23 $\left(+\frac{2}{5}\right)\div\left(+\frac{4}{15}\right)$

24 $\left(-\frac{13}{4}\right)\div\left(-\frac{9}{16}\right)$

25 $\left(-\frac{3}{4}\right)\div\left(-\frac{11}{2}\right)$

26 $(-15)\div\left(+\frac{3}{4}\right)$

27 $(+36)\div\left(-\frac{9}{4}\right)$

28 $\left(-\frac{5}{3}\right)\div(-20)$

29 $(+0.7)\div\left(-\frac{14}{5}\right)$

30 $\left(+\frac{3}{2}\right)\div\left(+\frac{2}{5}\right)$

13 곱셈과 나눗셈의 혼합 계산

빠른정답 08쪽 / 친절한 해설 23쪽

곱셈과 나눗셈의 혼합 계산은 다음과 같은 순서로 계산한다.
① 거듭제곱이 있으면 거듭제곱을 먼저 계산한다.
② 나눗셈은 역수를 이용하여 곱셈으로 고친다.
③ 순서대로 계산한다.

$\underbrace{(-)\times(-)\times\cdots\times(-)}_{\text{짝수 개}} \Rightarrow (+)$

$\underbrace{(-)\times(-)\times\cdots\times(-)}_{\text{홀수 개}} \Rightarrow (-)$

유형 046 곱셈과 나눗셈의 혼합 계산

※ 다음을 계산하여라.

01 $(+5)\times(-2^3)\div(-10)$

$=(+5)\times(\square)\div(-10)$

$=(\square)\div(-10)=\square$

02 $(-15)\times(+3)\div(+5)$

03 $(+6)\times(-3)\div(+9)$

04 $(-2)\times(-4)\div(-8)$

05 $(-24)\div(+4)\times(+3)$

06 $(-36)\div(-2)^2\times(+3)$

07 $(+2)\times(-3)^2\div(-9)$

08 $(-2)^3\div(-4)\times(-3)$

09 $(+15)\times(-2)^2\div(-6)$

10 $(-2^2)\times(+5)\div(-2)^2$

11 $\left(-\frac{1}{6}\right)^2 \div \left(+\frac{1}{4}\right) \times \left(+\frac{6}{5}\right)$

$=(\square) \times (+4) \times \left(+\frac{6}{5}\right) = \square$

12 $\left(-\frac{5}{3}\right) \times \left(-\frac{1}{10}\right) \div \left(+\frac{4}{9}\right)$

13 $(+8) \div \left(+\frac{3}{4}\right) \times \left(-\frac{5}{12}\right)$

14 $\left(+\frac{3}{7}\right) \div \left(-\frac{12}{35}\right) \times (-2)^3$

15 $\left(+\frac{16}{5}\right) \div (-2) \times \left(-\frac{1}{4}\right)$

16 $\left(-\frac{1}{36}\right) \times \left(+\frac{18}{5}\right) \div (-12)$

17 $\left(-\frac{25}{3}\right) \div (-2)^3 \times \left(-\frac{8}{5}\right)$

18 $\frac{5}{7} \times \left(-\frac{3}{10}\right) \div \frac{9}{14}$

학교시험 필수예제

19 $a=\left(-\frac{3}{5}\right) \div \left(+\frac{6}{5}\right)$,

$b=\left(-\frac{1}{3}\right) \div \left(+\frac{1}{6}\right) \times \left(+\frac{1}{2}\right)$일 때, $a \times b$의 값을 구하여라.

14 유리수의 사칙계산

빠른정답 08쪽 / 친절한 해설 23쪽

덧셈, 뺄셈, 곱셈, 나눗셈이 섞여 있는 식의 경우에는 다음과 같은 순서로 계산한다.

① 거듭제곱이 있으면 거듭제곱을 계산한다.

② 괄호가 있으면 괄호 안을 계산한다.

③ 곱셈, 나눗셈을 계산한다.

④ 덧셈, 뺄셈을 계산한다.

거듭제곱

$\downarrow$

( ), { }, [ ]

$\downarrow$

×, ÷

$\downarrow$

+, −

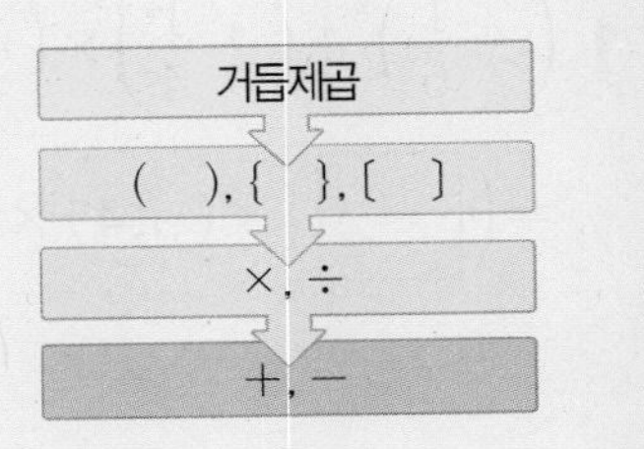

유형 047 유리수의 사칙계산

※ 다음 식의 계산 순서를 차례대로 나열하여라.

01 $9\underset{\substack{\uparrow\\ \text{㉠}}}{-}(-3)\underset{\substack{\uparrow\\ \text{㉡}}}{\times}\underset{\substack{\uparrow\\ \text{㉢}}}{(-2)^{3}}\underset{\substack{\uparrow\\ \text{㉣}}}{\div}4$

02 $10\underset{\substack{\uparrow\\ \text{㉠}}}{-}4\underset{\substack{\uparrow\\ \text{㉡}}}{\times}\{2\underset{\substack{\uparrow\\ \text{㉢}}}{-}\underset{\substack{\uparrow\\ \text{㉣}}}{(-3)^{2}}\}$

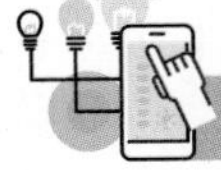

학교시험 필수예제

03 다음 식의 계산 순서를 차례대로 나열하여라.

$$\{5\underset{\substack{\uparrow\\ \text{㉠}}}{+}\underset{\substack{\uparrow\\ \text{㉡}}}{(-2)^{3}}\}\underset{\substack{\uparrow\\ \text{㉢}}}{\times}7\underset{\substack{\uparrow\\ \text{㉣}}}{-}(+9)\underset{\substack{\uparrow\\ \text{㉤}}}{\div}(-3)$$

※ 다음을 계산하여라.

04 $9-(-3)\times(-2)^{3}\div4$

05 $10-4\times\{2-(-3)^{2}\}$

06 $7-\{25\div(-5)+4\}$

07 $16 \div (-8) - 7 \times (-2)$

11 $(-8) \div (-2)^2 + \{2 - 3 \times (-1)\}$

08 $(-2) + (-3)^2 \times 8 - 10$

12 $\{5 + (-2)^3\} \times 7 - (+9) \div (-3)$

09 $(-7) \div (-1)^7 + 2 \times 5$

13 $(-8) + [(-1)^5 + \{(-2)^3 \times 3 + 4\} \div (-2)^2]$

10 $12 \div 9 + \frac{2}{5} \times \frac{5}{6}$

14 $\frac{2}{3} + \left\{(-1)^2 + \left(+\frac{1}{5}\right)\right\} \times \left(-\frac{5}{12}\right)$

Ⅲ. 문자와 식

단원 종합 문제 164쪽

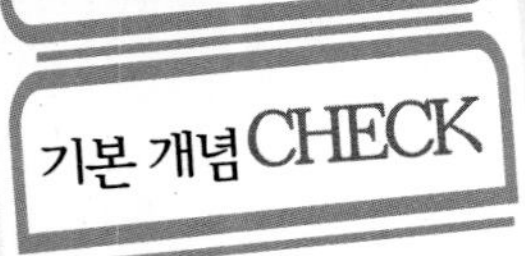

1. 문자의 사용 (84쪽)

문자를 사용하면 수량과 수량 사이의 관계를 간단한 식으로 나타낼 수 있다.

2. 곱셈과 나눗셈 기호의 생략 (86쪽)

(1) 수와 문자의 곱에서는 곱셈 기호 × 를 생략하고, 수를 문자 앞에 쓴다.

예 $2\times x=2x$, $x\times(-3)=-3x$

(2) 문자와 문자의 곱에서는 곱셈 기호 × 를 생략하고, 보통 알파벳 순서로 쓴다.

예 $a\times x\times b=abx$

(3) 같은 문자의 곱은 거듭제곱으로 나타낸다.

예 $a\times a\times a=a^3$, $x\times 4\times 1\times x\times a=4ax^2$

(4) 나눗셈에서는 나눗셈 기호를 생략하고, 분수의 꼴로 나타낸다.

3. 대입과 식의 값 (90쪽)

(1) 문자를 포함한 식에서 문자 대신에 수를 넣는 것을 ❶ ______ 이라고 한다.

(2) 문자에 수를 대입하여 얻은 값을 ❷ ______ 이라 한다.

4. 다항식과 일차식 (94쪽)

(1) ❸ ______ : 수 또는 문자의 곱으로만 이루어진 식

(2) 상수항 : 문자없이 수로만 이루어진 항

(3) ❹ ______ : 문자에 곱해진 수

(4) ❺ ______ : 다항식 중에서 하나의 항으로만 이루어진 식

(5) 다항식 : 하나 이상의 항의 합으로 이루어진 식

(6) 차수 : 어떤 항에 포함되어 있는 문자가 곱해진 개수

(7) ❻ ______ : 차수가 1차인 다항식

5. 일차식의 덧셈과 뺄셈 (99쪽)

① 괄호가 있으면 ❼ ______ 을 이용하여 괄호를 풀어준다.

분배법칙

$a\times(b+c)=a\times b+a\times c$

② 동류항끼리 모은 다음 계산을 한다.

③ 높은 차수의 순서대로 정리한다.

❶ 대입 ❷ 식의 값 ❸ 항 ❹ 계수 ❺ 단항식 ❻ 일차식 ❼ 분배법칙

보충 설명

- (직사각형의 둘레의 길이)
  $=2\times${(가로의 길이)+(세로의 길
- (직사각형의 넓이)
  =(가로의 길이)×(세로의 길이)
- (삼각형의 넓이)
  $=\frac{1}{2}\times$(밑변의 길이)×(높이)
- (사다리꼴의 넓이)
  $=\frac{1}{2}\times${(윗변의 길이)+(아랫변의
  길이)}×(높이)

$$x\div\frac{4}{3}=x\times\frac{3}{4}=\frac{3}{4}x$$

$5x+8$

x에 -1을 대입

$=5\times(-1)+8$

$=3$ ← 식의 값

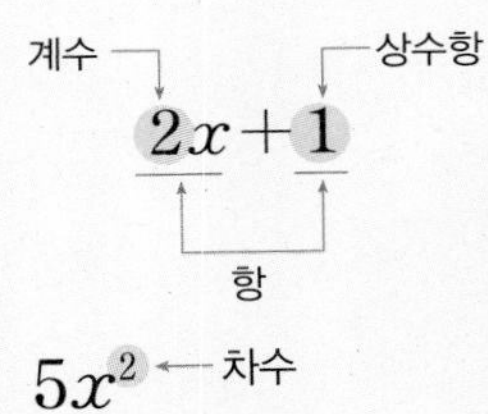

$5x^2$ ← 차수

- 동류항: 문자와 차수가 각각 같은 항

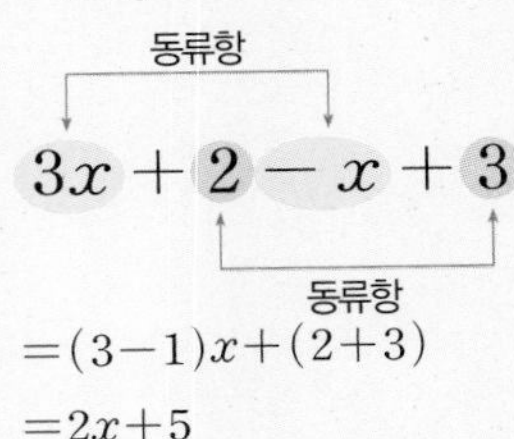

$=(3-1)x+(2+3)$

$=2x+5$

등식, 방정식, 항등식 (106쪽)

(1) 등식

① 등식은 등호(=)를 사용하여 두 수 또는 식이 같다는 것을 나타낸 식을 말한다.

② [❽] : 등식에서 등호의 왼쪽 부분

[❾] : 등식에서 등호의 오른쪽 부분

[❿] : 좌변과 우변을 통틀어 말함

(2) 방정식

① 방정식은 미지수 x의 값에 따라 참이 되기도, 거짓이 되기도 하는 등식을 말한다.

② 방정식의 해(근)는 방정식을 [⓫]이 되게 하는 미지수의 값이다.

'방정식을 푼다'는 것은 [⓬]를 구하는 것을 말한다.

(3) [⓭]은 미지수에 어떤 값을 대입하여도 참이 되는 등식을 말한다.

등식의 성질 (110쪽)

(1) 등식의 양변에 같은 수를 더하여도 등식은 성립한다.
(2) 등식의 양변에 같은 수를 빼도 등식은 성립한다.
(3) 등식의 양변에 같은 수를 곱하여도 등식은 성립한다.
(4) 등식의 양변에 0이 아닌 같은 수를 나누어도 등식은 성립한다.

일차방정식의 풀이 (115쪽)

(1) [⓮]은 등식의 성질을 이용하여 등식의 한 변에 있는 항을 부호를 바꾸어 다른 항으로 옮기는 것을 말한다.

(2) 일차방정식은 방정식의 모든 항을 좌변으로 이항하여 정리한 식이 (일차식)$=0$의 꼴이다.

(3) 일차방정식의 풀이

① 계수에 소수나 분수가 있으면 양변에 적당한 수를 곱하여 계수를 정수로 고친다.

② 괄호가 있으면 [⓯]을 이용하여 괄호를 푼다.

③ x를 포함한 항은 좌변으로, 상수항은 [⓰]으로 이항한다.

④ 양변을 정리하여 $ax=b\ (a\neq0)$의 꼴로 만든다.

⑤ x의 계수 a로 나누어 해를 구한다.

일차방정식의 활용 (126쪽)

(1) 문제의 뜻을 파악하고 구하려는 것을 [⓱]로 놓는다.
(2) 문제의 뜻에 맞은 방정식을 세운다.
(3) 방정식을 푼다.
(4) 구한 해가 문제의 뜻에 맞는지 확인한다.

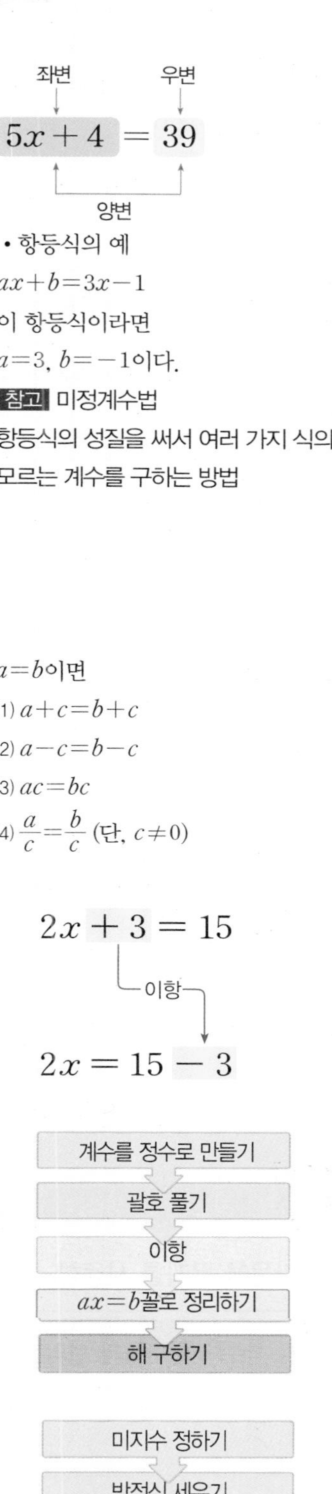

❽ 좌변 ❾ 우변 ❿ 양변 ⓫ 참 ⓬ 방정식의 해 ⓭ 항등식 ⓮ 이항 ⓯ 분배법칙 ⓰ 우변 ⓱ x

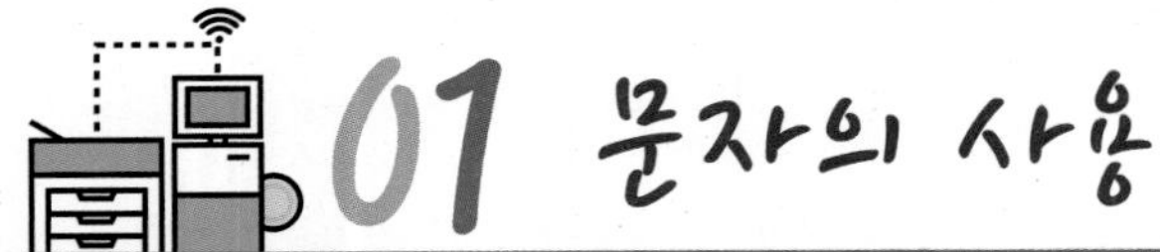

01 문자의 사용

빠른정답 08쪽 / 친절한 해설 24쪽

한 개에 1000원 하는 사과를 구입한 개수와 가격의 관계를 표로 나타내면

개수(개)	1	2	3	⋯	x
가격(원)	1000×1	1000×2	1000×3	⋯	$1000\times x$

물건의 가격 물건의 개수

1000×1

1000×2

⋮

문자를 사용하여 수량과 수량 사이의 관계를 간단히 나타낼 수 있다.

유형 048 문자를 사용한 식

※ 다음 문장을 문자를 사용한 식으로 나타내어라.

01 한 자루에 800원인 연필 a자루의 값

02 한 자루에 x원인 연필 5자루의 값

03 한 개에 a원인 사탕 6개와 한 개에 b원인 초콜릿 5개의 값

학교시험 필수예제

04 다음을 문자를 사용한 식으로 옳게 나타낸 것은?

> 학수가 친구들과 편의점에서 2000원짜리 빵 x개와 1100원짜리 콜라 y개를 주문하고 10000원을 냈을 때 거스름돈

① $(10000-2000x+1100y)$원
② $\{10000-(2000x-1100y)\}$원
③ $\{10000+(2000x+1100y)\}$원
④ $(2000x-1100y)$원
⑤ $\{10000-(2000x+1100y)\}$원

05 가로의 길이가 6 cm이고, 세로의 길이가 a cm인 직사각형의 둘레의 길이

06 가로의 길이가 10 cm이고, 세로의 길이가 x cm인 직사각형의 넓이

07 밑변의 길이가 a cm이고, 높이가 5 cm인 삼각형의 넓이

08 윗변의 길이가 2 cm, 아랫변의 길이가 x cm이고 높이가 h cm인 사다리꼴의 넓이

Tip

- (직사각형의 둘레의 길이) $=2\times\{$(가로의 길이)$+$(세로의 길이)$\}$
- (직사각형의 넓이)$=$(가로의 길이)$\times$(세로의 길이)
- (삼각형의 넓이)$=\frac{1}{2}\times$(밑변의 길이)$\times$(높이)
- (사다리꼴의 넓이) $=\frac{1}{2}\times\{$(윗변의 길이)$+$(아랫변의 길이)$\}\times$(높이)

09 시속 100 km인 자동차로 t시간 동안 간 거리

10 시속 a km인 자동차로 3시간 동안 간 거리

11 80 km의 거리를 시속 x km로 달려갈 때, 걸린 시간

12 y km의 거리를 시속 3 km로 걸어갈 때, 걸린 시간

13 200 km의 직선거리를 시속 90 km로 t시간 동안 갔을 때 남은 거리

14 12 km의 직선거리를 시속 a km로 2시간 동안 갔을 때 남은 거리

Tip

- (거리)=(속력)×(시간), (속력)=$\frac{(거리)}{(시간)}$, (시간)=$\frac{(거리)}{(속력)}$
- (농도)=$\frac{(소금의 양)}{(소금물의 양)}\times 100(\%)$,

(소금의 양)=$\frac{(농도)}{100}\times$(소금물의 양)

15 300 g의 소금물에 a g의 소금이 녹아 있을 때, 소금물의 농도

16 x g의 물에 설탕 50 g을 녹였을 때 생기는 설탕물의 농도

17 농도가 2 %인 소금물 x g에 녹아 있는 소금의 양

18 농도가 a %인 설탕물 200 g에 녹아 있는 설탕의 양

학교시험 필수예제

19 다음을 문자를 사용한 식으로 나타내어라.

(1) 백의 자리의 숫자가 a, 십의 자리의 숫자가 b, 일의 자리의 숫자가 c인 세 자리의 자연수

(2) 영어를 x점, 수학을 y점 받았을 때, 두 과목의 평균 점수

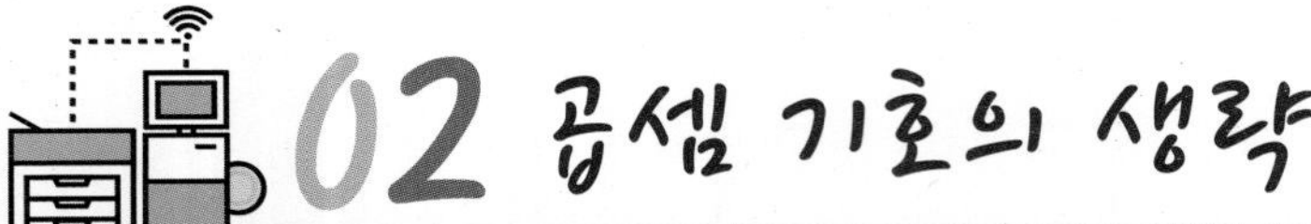

02 곱셈 기호의 생략

빠른정답 08쪽 / 친절한 해설 24쪽

1. 수와 문자의 곱에서는 곱셈 기호 ×를 생략하고, 수를 문자 앞에 쓴다.
   예 $2\times x=2x$, $x\times(-3)=-3x$
2. 문자와 문자의 곱에서는 곱셈 기호 ×를 생략하고, 보통 알파벳 순서로 쓴다.
   예 $a\times x\times b=abx$
3. 같은 문자의 곱은 거듭제곱으로 나타낸다.
   예 $a\times a\times a=a^3$, $x\times 4\times 1\times x\times a=4ax^2$

$x\times 4\times 1\times x\times a$
$=4ax^2$

유형 049 곱셈 기호의 생략

※ 다음 식을 곱셈 기호 ×를 생략하여 나타내어라.

01 $5\times x$

02 $x\times(-1)$

03 $2\times a\times a$

04 $a\times(-1)\times a\times a$

05 $a\times 0.1\times c\times b$

06 $a\times b\times \frac{1}{2}\times 9\times b\times b$

07 $3\times x\times 2\times y$

08 $(-1)\times a\times(-2)\times b$

09 $2\times x\times x\times y\times y\times y\times(-1)$

10 $(-2)\times 3\times x\times x\times x\times y$

학교시험 필수예제

11 $a\times b\times a\times(-1)$을 곱셈 기호 ×, ÷를 생략하여 나타내어라.

※ 다음 식을 곱셈 기호 ×를 생략하여 나타내어라.

12 $3\times(x+y)$

13 $-2\times(x+y)\times a$

14 $5\times a\times(x+y+z)$

15 $(-1)\times(a+b)\times x$

16 $a\times(-2)+(b+c)\times 2$

17 $x\times x\times 3+(y-z)\times 2$

18 $(-2)\times(-2)\times a-(b+c)\times 3$

19 $x\times(-1)+(a+b)\times 5$

20 $7\times x\times x\times y$

21 $\frac{1}{2}\times(a+b-c)\times x$

22 $(-4)\times(a+b)\times x$

23 $(x+y)\times\frac{1}{2}\times a\times b$

24 $x\times 8\times y+z$

25 $a\times 3-5\times b$

학교시험 필수예제

26 다음 중 곱셈 기호 ×를 생략한 것으로 틀린 것의 개수를 구하여라.

ㄱ. $3\times a\times b\times b=3ab^2$
ㄴ. $y\times 4\times x=4xy$
ㄷ. $a\times(-1)\times x=-ax$
ㄹ. $0.1\times b=0.b$
ㅁ. $a\times 2+3=5a$

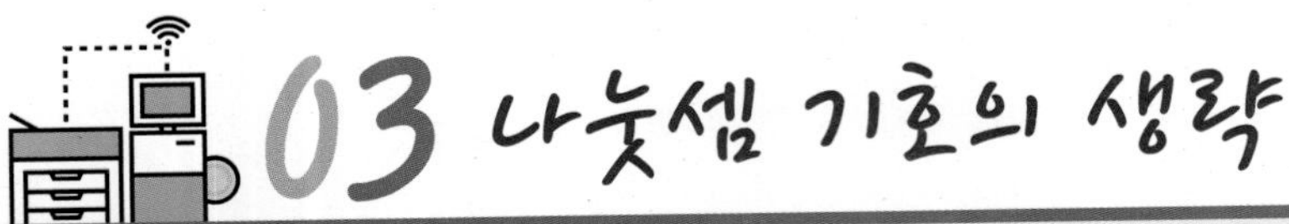

03 나눗셈 기호의 생략

빠른정답 08쪽 / 친절한 해설 24쪽

문자를 사용한 나눗셈에서는 나눗셈 기호 ÷를 생략하고 분수의 꼴로 나타낸다.

$a\div b=\dfrac{a}{b}$ (단, $b\neq0$)

$x\div\dfrac{4}{3}=x\times\dfrac{3}{4}=\dfrac{3}{4}x$

유형 050 나눗셈 기호의 생략

※ 다음 □ 안에 알맞은 것을 써넣어라.

01 $x\div4=x\times\square=\square$

02 $7\div x=7\times\square=\square$

03 $(a+3)\div5=(a+3)\times\square=\square$

04 $a\div(b-2)=a\times\square=\square$

05 $1\div x\div y=1\times\square\times\square=\square$

06 $3\div a+(-1)\div b=3\times\square+(-1)\times\square$
$=\square-\square$

※ 다음 식을 나눗셈 기호 를 생략하여 나타내어라.

07 $9\div a$

08 $b\div(-7)$

09 $(a+3)\div2$

10 $a\div(b+1)$

학교시험 필수예제

11 다음 중에서 $\dfrac{a}{bc}$와 같은 것을 모두 골라라.

㉠ $a\div b\div c$	㉡ $a\times b\div c$
㉢ $a\div b\times c$	㉣ $a\div(b\div c)$
㉤ $a\times(b\div c)$	㉥ $a\div(b\times c)$

곱셈과 나눗셈 기호의 생략

※ 다음 식을 기호 ×, ÷를 생략하여 간단히 나타내어라.

12 $-6\div x+12\div y\times\frac{1}{4}$

$=(-6)\times\square+12\times\square\times\frac{1}{4}$

$=\square+\square$

13 $a\times b\div 3$

14 $x\div y\times(-2)$

15 $a\times 7\div b$

16 $6\div a\times b$

17 $y\times x\div(-5)$

18 $x\times y\div z\times x$

19 $x\times 3\times y\div 2$

20 $a\times b\div 7\times c$

21 $x\div 10\times z\div y$

학교시험 필수예제

22 $(x+y)\times 5-3\div(x-y)$를 기호 ×, ÷를 생략하여 나타내면?

① $5(x+y)-3(x-y)$
② $5(x+y)-\frac{3}{x-y}$
③ $5(x+y)-\frac{x-y}{3}$
④ $5x-5y-\frac{3}{x-y}$
⑤ $5x+y-\frac{3}{x-y}$

04 식의 값

빠른정답 09쪽 / 친절한 해설 24쪽

1. 대입 : 문자를 사용한 식에서 문자 대신 수를 넣는 것을 문자에 수를 대입한다고 한다.
2. 식의 값 : 문자를 사용한 식에서 문자에 수를 대입하여 계산한 결과를 그 식의 값이라고 한다.

$5x+8$

↓ x에 -1을 대입

$=5\times(-1)+8$

$=3$ ← 식의 값

유형 052 곱셈, 나눗셈 기호를 사용하여 나타내기

※ 다음 식을 ×, ÷ 기호를 사용하여 나타내어라.

01 $-2a^2=(-2)\times\square\times\square$

02 $7x$

03 $-ab$

04 $\dfrac{a}{b}$

05 $\dfrac{x}{3}$

06 $\dfrac{a}{x}$

07 $2a(b-c)$

08 $5(x+y)$

09 $\dfrac{x-y}{3}$

10 $\dfrac{ab}{6}$

11 $\dfrac{y}{3x}$

12 $-\dfrac{ab}{2}$

식의 값

※ $x=3$일 때, 다음 식의 값을 구하여라.

13 $2x-5=2\times x-5$
$=2\times\square-5$
$=\square-5=\square$

14 $3x$

15 $7-x$

16 $5x+1$

17 $\dfrac{2x-1}{5}$

18 $-3x+8$

※ $x=-2$일 때, 다음 식의 값을 구하여라.

19 $2x-5=2\times x-5$
$=2\times(\square)-5$
$=\square-5=\square$

20 $3x$

21 $7-x$

22 $5x+1$

학교시험 필수예제

23 $x=-2$일 때, 다음 식의 값 중 가장 큰 것은?

① $-x$　② $(-x)^2$　③ $3x+7$
④ x^2-3　⑤ $\dfrac{4}{x}+3$

※ $a=2$, $b=3$일 때, 다음 식의 값을 구하여라.

24 $a+b$

25 $3a-b$

26 $5a+2b-10$

27 $ab+7$

28 a^2+b^2

29 a^2-ab+8

※ $a=4$, $b=-3$일 때, 다음 식의 값을 구하여라.

30 $a+b$

31 $3a-b$

32 $5a+2b-10$

33 $ab+7$

학교시험 필수예제

34 $x=-2$, $y=3$일 때, $-x^2+5y$의 값은?

① -19　② -11　③ 0
④ 11　⑤ 19

※ a의 값이 다음과 같을 때, 식 $3a-7$의 값을 구하여라.

35 $a=10$

36 $a=-1$

37 $a=2$

38 $a=-3$

39 $a=\frac{2}{3}$

40 $a=-\frac{1}{4}$

식의 값의 활용

※ 오른쪽 그림과 같이 밑변의 길이가 a cm 높이가 b cm인 삼각형의 넓이를 $S\text{ cm}^2$ 라고 할 때, 다음 물음에 답하여라.

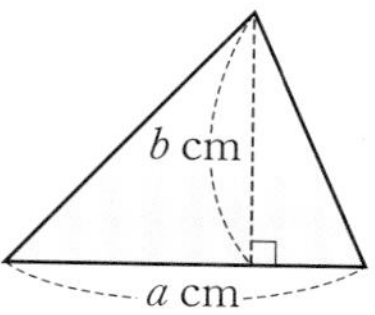

41 삼각형의 넓이 S를 a, b를 사용하여 나타내어라.

42 $a=6$, $b=2$일 때, 이 삼각형의 넓이를 구하여라.

학교시험 필수예제

43 다음 그림과 같은 도형의 넓이를 x에 대한 식으로 나타내면 $ax+b$이다. 이때, $b-a$의 값을 구하여라.

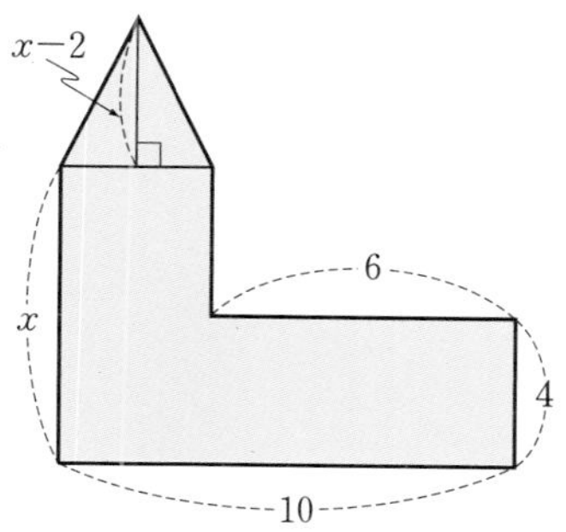

05 단항식과 다항식

빠른정답 09쪽 / 친절한 해설 24쪽

1. **항, 상수항** : 식 $2x+1$에 대하여 수 또는 문자의 곱으로 이루어진 $2x$, 1을 각각 식 $2x+1$의 항이라 하고, 1과 같이 수로만 이루어진 항을 상수항이라고 한다.
2. **계수** : $2x$와 같이 수와 문자의 곱으로 이루어진 항에서 수 2를 문자 x의 계수라고 한다.
3. **다항식** : $2x+1$과 같이 하나 이상의 항의 합으로 이루어진 식
4. **단항식** : 다항식 중에서 하나의 항으로만 이루어진 식

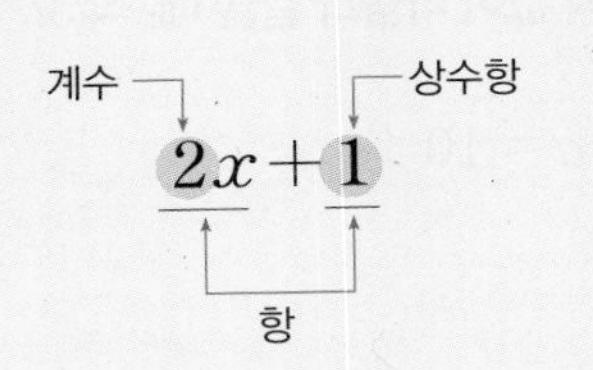

유형 055 항

※ 다음 식에서 항과 항의 개수를 구하여라.

01 $2x+y$

(1) 항

(2) 항의 개수

02 $-2a+b-1$

(1) 항

(2) 항의 개수

03 $\dfrac{x-5}{2}$

(1) 항

(2) 항의 개수

04 $\dfrac{a+b+1}{3}$

(1) 항

(2) 항의 개수

유형 056 다항식

※ 다음에서 단항식과 다항식을 각각 골라라.

05

$a+7$ $\quad -3a$ $\quad b^2-1$ $\quad -a$

(1) 단항식

(2) 다항식

06

$-y$ $\quad 2x-2y+1$ $\quad \dfrac{2}{5}x$ $\quad x+y$

(1) 단항식

(2) 다항식

07

$a+3$ $\quad 0.2x$ $\quad ax+by$ $\quad 16$

(1) 단항식

(2) 다항식

08

-11 $\quad -az$ $\quad \dfrac{x+y}{2}$ $\quad -\dfrac{3}{4}x^3$

(1) 단항식

(2) 다항식

※ 다음 다항식에서 x, y의 계수를 각각 구하여라.

09 $5x-y$

(1) x의 계수

(2) y의 계수

10 $-x+3y-12$

(1) x의 계수

(2) y의 계수

11 $x-4y$

(1) x의 계수

(2) y의 계수

12 $12x-5y-7$

(1) x의 계수

(2) y의 계수

13 $x+y+\frac{1}{3}$

(1) x의 계수

(2) y의 계수

14 $\frac{-2x+3y}{2}$

(1) x의 계수

(2) y의 계수

※ 다음은 다항식 $-3x+4y-2$에 대한 설명이다. 옳은 것에는 ○표, 옳지 않은 것에는 ×표 하여라.

15 항은 모두 3개이다. (　　)

16 상수항은 2이다. (　　)

17 x의 계수는 -3이다. (　　)

18 y의 계수는 4이다. (　　)

19 항은 $3x$, $4y$, 2이다. (　　)

학교시험 필수예제

20 다음 중 다항식 $-4x^2-3x+7$에 대한 설명으로 옳지 않은 것을 모두 고르면? (정답 2개)

① x의 계수는 -3이다.
② 상수항은 -7이다.
③ x^2의 차수는 -4이다.
④ 차수가 2인 다항식이다.
⑤ 항은 $-4x^2$, $-3x$, 7의 3개이다.

06 일차식

빠른정답 09쪽

1. **차수** : 문자를 포함한 항에서 어떤 문자의 곱해진 개수를 그 문자에 관한 항의 차수라고 한다.
   예 $5x$의 x에 관한 차수는 1, $5x^2$의 x에 관한 차수는 2이다.
2. **다항식의 차수** : 다항식에서는 차수가 가장 큰 항의 차수를 그 다항식의 차수라고 한다.
3. **일차식** : $x+2$와 같이 차수가 1인 다항식

$5x^2$ ← 차수

유형 057 차수

※ 다음 다항식의 각 항의 차수를 구하여라.

01 $\underset{(1)}{\underline{-3x}}\underset{(2)}{\underline{-11}}$

02 $\underset{(1)}{\underline{-2x^3}}\underset{(2)}{\underline{+7x}}$

03 $\underset{(1)}{\underline{\frac{x}{3}}}\underset{(2)}{\underline{+2}}$

04 $\underset{(1)}{\underline{x^2}}\underset{(2)}{\underline{+5x}}$

유형 058 다항식의 차수

※ 다음 다항식의 차수를 구하여라.

05 $-3x-11$

06 $-2x^3+7x$

07 $\frac{x}{3}+2$

08 x^2+5x

학교시험 필수예제

09 다음에서 일차식을 모두 골라라.

$y+7 \quad \frac{9}{4} \quad -\frac{a}{3} \quad 3x^2 \quad \frac{2}{x}$

07 일차식과 수의 곱셈, 나눗셈 (1)

빠른정답 09쪽 / 친절한 해설 24쪽

1. 단항식과 수의 곱셈은 수끼리 곱하여 수를 문자 앞에 쓴다.
2. 단항식을 수로 나눌 때에는 나눗셈을 곱셈으로 고쳐서 계산한다.

• 곱셈의 교환법칙
$a \times b = b \times a$

• 곱셈의 결합법칙
$(a \times b) \times c = a \times (b \times c)$

유형 059 단항식과 수의 곱셈

※ 다음을 계산하여라.

01 $2x \times (-7) = 2 \times x \times (\square)$
$= 2 \times (\square) \times x$
$= \square$

02 $3x \times 8$

03 $(-3) \times (-7a)$

04 $6a \times (-8)$

05 $8x \times \left(-\frac{1}{4}\right)$

06 $(-12a) \times \frac{2}{3}$

유형 060 단항식과 수의 나눗셈

※ 다음을 계산하여라.

07 $(-6a) \div \frac{3}{4} = (-6) \times a \times \square$
$= (-6) \times \square \times a = \square$

08 $14x \div 7$

09 $10y \div (-5)$

10 $(-16a) \div \left(-\frac{8}{3}\right)$

빠른정답 09쪽

1. 일차식과 수의 곱셈은 분배법칙을 이용하여 일차식의 각 항에 그 수를 곱하여 계산한다.
2. 일차식과 수의 나눗셈은 나눗셈을 곱셈으로 고쳐서 계산한다.

• 분배법칙
$a\times(b+c)=a\times b+a\times c$

일차식과 수의 곱셈

※ 다음을 계산하여라.

01 $-6\times\left(\frac{3}{2}a-\frac{1}{6}\right)$

$=(-6)\times\frac{3}{2}a+(-6)\times(\square)$

$=-9a+\square$

02 $7(2x+1)$

03 $-(3a+4)$

04 $5(x-2)$

05 $2(-a-3)$

06 $-3(2a-5)$

07 $\frac{1}{2}\left(-2x+6\right)$

08 $-\frac{1}{3}(-6x+3)$

09 $-\frac{1}{4}(12x+4)$

10 $\frac{1}{3}(-9a-6)$

11 $\frac{3}{4}\left(8y+\frac{8}{3}\right)$

12 $-\frac{5}{3}(15a-12)$

일차식과 수의 나눗셈

※ 다음을 계산하여라.

13 $(-14a+35)\div\left(-\frac{7}{2}\right)$

$=(-14a+35)\times\left(\square\right)$

$=(-14a)\times\left(\square\right)+35\times\left(\square\right)$

$=\square$

14 $(-4x+10)\div 2$

15 $(-18x-27)\div(-3)$

16 $(24a+12)\div(-6)$

17 $(6a-4)\div 2$

18 $(10y+15)\div(-5)$

19 $(3a+5)\div\frac{1}{3}$

20 $(-y+1)\div\frac{1}{2}$

21 $(4a+1)\div\left(-\frac{1}{5}\right)$

22 $\left(-\frac{1}{3}x+1\right)\div\left(-\frac{1}{6}\right)$

23 $(-6a+10)\div\frac{2}{5}$

24 $(-12x+6)\div\left(-\frac{3}{4}\right)$

09 동류항

빠른정답 10쪽 / 친절한 해설 24쪽

1. **동류항** : 다항식 $3x+2-x+3$에서 $3x$, $-x$와 같이 문자와 차수가 같은 항을 동류항이라고 한다.
2. **동류항의 계산** : 계수끼리의 합 또는 차에 문자를 곱해 준다.

참고 상수항은 모두 동류항이다.

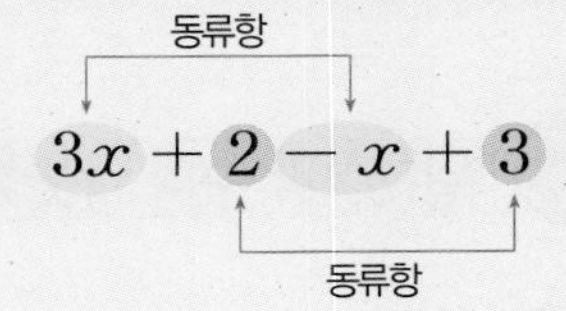

동류항

※ 다음 중 $2x$와 동류항인 것을 모두 찾아라.

01

$y \quad \frac{6}{5}b \quad -\frac{x}{2} \quad 7x \quad 2x^2$

02

$2a \quad x \quad -24 \quad 5x^3 \quad -4x$

03

$-2 \quad -2x \quad 2b \quad 7y \quad \frac{2}{3}x$

04

$-0.1x \quad \frac{2}{x} \quad 2 \quad -x \quad -2a$

※ 다음 식에서 동류항을 모두 찾아라.

05 $2x-7-x$

06 $3x+y-2x-2y$

07 $a-5-2a+1$

학교시험 필수예제

08 다음 중에서 $-3x$와 동류항인 것을 모두 구하여라.

$-3y$, $4x$, x^3, $-3x^2$, $-0.5x$, -3

동류항의 계산

※ 다음 식을 간단히 하여라.

09 $-4b+6b=(\square+6)b$
$=\square$

10 $3a+7a$

11 $-2x+6x$

12 $-5x+4x$

13 $18a-9a$

14 $y-5y$

15 $\frac{x}{4}-\frac{x}{2}$

16 $a-\frac{a}{3}$

17 $2x+10-8x=(2-8)x+\square$
$=\square x+\square$

18 $14-7a-4$

19 $-y+7-4y$

20 $6x-5-5x$

21 $2y-3+y$

22 $5a+7-7a$

학교시험 필수예제

23 다음 [보기]에서 x와 동류항인 것을 모두 찾아 그 합을 계산했을 때, 계수를 구하여라.

보기

$3x,\ 3x^2,\ 3y,\ -x,\ -3,\ 3y^2,\ -2x$

10 일차식의 덧셈과 뺄셈

빠른정답 10쪽 / 친절한 해설 25쪽

1. 괄호가 있는 일차식의 덧셈은 분배법칙을 이용하여 괄호를 풀고, 동류항끼리 모아서 계산한다.
2. 일차식의 뺄셈은 빼는 식의 각 항의 부호를 바꾸어 더한다.

$3x+2-x+3$
$=(3-1)x+(2+3)$
$=2x+5$

유형 065 일차식의 덧셈

※ 다음을 계산하여라.

01 $(10x-3)+(-5x-2)$
$=10x-3-\square-2$
$=10x-\square-3-2=\square$

02 $(3a-2)+(2a+1)$

03 $(9x+3)+(3x+4)$

04 $(-a-1)+(6a-5)$

05 $(2a-3)+(5a+1)$

06 $(-y+9)+(-2y+3)$

07 $(x+5)+(6x-1)$

08 $(-4x-3)+(x-4)$

09 $(a-3)+(12a+7)$

10 $(-4a-2)+(-3a-1)$

11 $\left(\frac{a}{3}-5\right)+\left(\frac{a}{6}-2\right)$

12 $\left(6x+\frac{1}{2}\right)+\left(2x-\frac{1}{6}\right)$

일차식의 뺄셈

※ 다음을 계산하여라.

13 $(7x-6)-(8x-14)$

$=7x-6-\square+14$

$=7x-\square-6+14=\square$

14 $(6x+1)-(3x+1)$

15 $(5a+2)-(8a+5)$

16 $(3b-4)-(2b+7)$

17 $(-2x+1)-(x+3)$

18 $(-7y-3)-(5y+4)$

19 $(4a+5)-(-a+1)$

20 $(3x-4)-(5x-8)$

21 $(y+7)-(-2y-3)$

22 $(7a-2)-(-a-6)$

23 $\left(-\frac{x}{4}-3\right)-\left(\frac{3}{4}x+7\right)$

24 $\left(4a-\frac{5}{16}\right)-\left(16a+\frac{1}{4}\right)$

일차식의 계산

※ 다음을 계산하여라.

25 $-2(6x-2)+3(7x-3)$
$=-12x+\square+21x-\square$
$=-12x+21x+\square-\square$
$=\square$

26 $3(2x+5)+(4x+3)$

27 $-2(3a-2)+(2a+5)$

28 $(4a-3)+3(a+2)$

29 $-(y-5)+6(y+1)$

30 $(x+1)+6\left(\frac{1}{2}x-2\right)$

31 $(a-1)-5(2a-1)$
$=a-1-10a+\square$
$=a-10a-1+\square$
$=\square$

32 $3(x+5)-(6x+5)$

33 $-2(3x+2)-(2x-7)$

34 $(5a-4)-2(a-2)$

학교시험 필수예제

35 $3(x-3)-2(4x-3)=Ax+B$일 때, $A+B$의 값은?

① -12　② -8　③ 2
④ 6　⑤ 18

분수 꼴의 일차식의 계산

※ 다음을 계산하여라.

36 $\frac{3x-2}{4}+\frac{2x+3}{3}$

$=\frac{3(3x-2)+4(2x+3)}{\square}=\frac{17x+6}{\square}$

$=\square x+\square$

37 $x+2+\frac{4x-3}{2}$

38 $\frac{a+5}{3}+\frac{5a-1}{2}$

39 $\frac{4a-1}{2}-\frac{4a+1}{3}$

40 $\frac{2x-4}{3}-\frac{x+2}{6}$

41 $\frac{a+3}{4}-\frac{5a-2}{3}$

어떤 식 구하기

※ 다음 □ 안에 알맞은 식을 구하여라.

42 $(\square)+(2x-8)=5x-7$

| 해설 | $\square=(5x-7)-(2x-8)$

$=5x-2x-7+\square$

$=\square$

43 $(-3x+1)+(\square)=4x+9$

44 $(\square)-(2x-9)=3x-4$

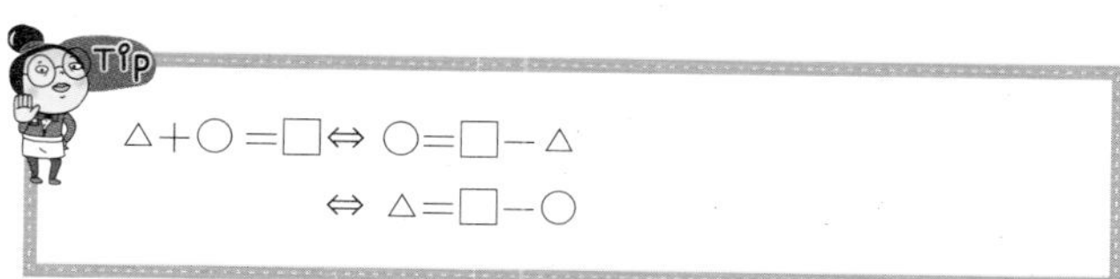

△+○=□ ⇔ ○=□−△

⇔ △=□−○

학교시험 필수예제

45 다음 두 조건을 만족하는 두 다항식 A, B에 대하여 $A-B$를 구하여라.

(가) A에서 $3x-2$를 빼었더니 $-x+7$이 되었다.
(나) $-4x+2$에 B를 더했더니 $3x-5$가 되었다.

11 등식

빠른정답 10쪽

등식 : 식 $5x+4=39$와 같이 등호 '='를 사용하여 두 수 또는 두 식이 같음을 나타낸 식

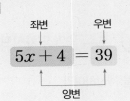

[등식]

좌변 우변

$5x+4=39$

양변

유형 070 등식

※ 다음 중 등식인 것에는 ○표, 아닌 것에는 ×표를 하여라.

01 $-a-5$ ( )

02 $x=1$ ( )

03 $1+5=3$ ( )

04 $2x+1=5x$ ( )

05 $5x+1\geq x$ ( )

06 $-(x+1)=2x-3$ ( )

※ 다음 등식에서 좌변과 우변을 각각 말하여라.

07 $3a+b=2a-8$

(1) 좌변

(2) 우변

08 $13=15-2$

(1) 좌변

(2) 우변

09 $2a-3=a+3$

(1) 좌변

(2) 우변

10 $5-2x=3x+4$

(1) 좌변

(2) 우변

※ 다음을 등식으로 나타내어라.

11 8에 4를 더하면 12이다.

12 어떤 수 x에 6을 더한 수는 10과 같다.

13 어떤 수 x의 2배에서 5를 뺀 수는 16과 같다.

14 한 자루에 a원하는 연필 12자루의 값은 9000원이다.

15 한 개에 500원 하는 사과 x개와 한 개에 1000원 하는 배 y개를 사고 10000원을 지불했다.

16 한 권에 x원 하는 공책 5권과 한 자루에 800원 하는 연필 3자루를 사고 8400원을 지불했다.

17 한 변의 길이가 a cm인 정삼각형의 둘레의 길이는 24 cm이다.

18 한 변의 길이가 x cm인 정사각형의 넓이는 81 cm^2 이다.

19 윗변의 길이가 3, 아랫변의 길이가 a이고 높이가 8인 사다리꼴의 넓이는 15이다.

20 시속 80 km로 t시간 동안 이동한 거리는 240 km이다.

21 시속 x km로 2시간 동안 달린 거리는 8 km이다.

22 10 %의 소금물 a g에 녹아 있는 소금의 양은 20 g이다.

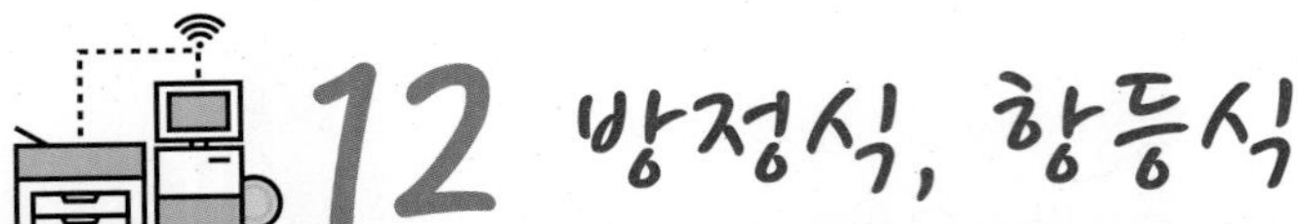

12 방정식, 항등식

빠른정답 10쪽 / 친절한 해설 25쪽

1. **방정식** : x의 값에 따라 참이 되기도 하고 거짓이 되기도 하는 등식을 x에 관한 방정식이라고 한다. 이때 문자 x를 그 방정식의 미지수라 한다.
2. **해(근)** : 방정식을 참이 되게 하는 미지수 x의 값을 그 방정식의 해 또는 근이라고 한다. 또, 방정식의 해를 구하는 것을 방정식을 푼다고 한다.
3. **항등식** : 등식 $x+2x=3x$와 같이 미지수 x에 어떤 값을 대입하여도 항상 참이 되는 등식을 x에 관한 항등식이라고 한다.

[방정식]

$2x+3=15$

↑ 미지수

유형 071 방정식과 항등식

※ 다음 중 방정식인 것에는 '방', 항등식인 것에는 '항', 둘 다 해당되지 않는 것에는 '×'를 써넣어라.

01 $7-3=5x$ ( )

02 $2x-3=0$ ( )

03 $x+4x=5x$ ( )

04 $\frac{1}{3}x+1=2$ ( )

05 $3x+2$ ( )

학교시험 필수예제

06 다음 등식 중 항등식인 것은? (정답 2개)

① $3x-4=3(x-2)$ ② $x+1=2x+1-x$
③ $x+2=3$ ④ $-x+1=x+3$
⑤ $8x-6=2(4x-3)$

유형 072 방정식의 해

※ 다음 방정식 중 해가 $x=2$인 것에는 ○표, 아닌 것에는 ×표를 하여라.

07 $2x+1=5$ ( )

| 해설 | 미지수 x에 2를 대입하여 등식이 성립하는지 살펴본다.
$2\times\square+1=\square$이므로 $x=2$가 방정식의 해(가) (이다, 아니다).

08 $2x-7=x$ ( )

09 $2x-x=x$ ( )

10 $\frac{1}{2}x+3=4$ ( )

※ x의 값이 $1, 2, 3$일 때, 다음 방정식의 해를 구하여라.

11 $x+3=5$

12 $x-1=0$

13 $3x+2=5$

14 $-2x+3=-3$

15 $4x-3=x$

16 $2(x+1)=3x-1$

TIP 방정식에 x의 값을 대입하여 등식이 참이 되는 x의 값을 구하여라.

유형 073 항등식이 되는 조건

※ 다음 등식이 x에 대한 항등식이 되도록 상수 a, b의 값을 각각 구하여라.

17 $x+b=ax+5$

(1) a

(2) b

18 $ax-1=-3x+b$

(1) a

(2) b

19 $\frac{1}{2}x+b=ax-3$

(1) a

(2) b

20 $1-ax=2x+b$

(1) a

(2) b

학교시험 필수예제

21 다음 등식이 x에 어떤 수를 대입하여도 항상 참일 때, 상수 a, b에 대하여 $a+b$의 값을 구하여라.

$$ax+1=-x+b$$

13 등식의 성질

빠른정답 11쪽 / 친절한 해설 25쪽

(1) 등식의 양변에 같은 수를 더해도 등식은 성립한다.
(2) 등식의 양변에서 같은 수를 빼도 등식은 성립한다.
(3) 등식의 양변에 같은 수를 곱해도 등식은 성립한다.
(4) 등식의 양변을 0이 아닌 같은 수로 나누어도 등식은 성립한다.

$a=b$이면
(1) $a+c=b+c$
(2) $a-c=b-c$
(3) $ac=bc$
(4) $\frac{a}{c}=\frac{b}{c}$ (단, $c\neq0$)

유형 074 등식의 성질

※ 다음에서 옳은 것은 ○표, 옳지 않은 것은 ×표를 하여라.

01 $a=b$이면 $a+5=b-5$이다. ( )

02 $x=y$이면 $-x=-y$이다. ( )

03 $a+3=b+1$이면 $a=b$이다. ( )

04 $\frac{x}{2}=\frac{y}{3}$이면 $2x=3y$이다. ( )

05 $2a+1=-b$이면 $2a=-b-1$이다. ( )

06 $-3x=y$이면 $-3x+3=y+3$이다. ( )

※ 다음 □ 안에 알맞은 것을 써넣어라.

07 $a=b$이면 $a+1=$ □이다.

08 $a=b$이면 □$=-2b$이다.

09 $x=y$이면 $x-5=$ □이다.

10 $x=y$이면 □$=\frac{y}{10}$이다.

학교시험 필수예제

11 다음 중 옳은 것은?

① $a=-b$이면 $a+3=-(b+3)$이다.
② $a=2b$이면 $\frac{1}{2}a-3=2b-3$이다.
③ $a=2b$이면 $2ac=bc$이다.
④ $\frac{x}{2}=\frac{y}{4}$이면 $2x=y$이다.
⑤ $a=b$이면 $a+b=0$이다.

유형 075 등식의 성질을 이용한 방정식의 풀이

※ 다음 방정식을 등식의 성질을 이용하여 풀어라.

12 $x-3=5$

| 해설 | $x-3+\square=5+\square$) 등식의 성질 (1)

$\therefore x=\square$

13 $x-1=0$

14 $x-5=-4$

15 $x+10=-4$

| 해설 | $x+10-\square=-4-\square$) 등식의 성질 (2)

$\therefore x=\square$

16 $x+5=0$

17 $x+\frac{1}{6}=\frac{1}{3}$

18 $-\frac{1}{2}x=5$

| 해설 | $-\frac{1}{2}x\times(\square)=5\times(\square)$) 등식의 성질 (3)

$\therefore x=\square$

19 $\frac{1}{6}x=-1$

20 $-\frac{2}{3}x=4$

21 $6x=-30$

| 해설 | $6x\div\square=-30\div\square$) 등식의 성질 (4)

$\therefore x=\square$

22 $2x=12$

23 $5x=-35$

학교시험 필수예제

24 다음 방정식을 푸는 과정에서 (가), (나)에 이용된 등식의 성질을 보기에서 찾아 차례로 나열한 것은? (단, c는 자연수)

$2x-1=9$
$2x=9+1$) (가)
$2x=10$
$x=5$) (나)

보기

㉠ $a=b$이면 $a+c=b+c$
㉡ $a=b$이면 $a-c=b-c$
㉢ $a=b$이면 $ac=bc$
㉣ $a=b$이면 $\frac{a}{c}=\frac{b}{c}$

① ㉠, ㉢　② ㉠, ㉣　③ ㉡, ㉢
④ ㉡, ㉣　⑤ ㉢, ㉣

※ 다음 방정식을 등식의 성질을 이용하여 풀어라.

25 $3x-5=1$

| 해설 | $3x-5+\square=1+5$) 등식의 성질 (1)

$3x=6$) 등식의 성질 (4)

$3x\div\square=6\div\square$

$\therefore x=\square$

26 $-\frac{1}{2}x+7=4$

| 해설 | $-\frac{1}{2}x+7-\square=4-\square$) 등식의 성질 (2)

$-\frac{1}{2}x=-3$) 등식의 성질 (3)

$-\frac{1}{2}x\times(-2)=(-3)\times(\square)$

$\therefore x=\square$

27 $5x+8=13$

28 $3x-7=2$

29 $2x+4=10$

30 $\frac{1}{3}x-2=1$

31 $-\frac{1}{7}x-1=\frac{5}{7}$

32 $8x+3=11$

33 $\frac{1}{5}x+1=0$

34 $-x+5=7$

학교시험 필수예제

35 다음 방정식 중에서 먼저 양변에 3을 더한 후 양변을 -2로 나누어 그 해를 구할 수 있는 것은?

① $2x-3=4$
② $-2x-3=5$
③ $3x-2=6$
④ $-3x+2=-4$
⑤ $-2x-2=7$

14 이항

빠른정답 11쪽

이항 : 등식의 성질을 이용하여 등식의 어느 한 변에 있는 항을 부호만 바꾸어 다른 변으로 옮기는 것을 이항이라고 한다.

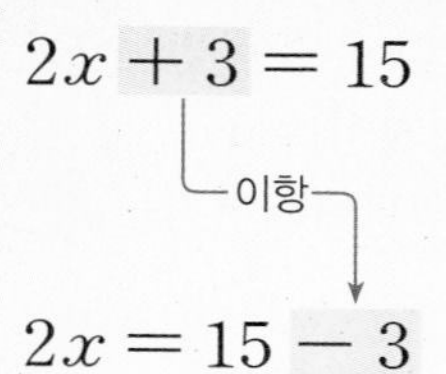

유형 076 이항

※ 다음 등식의 밑줄친 항을 이항하여라.

01 $2x\underline{+8}=16$

|해설| 좌변의 $+8$을 부호만 바꾸어 우변으로 옮긴다.

$\square=16-\square$

02 $\underline{4x}-1=3x$

03 $-2x\underline{-7}=1$

04 $3+4x=\underline{7}$

05 $9=-x\underline{+3}$

06 $-10=6x\underline{-4}$

※ 다음 등식에서 이항을 이용하여 $ax=b$의 꼴로 나타내어라.

07 $-2=6x+4$

|해설| $-6x=4+\square$

$-6x=\square$

08 $10x+6=-4$

09 $0=2x-5$

10 $3x+7=7x-5$

11 $x-3=-5x+9$

12 $\frac{3}{2}x-1=\frac{5}{2}x+8$

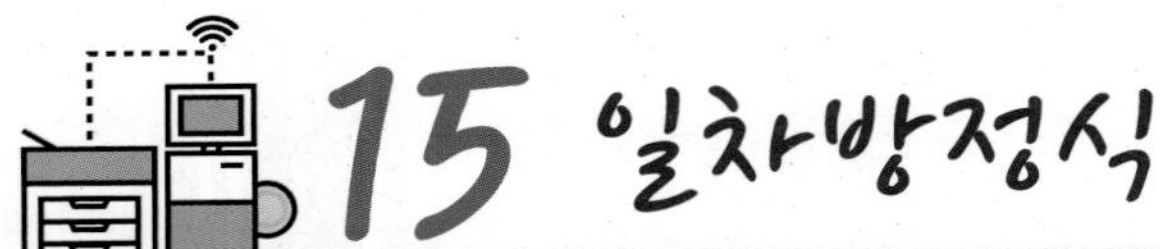

15 일차방정식

빠른정답 11쪽 / 친절한 해설 26쪽

방정식의 우변에 있는 모든 항을 좌변으로 이항하여 정리하였을 때
(일차식)$=0$
의 꼴로 나타내어지는 방정식을 일차방정식이라고 한다.

[일차방정식]
$3x-2=0$
(일차식)

유형 077 일차방정식

※ 다음 식이 일차방정식이면 ○표, 아니면 ×표를 하여라.

01 $x-5=2x-7$ ( )

| 해설 | 모든 항을 좌변으로 이항하여 정리하면
$-x+\square=\square$이므로 일차방정식이다.

02 $-2x+7=5$ ( )

03 $-3x-9$ ( )

04 $x^2-x-6=0$ ( )

05 $-2x+11+3x=9$ ( )

06 $-10x+8x=-2x$ ( )

※ 다음 식이 일차방정식인지 아닌지를 말하고, 일차방정식이면 (일차식)$=0$의 꼴로 나타내어라.

07 $2x+1=2x^2+x$

08 $-x+5=13$

09 $\frac{1}{x}-1=0$

10 $2(x+2)=2x+4$

학교시험 필수예제

11 다음 중 일차방정식인 것은?

① $3x-1$
② $3(2x-1)=2+6x$
③ $2x(1-x)=-2x^2+1$
④ $x^2+1=x$
⑤ $x-1>2$

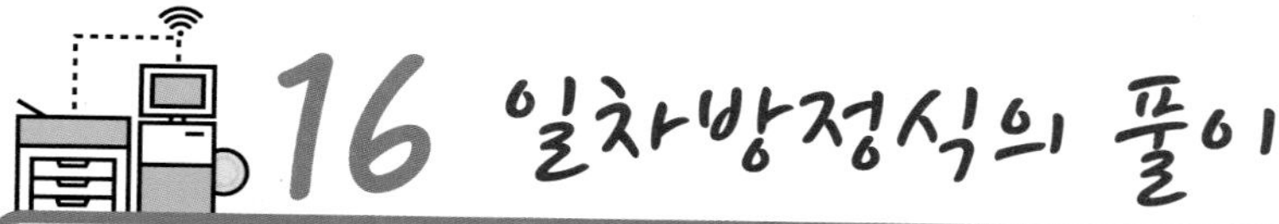

16 일차방정식의 풀이

빠른정답 11쪽 / 친절한 해설 26쪽

(1) 미지수 x를 포함하는 항은 좌변으로, 상수항은 우변으로 이항하여 $ax=b(a\neq 0)$의 꼴로 정리한다.
(2) 양변을 미지수의 계수로 나누어 해를 구한다.

이항
↓
$ax=b$꼴로 정리하기
↓
해 구하기

유형 078 이항을 이용한 일차방정식의 풀이

※ 이항을 이용하여 다음 일차방정식을 풀어라.

01 $-4x-3=5$

| 해설 | $-4x=5+\square$

$-4x=\square$

$\therefore x=\square$

02 $2x+1=7$

03 $-x+2=3$

04 $-2x-10=0$

05 $3x=x+8$

06 $x+2=-3x+4$

| 해설 | $x+3x=4-\square$

$4x=\square$

$\therefore x=\square$

07 $-3x+7=-2x$

08 $x-1=2x+1$

09 $3x+5=-2x$

10 $8x-10=3x-5$

17 복잡한 일차방정식의 풀이 (1)

빠른정답 11쪽 / 친절한 해설 26쪽

일차방정식 $3(x+2)=14+x$의 풀이

괄호를 풀면 $3x+6=14+x$

x와 6을 이항하면 $3x-x=14-6$

양변을 정리하면 $2x=8$

양변을 2로 나누면 $x=4$

괄호 풀기 → 이항 → $ax=b$꼴로 정리하기 → 해 구하기

유형 079 괄호가 있는 일차방정식의 풀이

※ 다음 방정식을 풀어라.

01 $-2(x-1)-3=5$

|해설| $-2x+\square-3=5$

$-2x=\square$

$\therefore x=\square$

02 $3(x-2)+8=5$

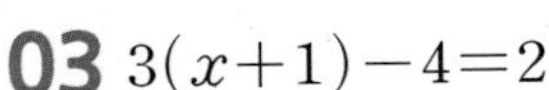

03 $3(x+1)-4=2$

04 $7=2(2x+1)+1$

05 $2(x-4)+3=-1$

학교시험 필수예제

06 일차방정식 $7x-2(x-2)=14$를 풀면?

① $x=-8$ ② $x=-6$
③ $x=-4$ ④ $x=2$
⑤ $x=6$

07 $2(x+2)=-3(x+2)$

|해설| $2x+\square=-3x-\square$

$5x=\square$

$\therefore x=\square$

13 $3(x+2)=-2(x-2)$

08 $2(x+2)+x=7$

14 $-3(x-1)+4x=2$

09 $3x-4(2x-1)=-1$

15 $3x+4=2(x+1)$

10 $4(x-1)-3x=-7$

16 $-(2x-1)=-3(2x-1)$

11 $-5x+4=3(x+4)$

17 $2(x-3)=-(3x-4)$

12 $3(x-1)=-7x+2$

18 $5(x-1)=2(x+2)$

18 복잡한 일차방정식의 풀이 (2)

빠른정답 11쪽 / 친절한 해설 26쪽

계수에 소수가 있는 일차방정식은 양변에 10, 100, 1000, …중에서 알맞은 수를 곱하여 계수를 정수로 고쳐서 풀면 편리하다.

예 $0.03x+17=0.2x$
$3x+1700=20x$) 양변에 100을 곱한다.
$17x=1700$
$x=100$

계수를 정수로 만들기 → 이항 → $ax=b$꼴로 정리하기 → 해 구하기

유형 080 계수가 소수인 일차방정식의 풀이

※ 다음 방정식을 풀어라.

01 $0.3x-1.4=1$

| 해설 | $3x-14=\square$
$3x=\square$
$\therefore x=\square$

02 $x+1.6=2.6$

03 $0.5=0.1x+0.2$

04 $0.1x-0.1=-0.4$

05 $0.08x+0.36=1$

06 $-1.8=1-0.4x$

07 $1-0.1x=0.5x-1.4$

| 해설 | $10-x=5x-\square$

$-6x=\square$

$\therefore x=\square$

08 $0.5x-0.9=0.7x-0.8$

09 $0.4x+0.9=0.5x+0.6$

10 $0.4x-0.3=-0.6x+0.2$

11 $0.3x-0.4=0.2x-0.6$

12 $-0.4x+0.5=0.3x-0.9$

13 $0.2x+1=-1.2x-0.4$

14 $0.5x-0.8=-0.3x+4$

15 $0.09x-0.04=0.08x-0.1$

16 $0.2x+0.1=0.6+x$

17 $0.3x+0.2=0.2x-0.3$

18 $x-1=0.4x-0.8$

19 복잡한 일차방정식의 풀이 (3)

빠른정답 12쪽 / 친절한 해설 27쪽

계수에 분수가 있는 일차방정식은 양변에 분모의 최소공배수를 곱하여 계수를 정수로 고쳐서 풀면 편리하다.

예 $\frac{1}{2}x+1=\frac{3}{5}$) 양변에 2와 5의 최소공배수인 10을 곱한다.
$5x+10=6$
$x=-\frac{4}{5}$

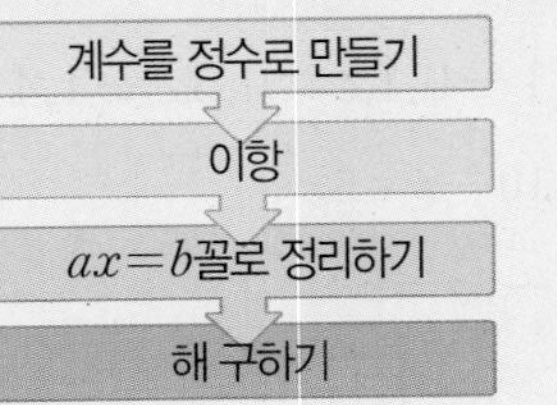

계수가 분수인 일차방정식의 풀이

01 $\frac{2}{3}x-\frac{1}{2}=\frac{13}{6}$

| 해설 | $4x-3=\square$
$4x=\square$
$\therefore x=\square$

02 $-\frac{x}{2}+\frac{4}{3}=-\frac{5}{3}$

03 $\frac{x}{3}=\frac{x}{2}-1$

04 $\frac{3}{2}x-1=\frac{1}{2}$

05 $-\frac{x}{2}+\frac{1}{3}=\frac{5}{6}$

학교시험 필수예제

06 x에 대한 방정식 $\frac{x+2}{6}-\frac{3x-2}{4}=2$를 풀면?

① $x=-\frac{26}{7}$ ② $x=\frac{8}{7}$
③ $x=-2$ ④ $x=2$
⑤ $x=\frac{4}{7}$

07 $\frac{1}{2}x+\frac{3}{4}=\frac{1}{4}x+\frac{1}{2}$

| 해설 | $2x+\square=x+2$

$\therefore x=\square$

13 $\frac{1}{4}x+\frac{4}{3}=\frac{1}{2}x-\frac{2}{3}$

08 $\frac{1}{3}x-1=\frac{1}{2}x+1$

14 $\frac{3}{2}x-3=\frac{1}{6}x+1$

09 $\frac{1}{9}x+\frac{1}{2}=\frac{1}{6}x-\frac{1}{3}$

15 $-\frac{1}{3}x+\frac{2}{3}=-\frac{1}{4}x+\frac{1}{3}$

10 $\frac{2}{5}x-\frac{1}{3}=\frac{1}{3}x+\frac{1}{3}$

16 $-\frac{1}{4}x+\frac{5}{8}=-\frac{1}{2}x-\frac{9}{8}$

11 $\frac{2}{3}x-\frac{3}{4}=\frac{1}{2}x-\frac{1}{4}$

17 $\frac{1}{5}x+\frac{1}{5}=\frac{1}{2}x-1$

12 $\frac{1}{5}x-\frac{4}{5}=\frac{1}{3}x-\frac{2}{5}$

18 $-\frac{1}{3}x-1=\frac{1}{9}x+\frac{1}{3}$

20 복잡한 일차방정식의 풀이 (4)

빠른정답 12쪽 / 친절한 해설 27쪽

1. 계수에 소수나 분수가 있으면 양변에 적당한 수를 곱하여 계수를 정수로 고친다.
2. 괄호가 있으면 괄호를 푼다.
3. 미지수 x를 포함한 항은 좌변으로, 상수항은 우변으로 이항한다.
4. 양변을 정리하여 $ax=b(a\neq0)$의 꼴로 고친다.
5. x의 계수 a로 양변을 나눈다.

계수를 정수로 만들기 → 괄호 풀기 → 이항 → $ax=b$꼴로 정리하기 → 해 구하기

유형 082 복잡한 일차방정식의 풀이

※ 다음 방정식을 풀어라.

01 $0.2x-0.4=-0.6(x-2)$

|해설| $2x-\square=-6(x-2)$

$2x-\square=-6x+12$

$8x=\square$

$\therefore x=\square$

02 $-0.2(3x+5)=-0.3x+0.5$

03 $0.5x+0.7=0.2(4x-1)$

04 $\frac{1}{4}x-3=-\frac{1}{8}(2x-4)$

|해설| $2x-\square=-(2x-4)$

$2x-\square=-2x+4$

$4x=\square$

$\therefore x=\square$

05 $\frac{1}{3}x=\frac{1}{4}(x-1)$

학교시험 필수예제

06 일차방정식 $\frac{2}{3}(x+3)=\frac{3}{2}-\frac{1-x}{2}$를 풀면?

① $x=-6$ ② $x=-3$ ③ $x=0$
④ $x=3$ ⑤ $x=6$

07 $2(x+0.4)=1.5x-0.2$

08 $0.2(x-1)=0.3x+1$

09 $-0.1(5x+4)=0.3(x+4)$

10 $0.8(x-2)=0.1(3x+4)$

11 $\frac{1}{2}(3x-1)=\frac{1}{4}(3x+1)$

12 $0.3x=0.5x+\frac{2}{5}$

13 $\frac{x}{3}-0.2(x+5)=1$

14 $\frac{x}{5}+\frac{1}{2}=0.3x+0.4$

15 $0.5x-2=\frac{1}{4}x$

16 $\frac{1}{5}(x+5)=0.5x-0.2$

학교시험 필수예제

17 **일차방정식** $0.5(1+x)-\frac{3x+1}{5}=\frac{x-0.4}{3}$**를 풀면?**

① $x=-3$　② $x=-2$　③ $x=1$
④ $x=\frac{3}{2}$　⑤ $x=2$

18 $\frac{x+1}{2}-\frac{x-2}{3}=-1$

| 해설 | $3(x+1)-2(x-2)=\square$

$3x+3-2x+4=\square$

$\therefore x=\square$

19 $\frac{2x-5}{3}-1=0$

20 $\frac{x+5}{4}+\frac{3x-4}{5}=3$

21 $\frac{x-1}{2}-\frac{4x+1}{3}=0$

22 $\frac{x+2}{4}+\frac{2x-1}{3}=2$

비례식으로 된 일차방정식의 풀이

※ 다음 비례식을 만족하는 x의 값을 구하여라.

23 $2:x=3:9$

$3x=2\times\square$

$\therefore x=\square$

24 $x:4=1:2$

25 $2:(x+1)=4:2$

26 $2:3=(5x+1):9$

$a:b=c:d \Leftrightarrow ad=bc$

학교시험 필수예제

27 $(4-x):(2x+3)=3:5$를 만족시키는 x의 값을 구하여라.

21 일차방정식의 해와 미정계수

빠른정답 12쪽 / 친절한 해설 28쪽

일차방정식의 해가 주어질 때, 주어진 해를 방정식에 대입하면 등식이 성립함을 이용하여 미지수의 값을 구한다.

일차방정식 $ax+b=0$의 해가 $x=$★이다.
⇔ $a\times$★$+b=0$이 성립한다.

유형 084 일차방정식의 해와 미정계수

※ 다음 방정식의 해가 $x=2$일 때, 상수 a의 값을 구하여라.

01 $5x+a=2x+3$

|해설| x에 2를 대입하면 등식이 성립하므로
$10+a=\square+3$
$\therefore a=\square$

02 $x+a=-2x+5$

03 $-x+9=2x+a$

04 $-4x-1=3(2x-a)$

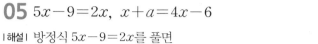

※ 다음 두 일차방정식의 해가 같을 때, 상수 a의 값을 구하여라.

05 $5x-9=2x,\ x+a=4x-6$

|해설| 방정식 $5x-9=2x$를 풀면
$3x=9 \quad \therefore x=\square$
$x=\square$을 방정식 $x+a=4x-6$에 대입하면
$\square+a=\square-6$
$\therefore a=\square$

06 $4x+3=7,\ a-(2x-3)=0$

학교시험 필수예제

07 두 방정식 $3(x-4)=x-8$과 $2(x+2a)=3(x+a)$가 같은 해를 갖도록 하는 상수 a의 값은?

① 2 ② 4 ③ 6
④ 8 ⑤ 10

22 일차방정식의 활용

빠른정답 12쪽 / 친절한 해설 28쪽

일차방정식의 활용 문제 푸는 순서

① 문제의 뜻을 파악하고 구하려는 것은 미지수 x로 놓는다.
② 수량 사이의 관계를 이용하여 일차방정식을 세운다.
③ 일차방정식을 푼다.
④ 구한 해 중에서 문제의 뜻에 맞는 것만을 답으로 한다.

미지수 정하기 → 방정식 세우기 → 방정식 풀기 → 확인하기

유형 085 자연수에 관한 문제

※ 다음을 읽고 물음에 답하여라.

> 연속하는 두 자연수의 합이 45일 때, 두 자연수의 곱을 구하려고 한다.

01 연속하는 두 자연수 중 작은 수를 x라고 할 때, 다른 자연수를 x로 나타내어라.

02 두 자연수의 합이 45임을 이용하여 x에 대한 방정식을 세워라.

|해설| $x+(\square)=\square$

03 세운 방정식을 풀어라.

04 두 자연수를 구하여라.

05 두 자연수의 곱을 구하여라.

※ 다음을 읽고 물음에 답하여라.

> 일의 자리의 숫자가 4인 두 자리의 자연수가 있다. 이 자연수의 십의 자리의 숫자와 일의 자리의 숫자를 바꾼 수가 원래 수보다 18만큼 클 때, 원래의 수를 구하려고 한다.

06 원래 수의 십의 자리의 숫자를 x라고 할 때, 원래의 수를 x로 나타내어라.

07 십의 자리의 숫자와 일의 자리의 숫자를 바꾼 수를 x로 나타내어라

08 십의 자리의 숫자와 일의 자리의 숫자를 바꾼 수가 원래 수보다 18만큼 큼을 이용하여 x에 대한 방정식을 세워라.

09 세운 방정식을 풀어라.

10 원래의 수를 구하여라.

농도에 관한 문제

※ 다음을 읽고 물음에 답하여라.

> 10 %의 소금물 300 g에 x g의 물을 더 넣어 농도가 8 %인 소금물을 만들려고 한다.

11 10 %의 소금물 300 g에 들어 있는 소금의 양을 구하여라.

12 10 %의 소금물 300 g에 x g의 물을 더 넣은 소금물의 농도를 x로 나타내어라.

13 10 %의 소금물 300 g에 x g의 물을 더 넣은 소금물의 농도가 8 %임을 이용하여 x에 대한 방정식을 세워라.

14 세운 방정식을 풀어라.

15 더 넣은 물의 양을 구하여라.

※ 다음을 읽고 물음에 답하여라.

> 6 %의 소금물 150 g이 있다. 여기에서 x g을 증발시켜 9 %인 소금물을 만들려고 한다.

16 6 %의 소금물 150 g에 들어 있는 소금의 양을 구하여라.

17 6 %의 소금물 150 g에서 x g을 증발시킨 소금물의 농도를 x로 나타내어라.

18 6 %의 소금물 150 g에서 x g을 증발시킨 소금물의 농도가 9 %임을 이용하여 x에 대한 방정식을 세워라.

19 세운 방정식을 풀어라.

20 증발시킨 소금물의 양을 구하여라.

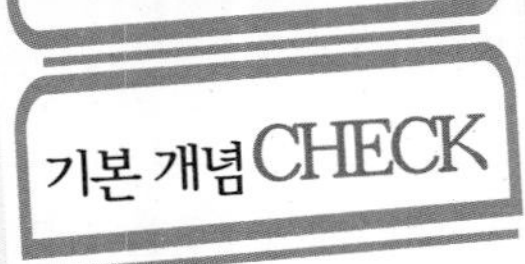

1. 순서쌍과 좌표 (131쪽)

(1) 좌표평면

① 가로의 수직선을 x축, 세로의 수직선을 y축이라 하고 이를 통틀어 좌표축이라고 한다.

② 두 좌표축의 교점 O를 원점이라고 한다. ⇨ $O(0,\ 0)$

③ 두 좌표축이 그려진 평면을 좌표평면이라고 한다.

(2) 순서쌍과 좌표

순서를 생각하여 두 수를 짝지어 나타낸 것을 순서쌍이라 하고 그 순서쌍을 좌표평면에서 점의 좌표라고 한다.

참고 순서쌍 : 두 수의 순서를 정하여 짝지어 나타낸 것이므로 $(a, b) \neq (b, a)$이다.

2. 사분면 (133쪽)

좌표평면은 좌표축에 의해 4개의 부분으로 나누어 각각 제1사분면, 제2사분면, 제3사분면, 제4사분면이라 한다.

참고 • x축과 y축은 어느 사분면에도 속하지 않는다.

• 점 $P(a, b)$에 대하여

(1) x축에 대칭인 점의 좌표는 ❶ ____

(2) y축에 대칭인 점의 좌표는 ❷ ____

(3) 원점에 대칭인 점의 좌표는 ❸ ____

3. 그래프 (137쪽)

주어진 자료나 상황을 좌표평면 위에 점, 직선, 곡선 등의 그림으로 나타낸 것

• 일정하게 증가한다: 오른쪽 위로 향하는 직선 그래프

• 일정하게 감소한다: 오른쪽 아래로 향하는 직선 그래프

• 변화가 없다: 수평

4. 정비례 (141쪽)

(1) 정비례 관계

두 변수 x, y에서 x가 2배, 3배, 4배, …로 변함에 따라 y가 2배, 3배, 4배, …로 변하는 관계가 있으면 x, y는 ❹ ____ 한다고 한다.

(변수: 변하는 양의 값을 나타낸 문자)

(2) 정비례 관계의 식

x와 y가 정비례할 때, x, y 사이에는 다음과 같은 식이 성립한다.

❺ $y=ax$ (단, $a\neq0$)

❶ $(a, -b)$ ❷ $(-a, b)$ ❸ $(-a, -b)$ ❹ 정비례 ❺ $y=ax$

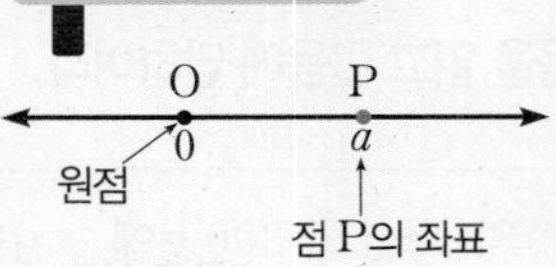

• 좌표평면

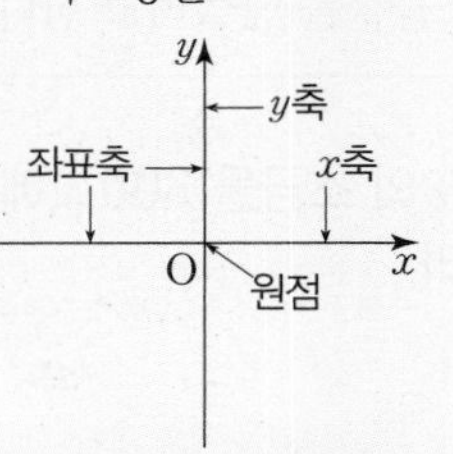

• 좌표평면 위의 도형의 넓이 구하기

1. 도형의 꼭짓점을 좌표평면 위에 표시한다.
2. 점을 선분으로 연결하여 도형을 그린다.
3. 나타난 도형에 따라 그 넓이를 도형의 공식을 활용하여 구한다.

• 사분면

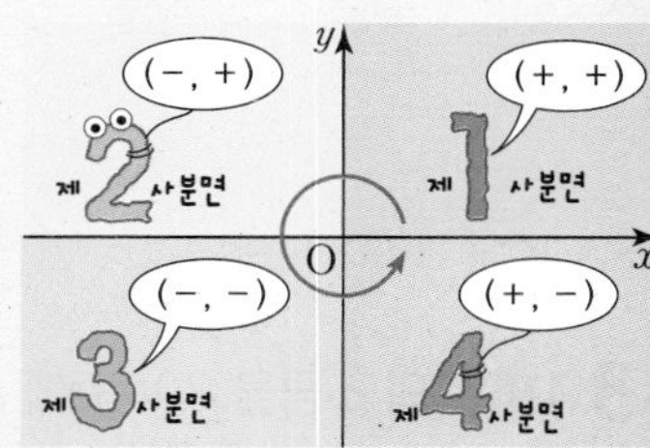

• 그래프의 장점

다양한 상황을 일상 언어, 표, 그래프, 식으로 나타낼 수 있는데, 어떤 현상을 그래프로 나타내면 증가와 감소, 규칙적 변화 등을 쉽게 파악할 수 있다.

• 정비례 관계

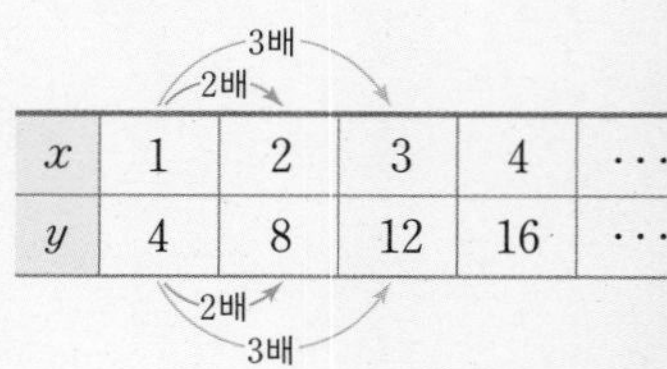

x	1	2	3	4	…
y	4	8	12	16	…

(3) $y=ax\ (a\neq0)$의 그래프

기울기 a의 절댓값이 클수록 그래프는 y축에 가까워지며, 기울기의 절댓값이 작을수록 그래프는 x축에 가까워진다.

① $a>0$일 때 제 ❻ ________ 을 지난다.

② $a<0$일 때 제 ❼ ________ 을 지난다.

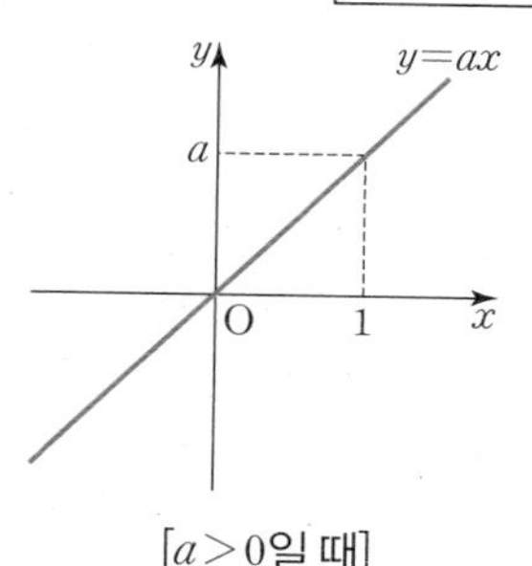

[$a>0$일 때]

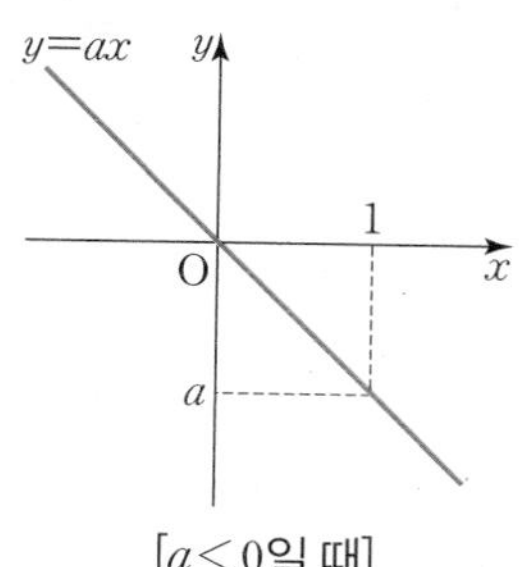

[$a<0$일 때]

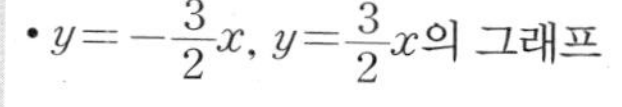

• $y=-\frac{3}{2}x$, $y=\frac{3}{2}x$의 그래프

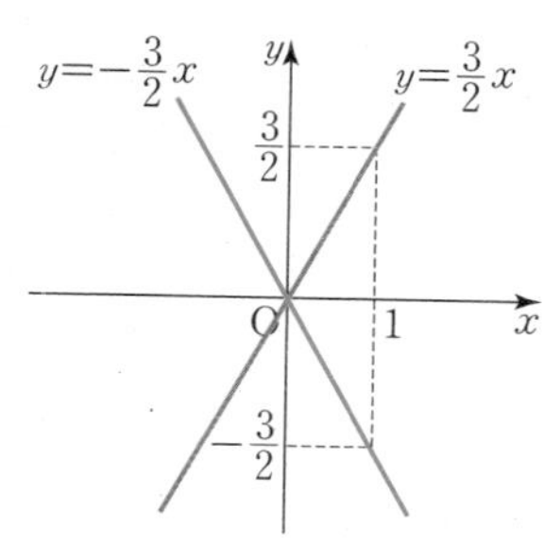

5. 반비례 (147쪽)

(1) 반비례 관계

두 변수 x, y에서 x가 2배, 3배, 4배, …로 변함에 따라 y가 $\frac{1}{2}$배, $\frac{1}{3}$배, $\frac{1}{4}$배, …로 변하는 관계가 있으면 x, y는 반비례한다고 한다.

(2) 반비례 관계의 식

x와 y가 반비례할 때, x, y 사이에는 다음과 같은 식이 성립한다.

❽ ________ (단, $a\neq0$)

(3) $y=\frac{a}{x}\ (a\neq0)$의 그래프

① $a>0$일 때 제 ❾ ________ 을 지난다.

② $a<0$일 때 제 ❿ ________ 을 지난다.

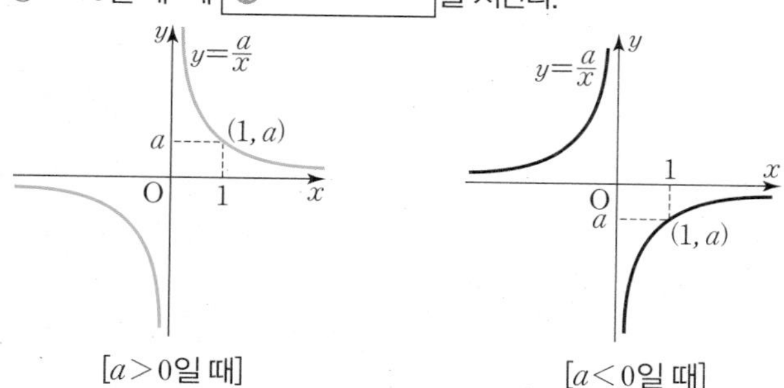

[$a>0$일 때] [$a<0$일 때]

• 반비례 관계

(2배, 3배)

x	1	2	3	4	…
y	12	6	4	3	…

($\frac{1}{2}$배, $\frac{1}{3}$배)

• 반비례 관계는 두 변수의 곱이 $xy=a$로 일정하다.

• $y=-\frac{6}{x}x$, $y=\frac{6}{x}$의 그래프

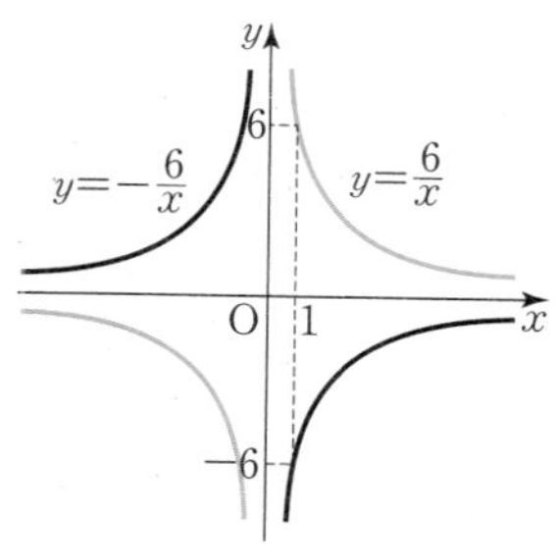

6. 정비례와 반비례의 활용 (153쪽)

정비례와 반비례의 활용문제는 아래와 같은 순서로 푼다.

① 변화하는 두 양을 두 변수 x와 ⓫ ________ 로 나타낸다.

② 두 변수 x와 y 사이의 관계식을 세운다.

③ 그래프를 그리거나 관계식에서 필요한 값을 구한다.

④ 구한 값이 문제의 조건에 맞는지 확인한다.

변수 x, y 정하기 → 식 세우기 → 필요한 값 구하기 → 확인하기

❻ 1, 3사분면 ❼ 2, 4사분면 ❽ $y=\frac{a}{x}$ ❾ 1, 3사분면 ❿ 2, 4사분면 ⓫ y

01 점의 좌표

빠른정답 12쪽

수직선 위의 점이 나타내는 수를 그 점의 좌표라고 한다.

예 원점 O(0)

점 P의 좌표가 a ➡ P(a)

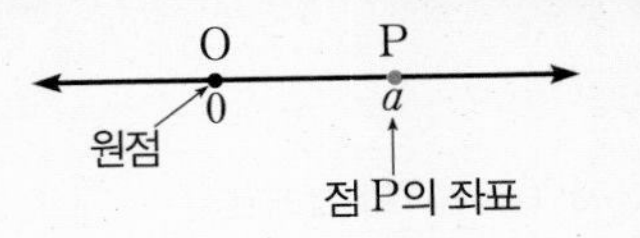

유형 087 점의 좌표

※ 다음 수직선 위에 있는 세 점 A, B, C의 좌표를 기호로 나타내어라.

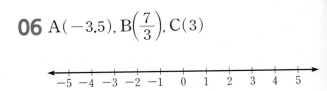

01

C (−3), A (−1), B (4)

−5 −4 −3 −2 −1 0 1 2 3 4 5

02

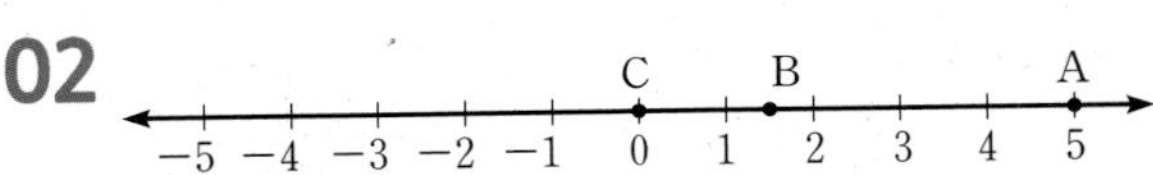

03

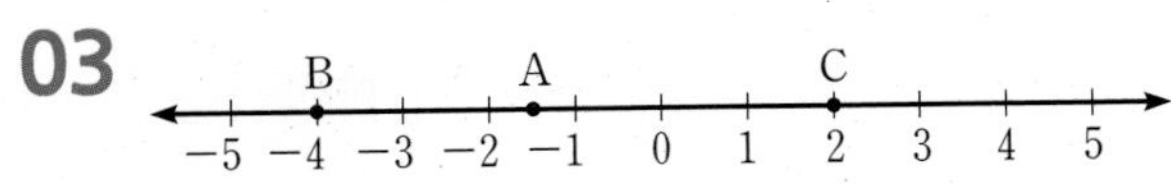

※ 다음 점들을 수직선 위에 나타내어라.

04 A(-2), B(-5), C(1)

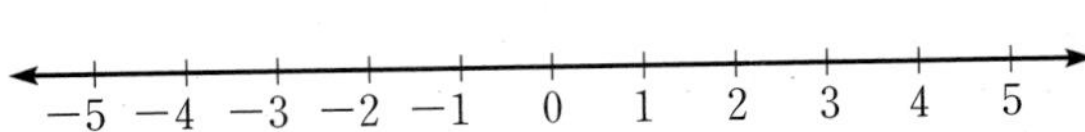

05 A$\left(\frac{1}{2}\right)$, B$\left(-\frac{1}{2}\right)$, C$(1.5)$

−5 −4 −3 −2 −1 0 1 2 3 4 5

06 A(-3.5), B$\left(\frac{7}{3}\right)$, C(3)

−5 −4 −3 −2 −1 0 1 2 3 4 5

02 순서쌍과 좌표

빠른정답 12쪽 / 친절한 해설 29쪽

1. **순서쌍** : 순서를 생각하여 두 수를 괄호 안에 짝지어 나타낸 것
   예 (3, 4)
2. **좌표평면** : 가로의 수직선을 x축, 세로의 수직선을 y축이라 하며, x축과 y축을 통틀어 좌표축이라고 한다. 또 두 좌표축이 그려진 평면을 좌표평면이라 하며, 두 좌표축이 만나는 점 O를 좌표평면의 원점이라고 한다.
3. 좌표평면에서 점 P의 좌표가 (a, b)일 때, 이것을 기호로

   $P(a, b)$

   와 같이 나타내고 a를 점 P의 x좌표, b를 점 P의 y좌표라고 한다.

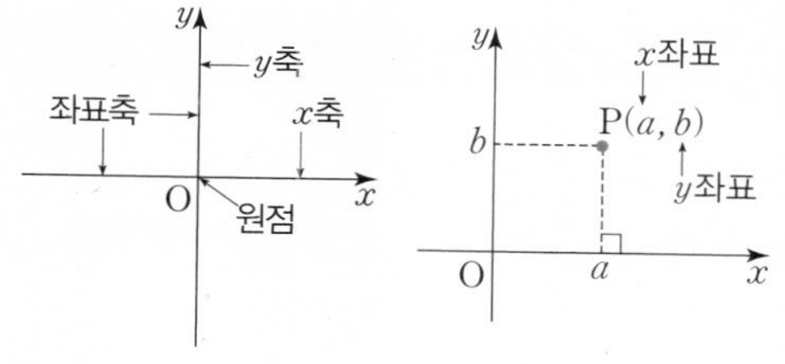

유형 088 좌표평면 위의 점의 좌표

※ 다음 좌표평면 위의 점들에 대하여 x좌표와 y좌표를 구하고, 점의 좌표를 기호로 나타내어라.

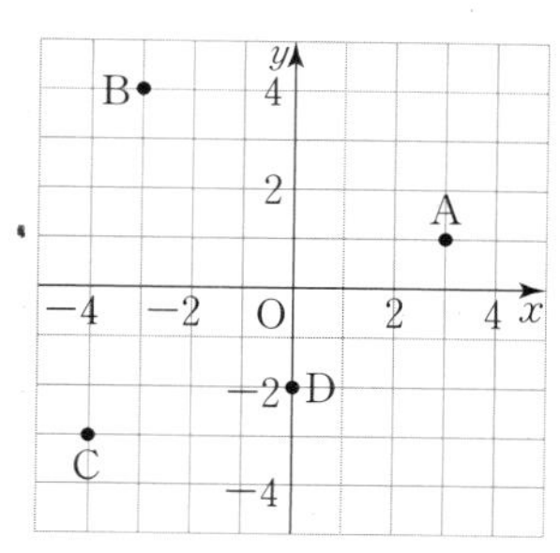

01 점 A
(1) x좌표
(2) y좌표
(3) 점 A의 좌표

02 점 B
(1) x좌표
(2) y좌표
(3) 점 B의 좌표

03 점 C
(1) x좌표
(2) y좌표
(3) 점 C의 좌표

04 점 D
(1) x좌표
(2) y좌표
(3) 점 D의 좌표

※ 다음 점들을 좌표평면 위에 나타내어라.

05 $A(2, 3)$
$B(0, 3)$
$C(-2, 3)$

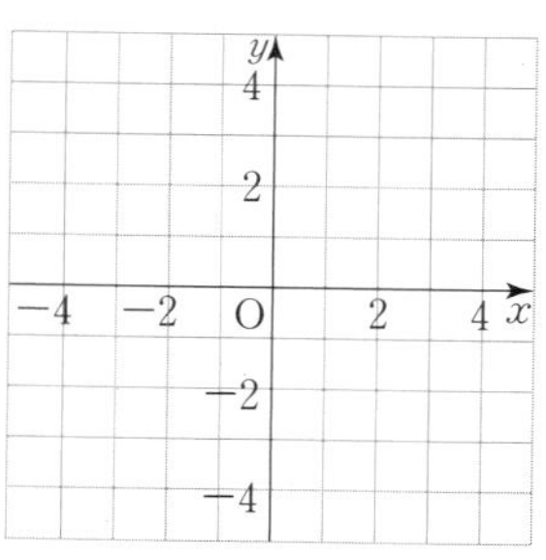

06 $A(-4, 4)$
$B(-2, -2)$
$C(3, -3)$
$D(0, 0)$

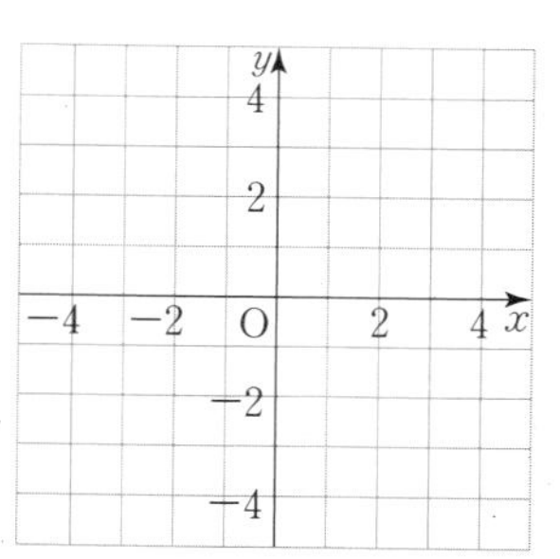

좌표평면 위의 도형의 넓이

※ 다음 주어진 네 점 A, B, C, D를 꼭짓점으로 하는 사각형을 좌표평면 위에 나타내고, 그 넓이를 구하여라.

07 $A(0, 0)$
$B(0, -4)$
$C(3, -4)$
$D(3, 0)$
(1) 사각형 나타내기
(2) 사각형의 넓이

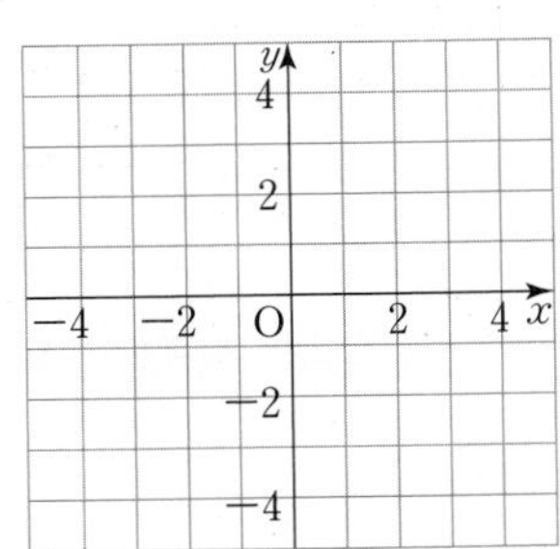

08 $A(-3, -2)$
$B(0, -2)$
$C(2, 1)$
$D(-1, 1)$
(1) 사각형 나타내기
(2) 사각형의 넓이

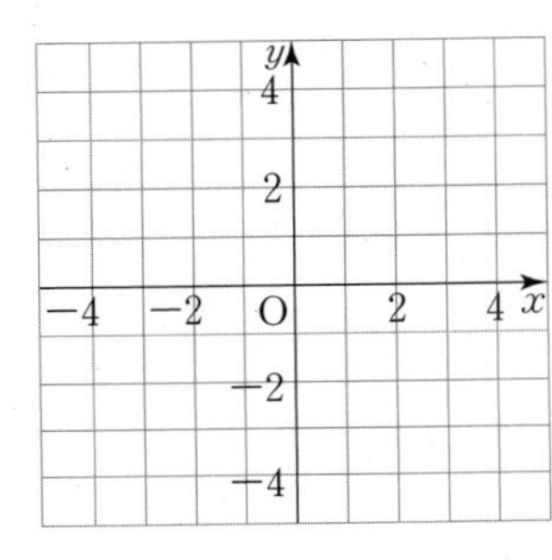

09 $A(-1, 4)$
$B(-2, 0)$
$C(4, 0)$
$D(2, 4)$
(1) 사각형 나타내기
(2) 사각형의 넓이

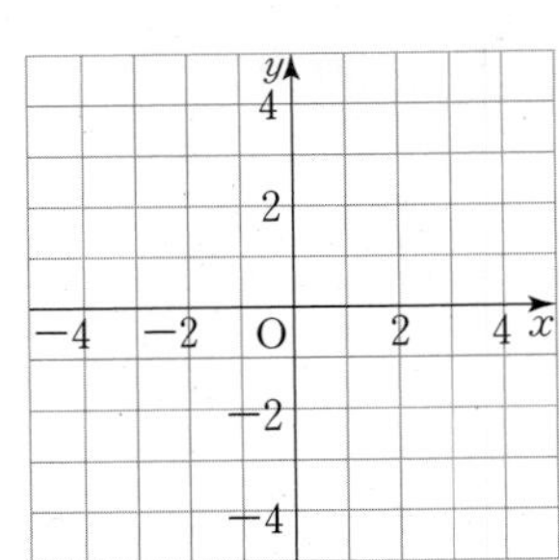

※ 다음 주어진 세 점 A, B, C를 꼭짓점으로 하는 삼각형을 좌표평면 위에 나타내고, 그 넓이를 구하여라.

10 $A(-2, -2)$
$B(2, 1)$
$C(-2, 1)$
(1) 삼각형 나타내기
(2) 삼각형의 넓이

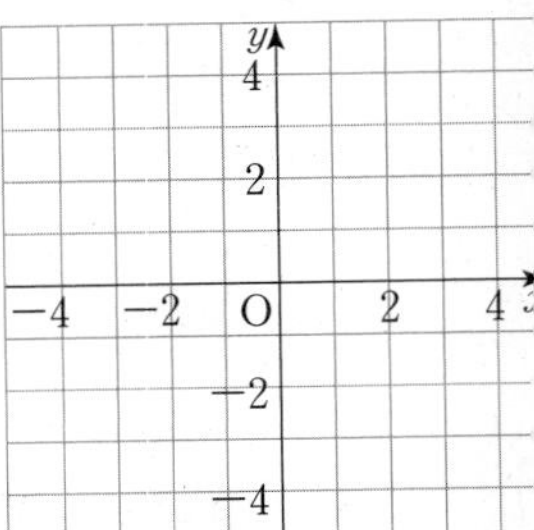

11 $A(2, 0)$
$B(-2, -3)$
$C(4, -3)$
(1) 삼각형 나타내기
(2) 삼각형의 넓이

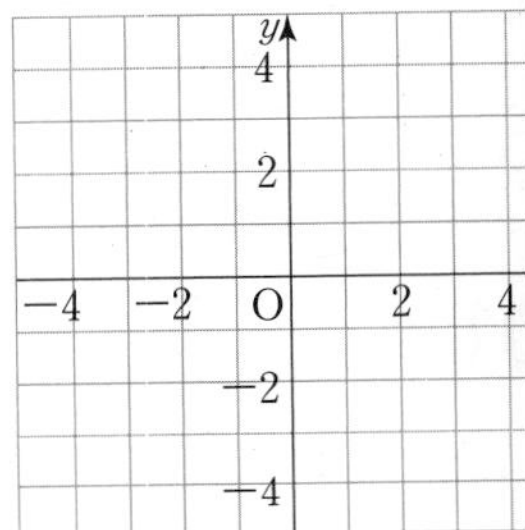

12 $A(-3, 4)$
$B(-3, -1)$
$C(1, 1)$
(1) 삼각형 나타내기
(2) 삼각형의 넓이

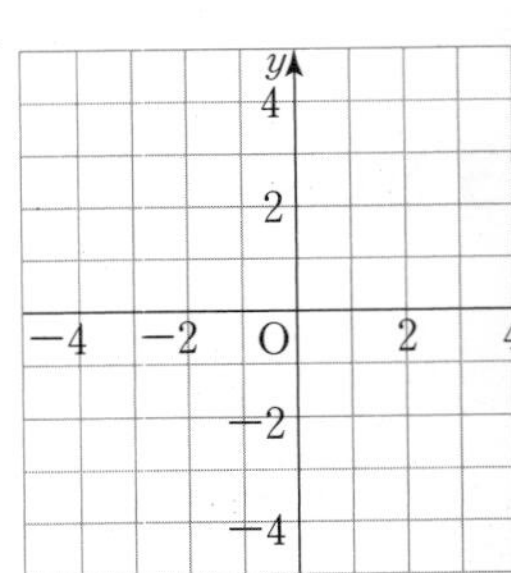

03 사분면

빠른정답 13쪽

오른쪽 그림과 같이 좌표평면은 x축과 y축에 의하여 네 부분으로 나누어지고, 이들을 각각 제1사분면, 제2사분면, 제3사분면, 제4사분면이라고 한다.

제2사분면 | 제1사분면
제3사분면 | 제4사분면

제2사분면 (−, +) 제1사분면 (+, +)
제3사분면 (−, −) 제4사분면 (+, −)

사분면

※ 오른쪽 좌표평면을 보고, 다음 점이 몇 사분면 위의 점인지 말하여라.

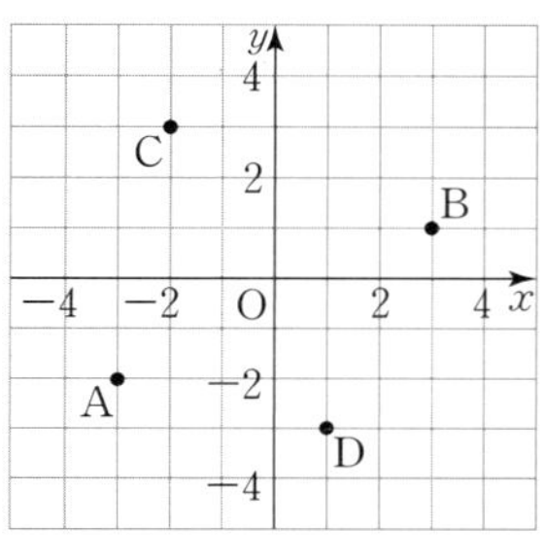

01 A

02 B

03 C

04 D

※ 좌표평면을 보고, 다음을 구하여라.

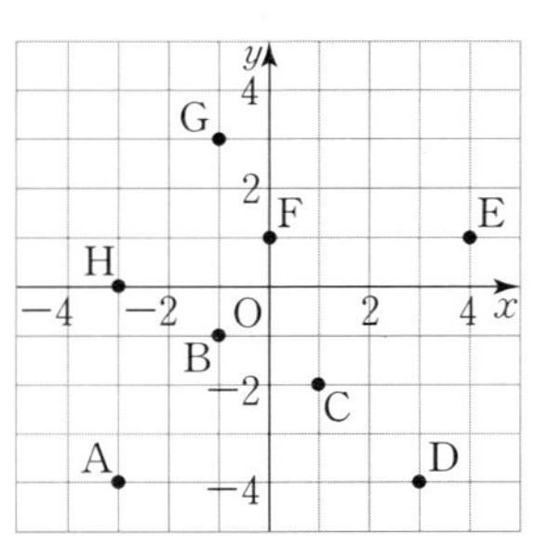

05 제 2사분면 위에 있는 점

06 제 3사분면 위에 있는 점

07 어느 사분면에도 속하지 않는 점

※ 다음 점은 몇 사분면 위의 점인지 말하여라.

08 $(4,\ -1)$

09 $(-3,\ -7)$

10 $(-1,\ 6)$

11 $(0,\ -5)$

12 $(2,\ 2)$

※ $a<0, b<0$일 때, 다음 주어진 점들이 각각 몇 사분면 위의 점인지 알아보려고 한다. □ 안에 알맞은 것을 써넣어라.

13 (a, b)

➡ $(-,$ □ $)$: 제 □ 사분면

14 $(a, -b)$

➡ $(-,$ □ $)$: 제 □ 사분면

15 $(-a, b)$

➡ $($ □ $, -)$: 제 □ 사분면

16 $(-a, -b)$

➡ (□, □) : 제 □ 사분면

17 $(b, -a)$

➡ (□, □) : 제 □ 사분면

18 $(-b, a)$

➡ (□, □) : 제 □ 사분면

※ 좌표평면 위의 점 (a, b)가 제 4사분면 위의 점일때, 다음 점은 몇 사분면 위의 점인지 말하여라.

19 $(a, -b)$

|해설| (a, b)가 제4사분면 위의 점이므로
a의 부호는 $+$, b의 부호는 □ 이다.
따라서 $(a, -b)$는 $(+,$ □ $)$이므로
제 □ 사분면 위의 점이다.

20 $(-a, b)$

21 $(-a, -b)$

22 $(-b, a)$

23 $(-b, -a)$

24 $(2a, -b)$

04 점의 대칭이동

빠른정답 13쪽 / 친절한 해설 29쪽

점 P(3, 5)에 대하여

(1) x축에 대칭인 점 : Q(3, −5) ← y좌표의 부호만 바뀜

(2) y축에 대칭인 점 : R(−3, 5) ← x좌표의 부호만 바뀜

(3) 원점에 대칭인 점 : S(−3, −5) ← x좌표, y좌표의 부호 모두 바뀜

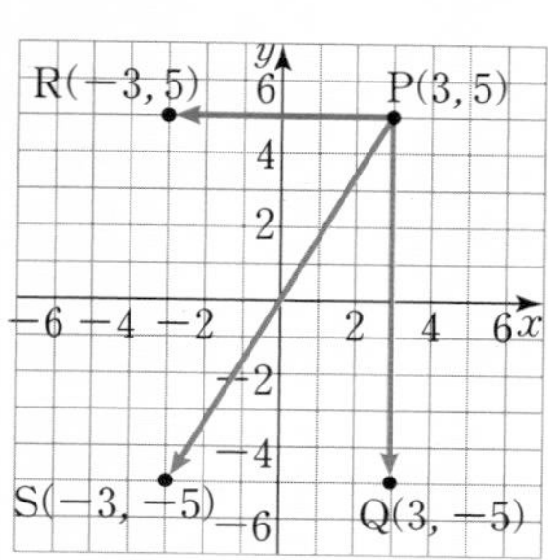

대칭인 점의 좌표

※ 점 (3, −2)에 대하여 다음 □ 안에 알맞은 것을 써넣어라.

01 x축에 대하여 대칭인 점의 좌표는

□좌표의 부호만 바꾼다.

즉, (□, □)이다.

02 y축에 대하여 대칭인 점의 좌표는

□좌표의 부호만 바꾼다.

즉, (□, □)이다.

03 원점에 대하여 대칭인 점의 좌표는

□좌표와 y좌표의 부호를 모두 바꾼다.

즉, (□, □)이다.

※ 다음 좌표평면 위의 점에 대하여 대칭인 점의 좌표를 구하여라.

04 (7, 4)

(1) x축

(2) y축

(3) 원점

05 (−1, −5)

(1) x축

(2) y축

(3) 원점

06 (−2, 6)

(1) x축

(2) y축

(3) 원점

※ 점 $A(4, 1)$과 x축에 대하여 대칭인 점을 B, y축에 대하여 대칭인 점을 C, 원점에 대하여 대칭인 점을 D라고 할 때, 다음 물음에 답하여라.

07 점 B의 좌표를 구하여라.

08 점 C의 좌표를 구하여라.

09 점 D의 좌표를 구하여라.

10 네 점 A, B, C, D를 좌표평면 위에 나타내어라.

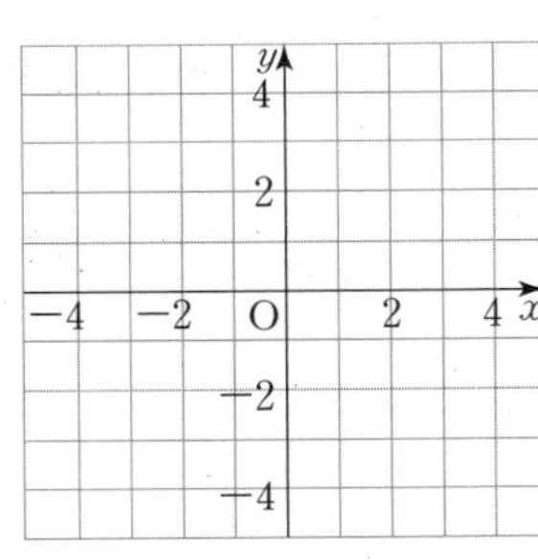

11 사각형 ABDC의 넓이를 구하여라.

12 삼각형 ABC의 넓이를 구하여라.

※ 점 $P(-2, 3)$과 x축에 대하여 대칭인 점을 Q, y축에 대하여 대칭인 점을 R, 원점에 대하여 대칭인 점을 S라고 할 때, 다음 물음에 답하여라.

13 점 Q의 좌표를 구하여라.

14 점 R의 좌표를 구하여라.

15 점 S의 좌표를 구하여라.

16 네 점 P, Q, R, S를 좌표평면 위에 나타내어라.

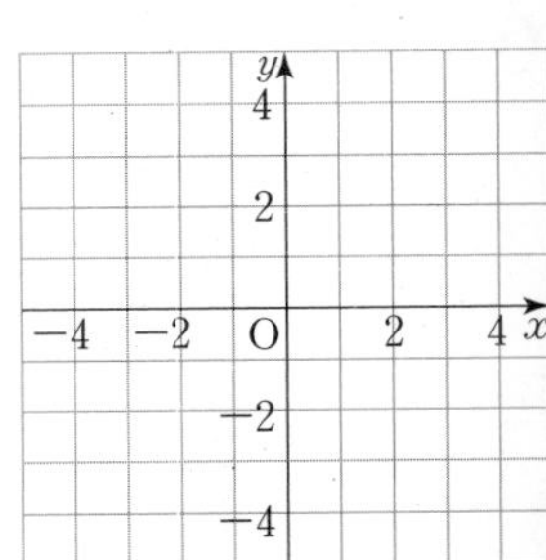

17 사각형 PQSR의 넓이를 구하여라.

18 삼각형 PQR의 넓이를 구하여라.

05 그래프

빠른정답 13쪽 / 친절한 해설 29쪽

1. 그래프 : 주어진 자료나 상황을 좌표평면 위에 점, 직선, 곡선 등의 그림으로 나타낸 것
2. 그래프의 다양한 예

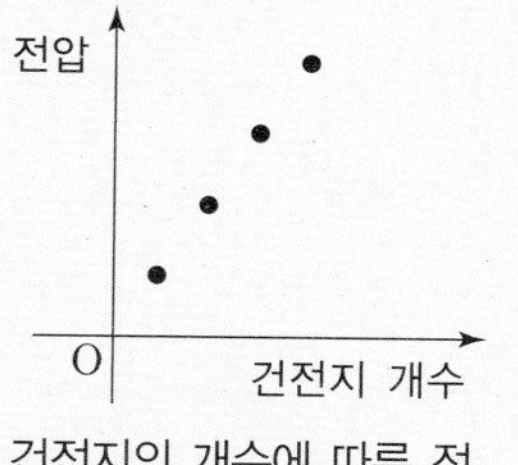

건전지의 개수에 따른 전압의 변화

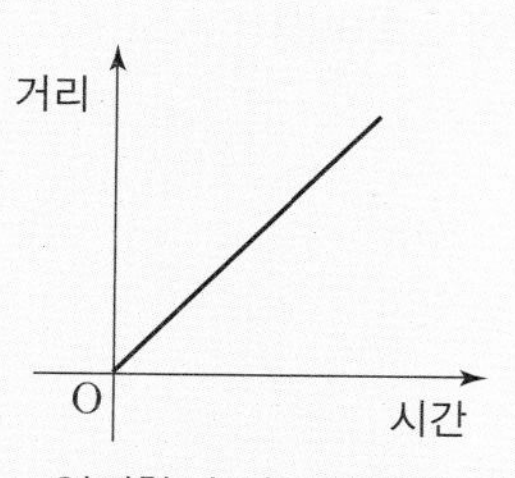

일정한 속력으로 걸을 때 시간에 따른 이동 거리의 변화

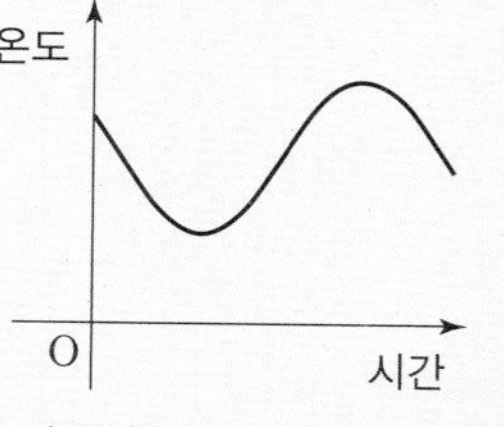

하루 동안 시간에 따른 기온의 변화

그래프의 장점

다양한 상황을 일상 언어, 표, 그래프, 식으로 나타낼 수 있는데, 어떤 현상을 그래프로 나타내면 증가와 감소, 규칙적 변화 등을 쉽게 파악할 수 있다.

그래프의 해석

※ 아래 그림은 어느 자동차가 움직일 때 시간에 따른 속력의 변화를 나타낸 그래프이다. 물음에 답하여라.

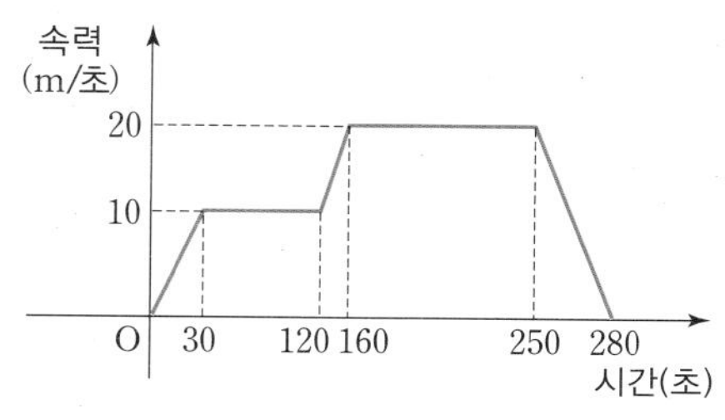

01 자동차가 가장 빨리 움직일 때의 속력을 구하여라.
그래프에서 가장 빠른 경우를 찾는다.

02 자동차가 일정한 속력으로 움직인 시간을 구하여라.

03 자동차가 움직이기 시작해서 정지할 때까지 걸린 시간을 구하여라.

※ 아래 그림은 대영이가 집에서 $1.2\ \mathrm{km}$ 떨어져 있는 도서관에 다녀올 때, 시간에 따른 거리의 변화를 나타낸 그래프이다. 다음 물음에 답하여라.

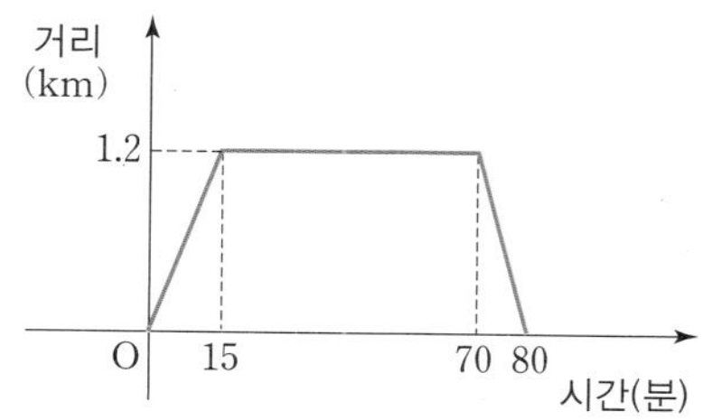

04 도서관까지 다녀오는 데 걸린 시간을 구하여라.

05 도서관에 머무른 시간을 구하여라.

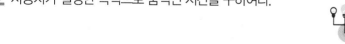

학교시험 필수예제

06 오른쪽 그림은 성은이가 집에서 $800\ \mathrm{m}$ 떨어져 있는 서점에 다녀올 때, 시간에 따른 거리의 변화를 나타낸 그래프이다.
가고 오는 데 걸린 시간을 a, 서점에 있었던 시간을 b라 할 때, $b-a$의 값을 구하여라.

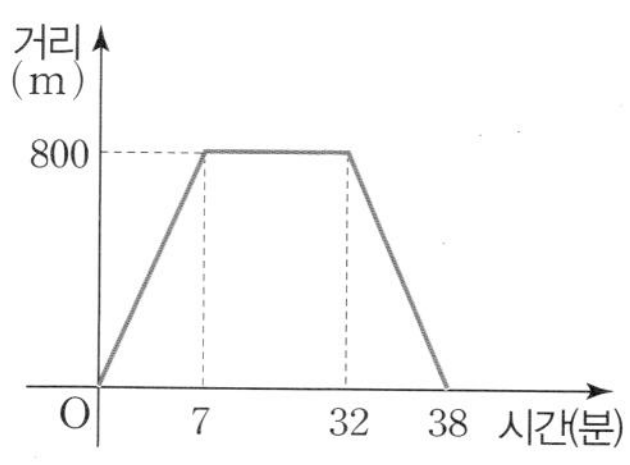

※ 아래 그림은 시간에 따른 집으로부터의 거리의 변화를 나타낸 그래프이다. 그래프에 알맞은 예를 보기에서 찾아라.

보기

ㄱ. 나는 집에서 출발하여 도서관까지 갔다.
ㄴ. 나는 도서관에서 출발하여 집으로 오는 도중에 서점에 들러 책을 사고 집으로 왔다.
ㄷ. 나는 도서관에서 공부를 하고 있었다.
ㄹ. 나는 집에서 출발하여 도서관에 가서 공부를 하다가 집으로 왔다.

07

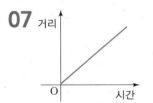

08

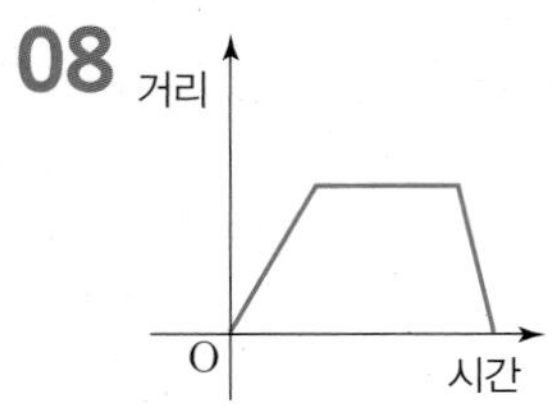

09

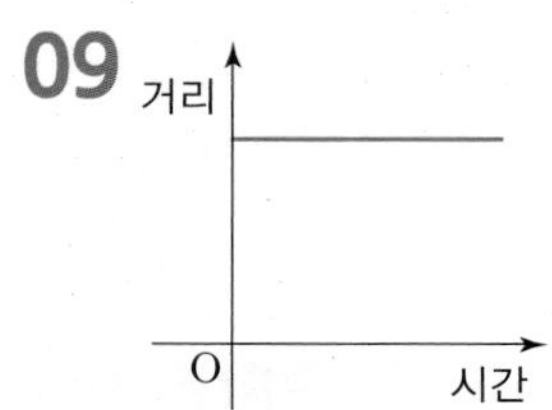

10

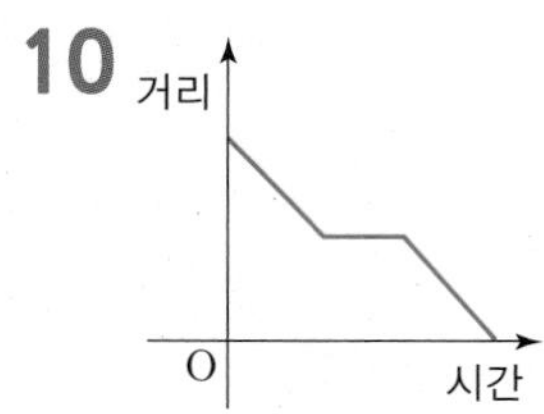

※ 아래 그림과 같은 그릇에 일정한 속력으로 물을 채운다. 시간에 따른 물의 높이의 변화를 나타낸 그래프로 알맞은 것을 보기에서 찾아라.

보기

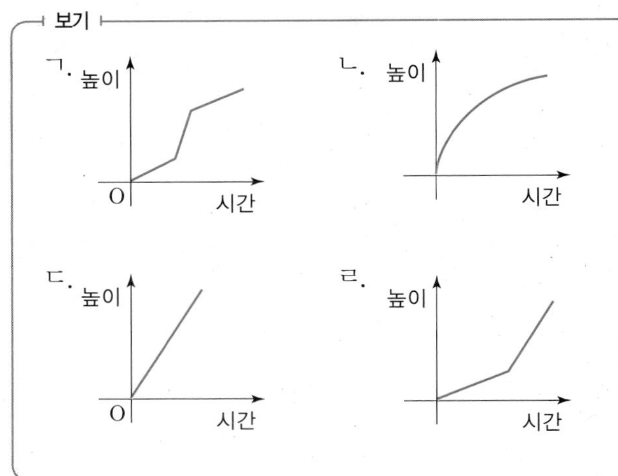

11

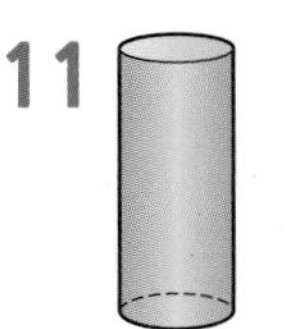

12

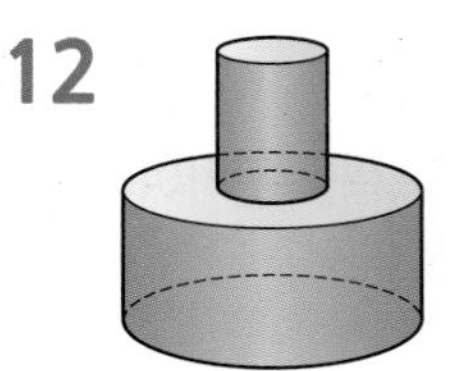

학교시험 필수예제

13 오른쪽 그림과 같은 그릇에 일정한 속력으로 물을 채울 때, 시간에 따른 물의 높이의 변화를 나타낸 그래프로 알맞은 것은?

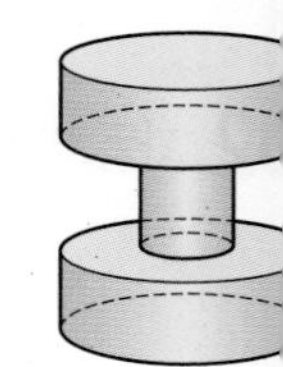

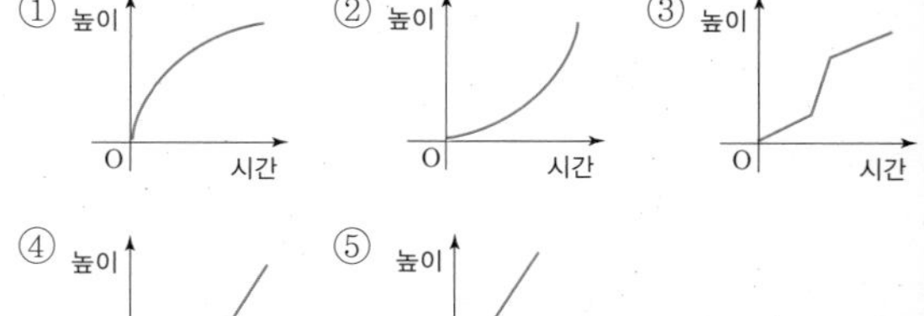

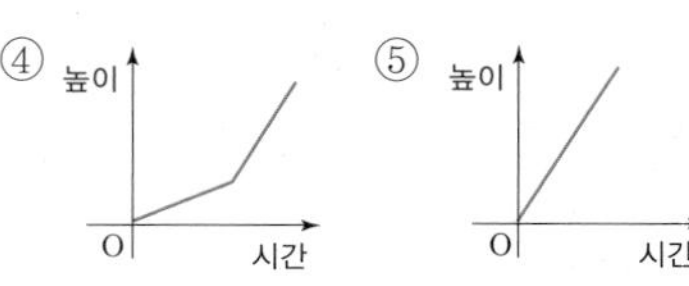

※ 아래 그림은 경수, 혜린, 보아 세 사람이 집에서 도서관에 갈 때까지 시간에 따른 이동 거리의 변화를 나타낸 그래프이다. 다음 설명 중 옳은 것에는 ○표, 옳지 않은 것에는 ×표 하여라.

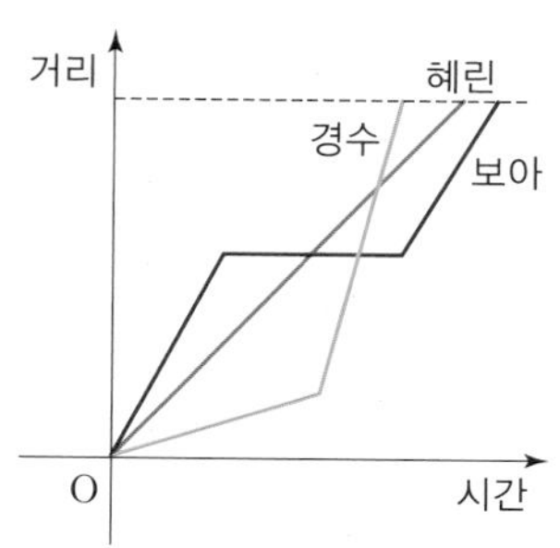

14 도서관에 가장 늦게 도착한 사람은 보아이다. ( )

15 경수는 처음에는 빨리 가다가 중간에 천천히 이동해서 제일 먼저 도착하였다. ( )

16 혜린이는 일정한 속력으로 계속 가서 두 번째로 도착하였다. ( )

17 보아는 처음에는 가장 늦은 속력으로 갔고 중간에 멈추어 시간을 보내고 이동하여 가장 늦게 도착하였다. ( )

※ 아래 그림은 가로축에 연도를, 세로축에 연도별 지진 발생횟수를 나타낸 그래프이다. 물음에 답하여라.

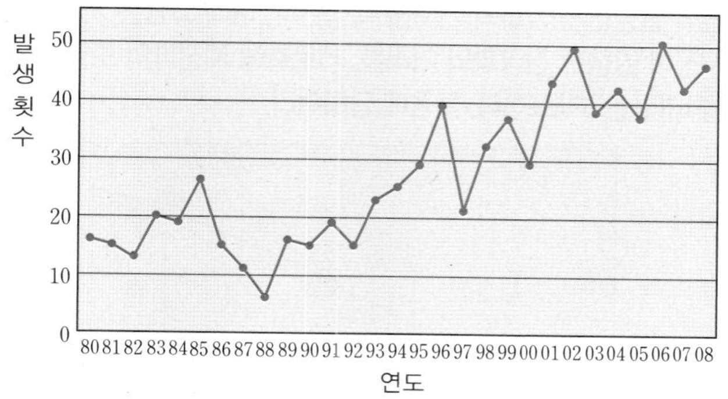

18 지진 발생횟수가 가장 높은 연도를 구하여라.

19 지진 발생횟수가 가장 낮은 연도를 구하여라.

20 다음은 이 그래프를 보고 1988년부터 2008년도까지 지진 발생횟수의 대체적인 경향을 말한 것이다. 보기에서 옳은 것을 모두 골라라.

보기

ㄱ. 그래프의 방향이 오른쪽 위로 향하면 발생 횟수가 증가한다.

ㄴ. 그래프의 방향이 오른쪽 아래로 향하면 발생 횟수가 감소한다.

ㄷ. 지진 발생횟수는 1988년에 가장 낮은 값을 기록한 후 2008년까지 대체로 상승하였다.

학교시험 필수예제

21 **아래 그림은 가로축에 연도를, 세로축에 여행객 수를 나타낸 그래프로, 2003년부터 2012년까지 연도별 6월 해외 여행객 수의 변화를 보여준다. 이 기간의 해외 여행객 수에 대한 대체적인 경향을 서술하여라.**

● 연도별 6월 해외 여행객 추이(단위:명)

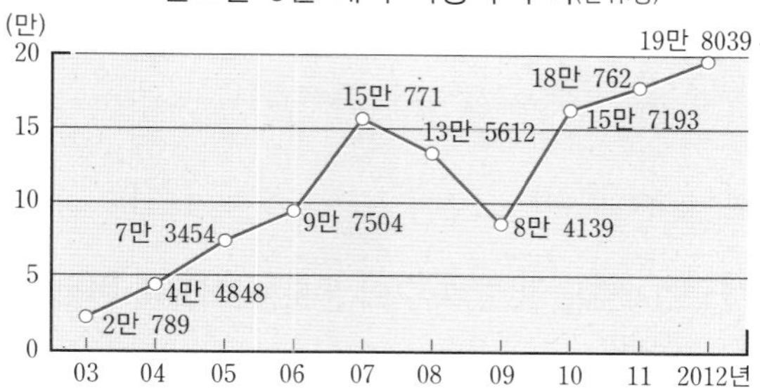

※ 지진이 발생하면 P파, S파 두 종류의 파동이 발생하는데 P파와 S파가 도달하는 시간의 차이인 PS시를 이용하여 지진이 발생한 진앙과의 거리를 측정한다. 아래 그림은 가로축에 지진이 발생한 진앙과의 거리를, 세로축에 지진파의 도달 시간을 나타낸 그래프이다. 물음에 답하여라.

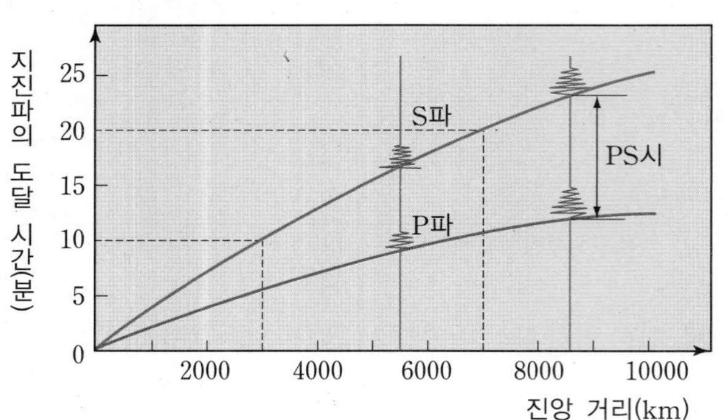

22 지진이 발생한 진앙과의 거리가 3000 km일 때, S파가 도달하는 시간을 구하여라.

23 S파가 20분만에 도달하였을 때 진앙과의 거리를 구하여라.

24 진앙 거리와 PS시 사이의 관계를 서술하시오.

※ 아래 그림은 가로축에 기준 온도를, 세로축에 그 해 4월 측정한 평균 온도에서 기준 온도를 뺀 값을 나타낸 그래프이다. 물음에 답하여라.

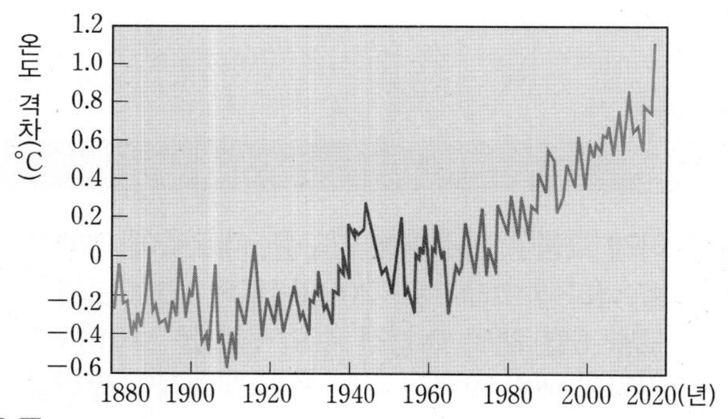

25 보기에서 온도가 가장 낮은 연도를 골라라.

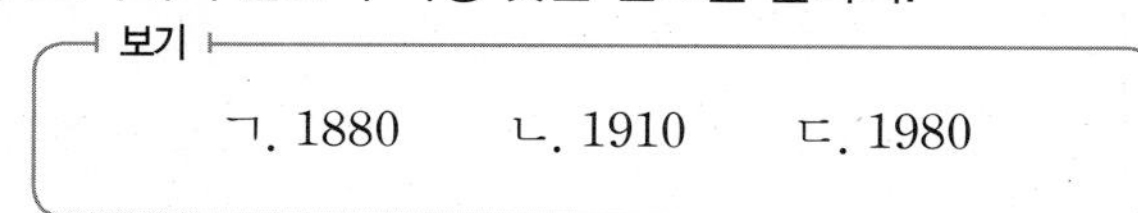

26 그래프를 보고 지구의 온도는 어떻게 변할지 서술 하여라.

※ 아래 그림과 관람차 A의 시간에 따른 지면에서의 높이의 변화를 나타낸 그래프이다. 그래프를 보고 물음에 답하여라.

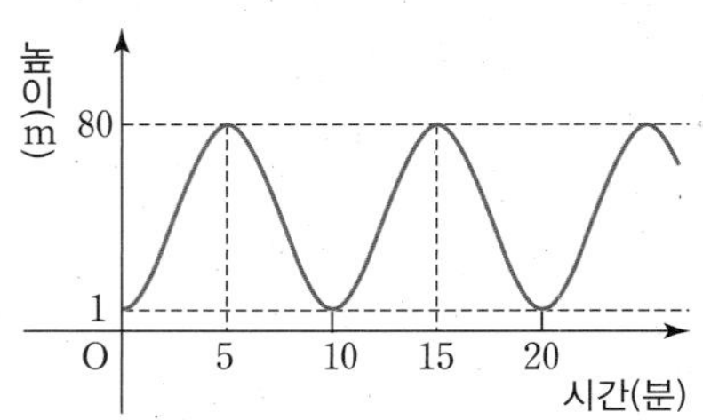

27 관람차 A가 가장 높이 올라갔을 때의 높이를 구하여라.

28 관람차가 한 바퀴 회전하는 데 걸린 시간을 구하여라.

29 관람차를 한 시간 동안 운행했을 때, A가 꼭대기에 올라간 횟수를 구하여라.

학교시험 필수예제

30 아래 그림은 일정한 속도로 움직이는 회전목마의 시간에 따른 지면에서의 높이의 변화를 나타낸 그래프이다. 회전목마가 한 바퀴 회전하는 데 2분이 걸린다고 하면, 회전하는 동안 지면에서 가장 높은 위치에 몇 번 올라가는지 구하여라.

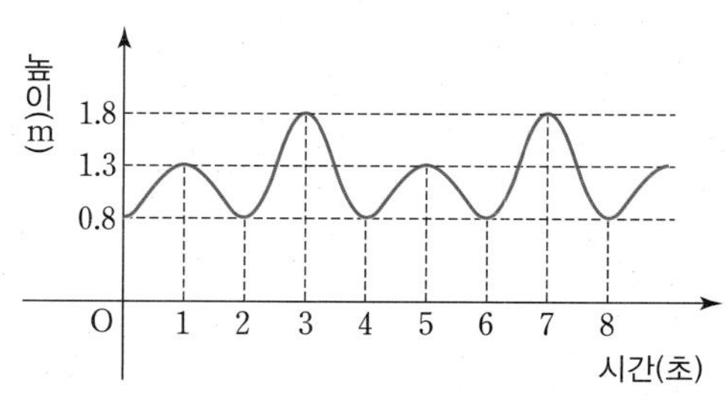

06 정비례

빠른정답 13쪽 / 친절한 해설 29쪽

1. **변수** : 변하는 양의 값을 나타내는 문자
2. **정비례 관계** : 두 변수 x, y에서 x가 2배, 3배, 4배, …로 변함에 따라 y가 2배, 3배, 4배, …로 변하는 관계가 있으면 x, y는 정비례한다고 한다.
3. **정비례 관계의 식** : x와 y가 정비례할 때, x, y 사이에는 다음과 같은 식이 성립한다.

   $y=ax$ (단, $a\neq0$)

참고 x와 y가 정비례할 때, $y=2\times x$, $y=3\times x$, $y=4\times x$, …와 같이 나타낼 수 있다. 이때 일정한 값 2, 3, 4, …를 비례상수라고 한다.

• 정비례 관계

(2배, 3배)

x	1	2	3	4	…
y	4	8	12	16	…

(2배, 3배)

유형 093 정비례 관계

※ 성은이의 맥박 수는 1분에 80회이다. x분 동안 잰 성은이의 맥박 수를 y회라 할 때, 다음 물음에 답하여라.

01 아래 표를 완성하여라.

x	1	2	3	4	…
y					…

02 x와 y 사이에는 어떤 관계가 있는지 알맞은 말에 ○표 하여라.
(정비례, 반비례)

03 x와 y 사이의 관계를 식으로 나타내어라.

※ 다음 물음에 답하여라.

04 가로가 5 cm, 세로가 x cm인 직사각형의 넓이를 y cm^2라 한다. 아래 표를 완성하고 x와 y의 관계를 식으로 나타내어라.

x	1	2	3	4	…
y					…

05 1.5V짜리 건전지 x개를 직렬로 연결하였을 때 전압을 yV라 한다. 아래 표를 완성하고 x와 y의 관계를 식으로 나타내어라.

x	1	2	3	4	…
y					…

학교시험 필수예제

06 경수는 용돈을 모아 국제 연합 아동 기금에 매달 20000원씩 후원하기로 하였다. 후원 기간을 x개월, 후원 금액을 y원이라 할 때, x와 y의 관계를 식으로 나타내어라.

※ 다음 중 x와 y 사이의 관계가 정비례하는 것에는 ○표, 정비례하지 않는 것에는 ×표 하여라.

07 한 개에 500원 하는 지우개 x개의 가격 y원 (　　)

08 물 5 L를 x명이 똑같이 나누어 마실 때 한 사람이 마시는 물의 양 y L (　　)

09 가로의 길이가 x cm이고, 세로의 길이가 10 cm인 직사각형의 넓이 y cm^2 (　　)

10 우리 학교 1학년 학생 230명 중 남학생 수 x와 여학생 수 y (　　)

11 1분에 2 L씩 나오는 수돗물을 받을 때 받는 시간 x분과 받는 물의 양 y L (　　)

12 1분 동안 운동으로 열량 20 kcal를 소모할 때 x분 동안 운동으로 소모하는 열량 y kcal (　　)

※ y가 x에 정비례하고 x의 값에 대응하는 y의 값이 다음과 같을 때, x와 y 사이의 관계식을 구하여라.

13 $x=4$일 때, $y=1$

| 해설 | $y=ax$에 $x=4$, $y=1$을 대입하면

$\square=4a$, $a=\square$

$\therefore y=\square x$

14 $x=1$일 때, $y=5$

15 $x=-6$일 때, $y=-6$

16 $x=-3$일 때, $y=-9$

학교시험 필수예제

17 점판 위에 한 변이 1 cm씩 늘어나게 정사각형을 그린다. 정사각형의 한 변을 x, 둘레를 y라 할 때, 다음 표의 p, q에 대하여 $p+q$의 값을 구하여라.

x	1	2	3	4	5
y	4	8		p	q

07 $y=ax\ (a\neq0)$의 그래프

빠른정답 14쪽 / 친절한 해설 29쪽

$y=ax\ (a\neq0)$의 그래프는 원점 (0, 0)과 점 (1, a)를 지나는 직선이다.

(1) $a>0$일 때

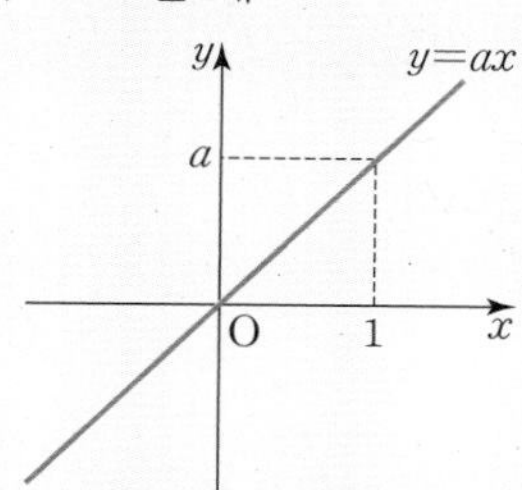

제1사분면과 제3사분면을 지난다.

(2) $a<0$일 때

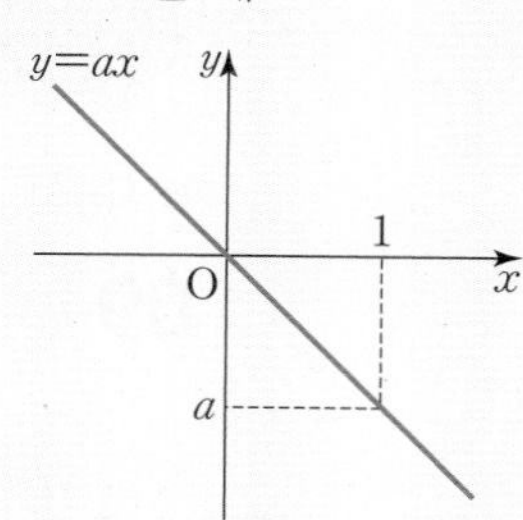

제2사분면과 제4사분면을 지난다.

$y=-\frac{3}{2}x$, $y=\frac{3}{2}x$의 그래프

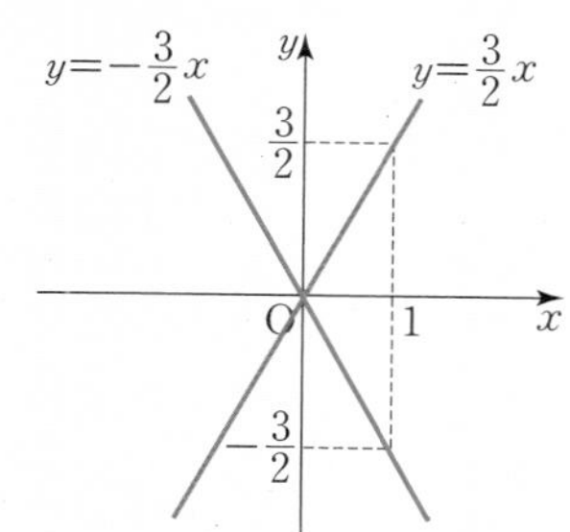

참고 $y=ax(a\neq0)$의 그래프는 원점을 지나는 직선이므로 원점 O와 그래프가 지나는 또 다른 한 점의 좌표를 찾으면 그래프를 쉽게 그릴 수 있다.

유형 094 $y=ax$의 그래프

※ x의 값이 -2, -1, 0, 1, 2일 때, 다음 식의 그래프를 그려라.

01 $y=x$

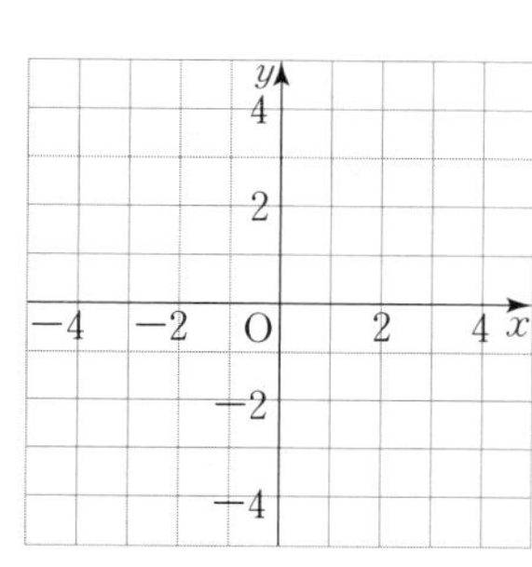

02 $y=\frac{1}{2}x$

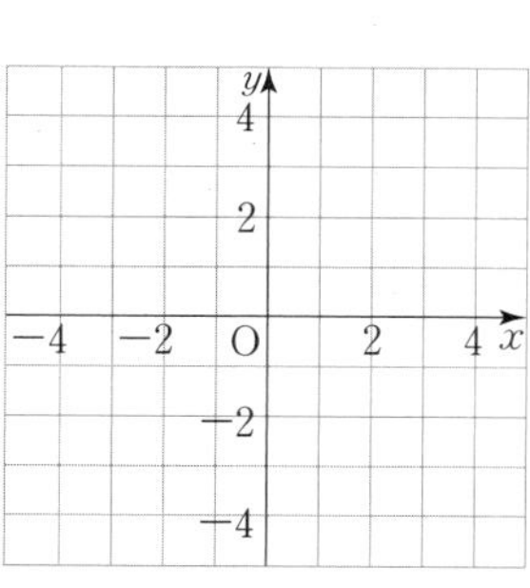

03 $y=2x$

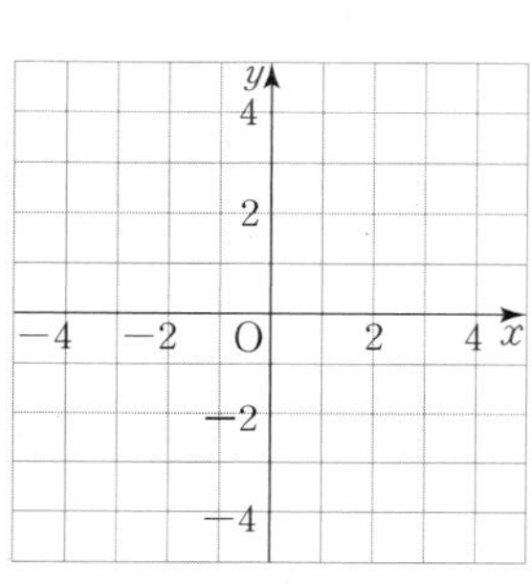

※ x의 값이 수 전체일 때, 다음 식의 그래프를 그려라.

04 $y=x$

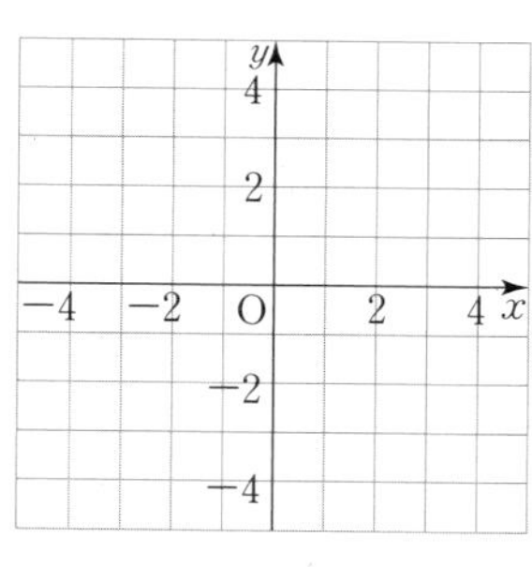

05 $y=\frac{1}{2}x$

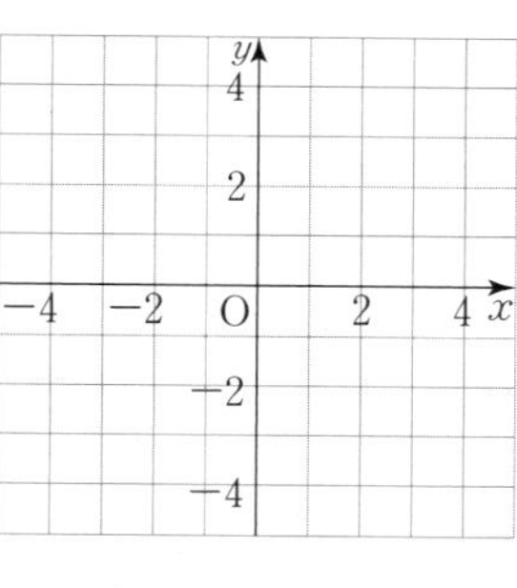

06 $y=2x$

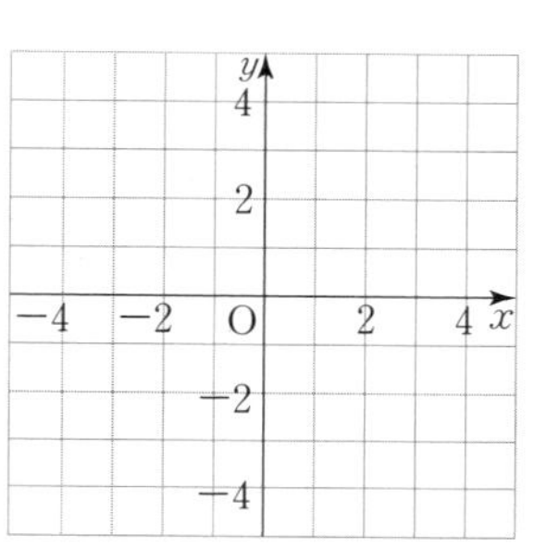

※ x의 값이 수 전체일 때, 다음 식의 그래프를 그려라.

07 (1) $y=x$

(2) $y=\frac{1}{3}x$

(3) $y=3x$

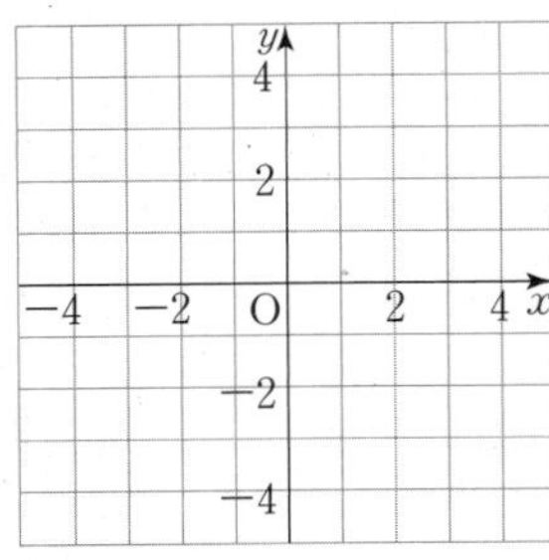

08 (1) $y=-x$

(2) $y=-\frac{1}{3}x$

(3) $y=-3x$

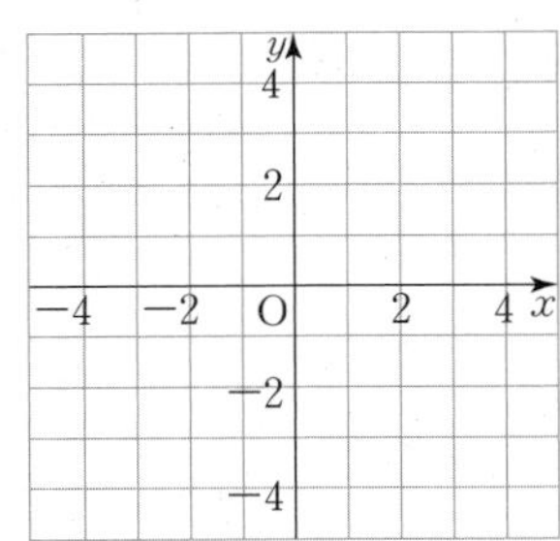

유형 095 $y=ax$의 그래프의 성질

※ 다음 □ 안에 알맞은 것을 써넣어라.

09 $y=\frac{2}{3}x$

(1) 점 (□, 0)을 지난다.

(2) 오른쪽 □로 향하는 직선이다.

(3) x의 값이 증가하면 y의 값은(도) □한다.

(4) $y=x$의 그래프보다 □축에 더 가깝다.

(5) 그래프는 제1사분면과 제 □사분면을 지난다.

10 $y=-\frac{1}{5}x$

(1) 점 (□, 0)을 지난다.

(2) 오른쪽 □로 향하는 직선이다.

(3) x의 값이 증가하면 y의 값은(도) □한다.

(4) 그래프는 제2사분면과 제 □사분면을 지난다.

(5) $y=-x$의 그래프보다 □축에 더 가깝다.

※ 〈보기〉의 식에 대하여 다음 물음에 답하여라.

보기

㉠ $y=-5x$	㉡ $y=\frac{1}{7}x$
㉢ $y=7x$	㉣ $y=-\frac{9}{2}x$
㉤ $y=-6x$	㉥ $y=2x$

11 x의 값이 증가할 때, y의 값은 감소하는 식을 모두 골라라.

12 그래프가 제1사분면과 제3사분면을 지나는 식을 모두 골라라.

13 그래프가 x축에 가장 가까운 식을 골라라.

14 그래프가 y축에 가장 가까운 식을 골라라.

힌트

$y=ax(a\neq0)$의 그래프에서 기울기 a의 절댓값이 클수록 y축에 가까워진다.

$y=ax$의 그래프의 식

※ $y=-\frac{3}{2}x$의 그래프가 다음 점을 지날 때, 상수 b의 값을 구하여라.

15 $(1, b)$

16 $(4, b)$

17 $(-2, b)$

18 $(-10, b)$

19 $(b, 12)$

20 $(b, -21)$

※ 다음 그래프가 나타내는 식을 구하여라.

21

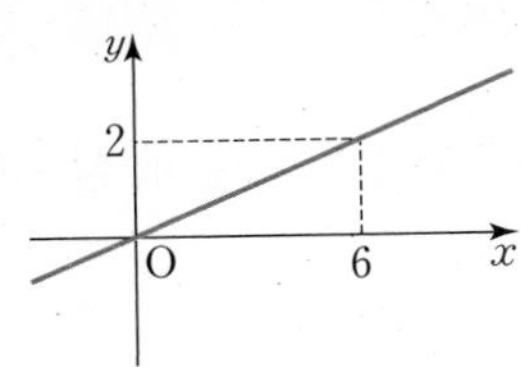

| 해설 | 그래프가 원점을 지나는 직선이므로

$y=ax$의 꼴이다.

점 (6, 2)를 지나므로 $\square=6a$ $\therefore a=\square$

따라서 그래프가 나타내는 식은 $\square$이다.

22

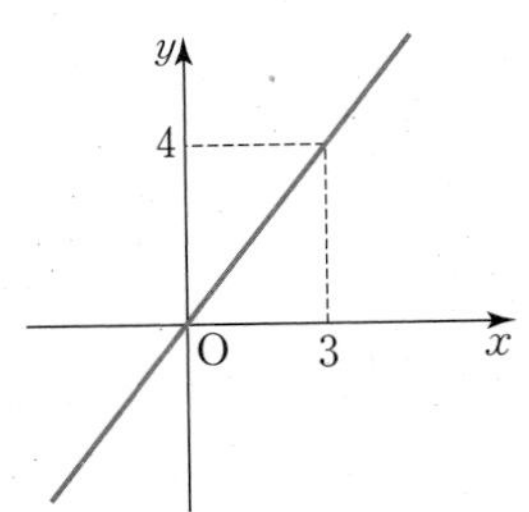

23

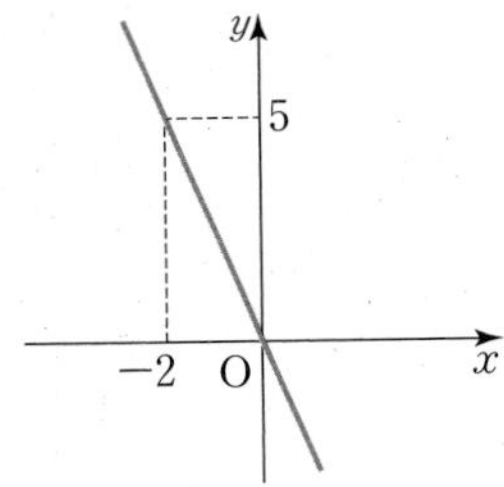

24

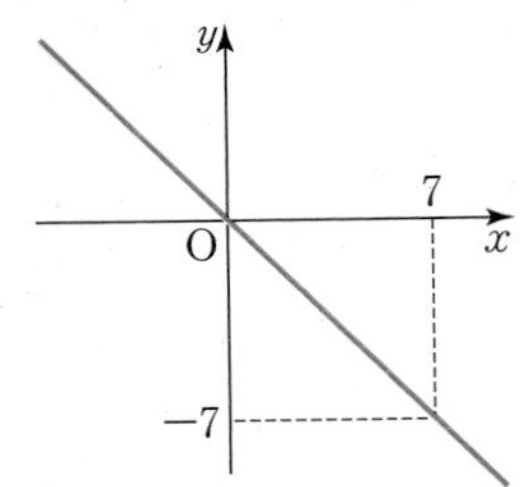

※ $y=ax$의 그래프가 다음과 같은 두 점을 지날 때, a와 b의 값을 각각 구하여라.

25 $(-3, -2)$, $(6, b)$

| 해설 | $y=ax$에 $(-3, -2)$를 대입하면

$-2=-3a$ $\therefore a=\square$

$\therefore y=\square$

$y=\square$에 $(6, b)$를 대입하면

$b=\square$

26 $(2, -6)$, $(5, b)$

27 $(4, 2)$, $(-10, b)$

08 반비례

빠른정답 14쪽 / 친절한 해설 30쪽

1. **반비례 관계** : 두 변수 x, y에서 x가 2배, 3배, 4배, …로 변함에 따라 y가 $\frac{1}{2}$배, $\frac{1}{3}$배, $\frac{1}{4}$배, …로 변하는 관계가 있으면 x와 y는 반비례한다고 한다.
2. **반비례 관계의 식** : x와 y가 반비례할 때, x, y 사이에는 다음과 같은 식이 성립한다.
   $y=\frac{a}{x}$ (단, $a\neq0$)

참고 x와 y가 반비례할 때, $x\times y=2$, $x\times y=3$, $x\times y=4$, …와 같이 나타낼 수 있다. 이때 일정한 값 2, 3, 4, …를 비례상수라고 한다.

•반비례 관계

2배, 3배

x	1	2	3	4	…
y	12	6	4	3	…

$\frac{1}{2}$배, $\frac{1}{3}$배

•반비례 관계는 두 변수의 곱이 $xy=a$로 일정하다.

유형 097 반비례 관계

※ 연필 12자루를 친구들에게 나누어 주려고 한다. 나누어 줄 친구의 수를 x, 한 사람에게 줄 연필의 수를 y라 할 때, 다음 물음에 답하여라.

01 아래 표를 완성하여라.

x	1	2	3	4	6	12
y						

02 x와 y 사이에는 어떤 관계에 있는지 알맞은 말에 ○ 표 하여라.
(정비례, 반비례)

03 x와 y 사이의 관계를 식으로 나타내어라.

※ 다음 물음에 답하여라.

04 넓이가 50 cm^2 인 직사각형에서 가로를 x cm, 세로를 y cm라 한다. 아래 표를 완성하고 x와 y의 관계를 식으로 나타내어라.

x	1	2	5	10	25	50
y						

05 거리가 6 km인 집과 학교 사이를 시속 x km로 갈 때 걸리는 시간을 y시간이라 한다. 아래 표를 완성하고 x와 y 사이의 관계를 식으로 나타내어라.

x	1	2	3	6
y				

학교시험 필수예제

06 30개의 초콜릿을 x명에게 똑같이 나누어 줄 때, 한 사람이 받는 초콜릿의 개수는 y개라 한다. x와 y의 관계를 식으로 나타내어라.

※ 다음 중 x와 y 사이의 관계가 정비례하는 것에는 '정', 반비례하는 것에는 '반', 정비례도 반비례도 아닌 것에는 '×'를 써 넣어라.

07 하루 24시간 중 잠을 자는 x시간과 활동하는 y시간 (　　)

08 하루에 4시간씩 일을 할 때 x일 동안 일한 y시간 (　　)

09 1분 동안 운동으로 열량 18 kcal를 소모할 때, x분 동안 운동으로 소모하는 열량 y kcal (　　)

10 1초에 100 MB씩 자료를 전송할 때 x초에 전송하는 자료 y MB (　　)

11 물 1200 L를 x명이 똑같이 나누어 사용할 때 한 명이 사용할 수 있는 물 y L (　　)

12 한 시간에 광석 1 kg을 채집하는 기계 x대로 광석 360 kg을 채집할 때 필요한 y시간 (　　)

※ y가 x에 반비례하고 x의 값에 대응하는 y의 값이 다음과 같을 때, x와 y 사이의 관계식을 구하여라.

13 $x=4$일 때, $y=1$

| 해설 | $y=\frac{a}{x}$에 $x=4$, $y=1$을 대입하면

$\square=\frac{a}{4}$, $a=\square$

$\therefore y=\frac{\square}{x}$

14 $x=1$일 때, $y=5$

15 $x=-6$일 때, $y=-6$

16 $x=-3$일 때, $y=-9$

학교시험 필수예제

17 넓이가 24 cm^2인 삼각형에서 밑변을 x cm, 높이를 y cm라 한다. 다음 표의 p, q에 대하여 $p+q$의 값을 구하여라.

x	1	2	3	4	6
y	48		p	12	q

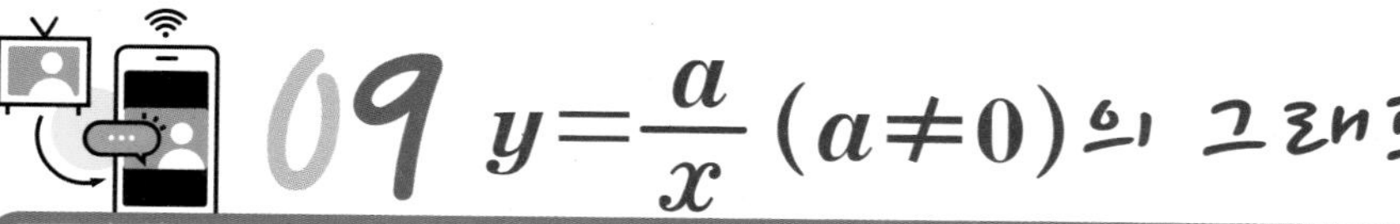

09 $y=\frac{a}{x}$ $(a\neq 0)$의 그래프

빠른정답 14쪽 / 친절한 해설 30쪽

$y=\frac{a}{x}(a\neq 0)$의 그래프는 점 $(1,\ a)$를 지나고 두 좌표축에 가까워지면서 한없이 뻗어나가는 한 쌍의 매끄러운 곡선이다.

(1) $a>0$일 때

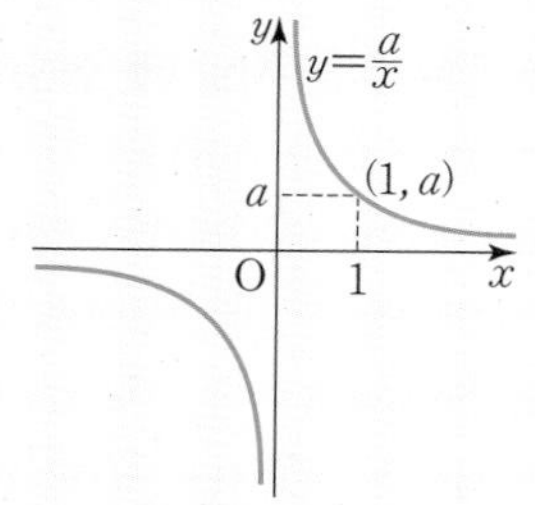

제1사분면과 제3사분면을 지난다.

(2) $a<0$일 때

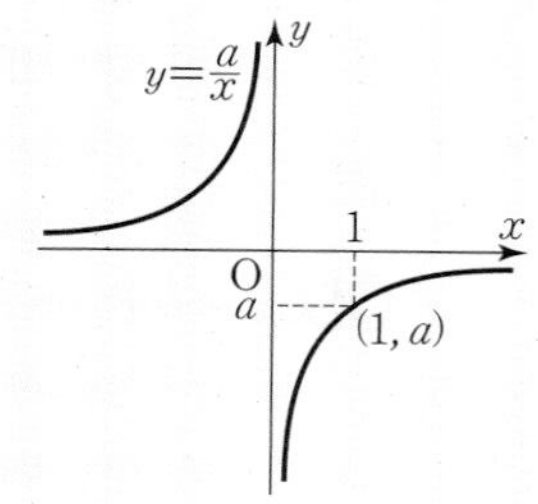

제2사분면과 제4사분면을 지난다.

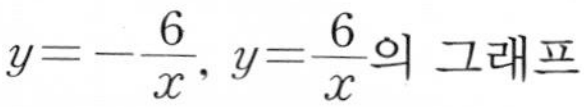

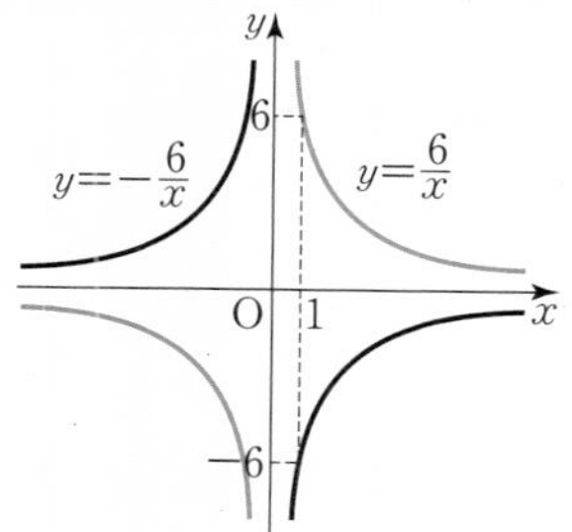

참고 반비례 관계의 식 $y=\frac{a}{x}$에서 x, y의 순서쌍의 부호는
$a>0$일 때, $(+,\ +)$ 또는 $(-,\ -)$이므로 그래프는 제1사분면과 제3사분면,
$a<0$일 때, $(-,\ +)$ 또는 $(+,\ -)$이므로 그래프는 제2사분면과 제4사분면을 지난다.

유형 098 $y=\frac{a}{x}$의 그래프

※ x의 값이 -6, -3, -2, 2, 3, 6일 때, 다음 함수의 그래프를 좌표평면 위에 그려라.

01 $y=\frac{6}{x}$

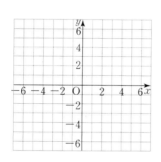

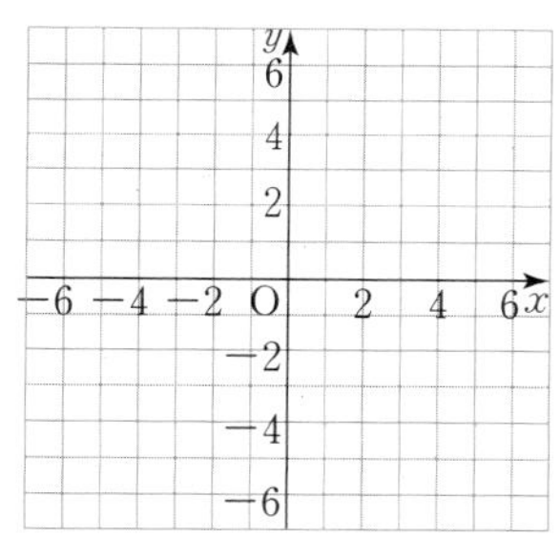

02 $y=\frac{12}{x}$

03 $y=-\frac{6}{x}$

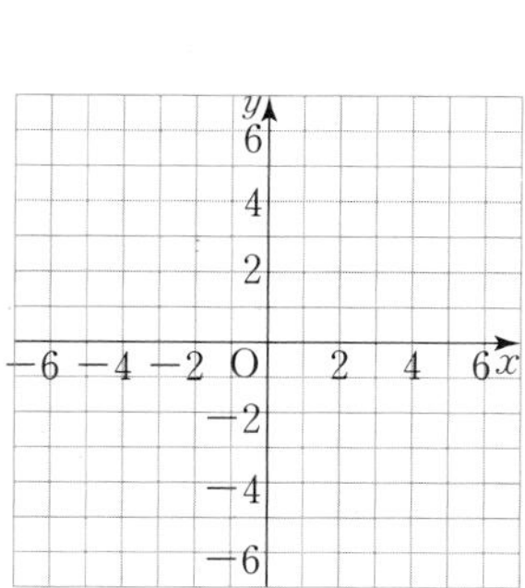

※ x의 값이 수 전체일 때, 다음 함수의 그래프를 좌표평면 위에 그려라.

04 $y=\frac{6}{x}$

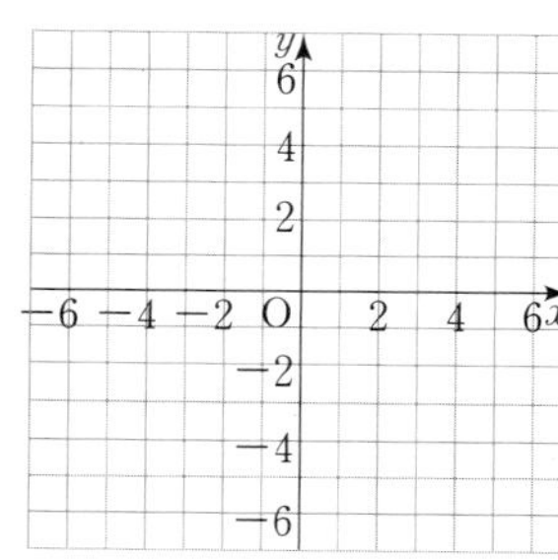

05 $y=\frac{12}{x}$

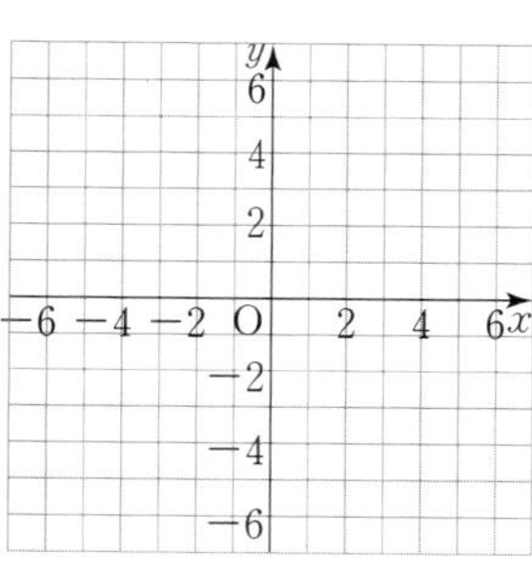

06 $y=-\frac{6}{x}$

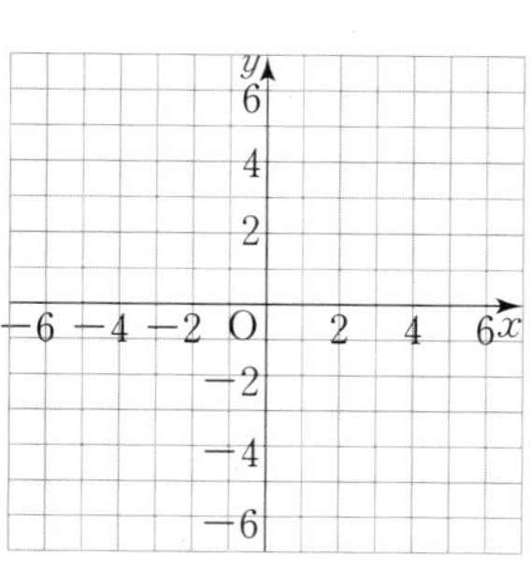

유형 099 $y=\frac{a}{x}$의 그래프의 성질

※ 주어진 식에 대한 설명이다. □ 안에 알맞은 것을 써넣어라.

07 $y=\frac{10}{x}$

(1) □에 대하여 대칭인 한 쌍의 매끄러운 곡선이다.

(2) x의 값이 증가하면 y의 값은(도) □한다.

(3) 그래프는 제 1사분면과 제 □사분면을 지난다.

(4) 점 (1, □)을 지난다.

(5) $y=\frac{1}{x}$의 그래프보다 □에서 더 멀리 떨어져 있다.

08 $y=-\frac{10}{x}$

(1) □에 대하여 대칭인 한 쌍의 매끄러운 곡선이다.

(2) x의 값이 증가하면 y의 값은(도) □한다.

(3) 그래프는 제 2사분면과 제 □사분면을 지난다.

(4) 점 (1, □)을 지난다.

(5) $y=-\frac{1}{x}$의 그래프보다 □에서 더 멀리 떨어져 있다.

유형 100 $y=\frac{a}{x}$의 그래프의 식

※ $y=\frac{24}{x}$의 그래프가 다음과 같은 점을 지날 때, 상수 b의 값을 구하여라.

09 $(1, b)$

10 $(3, b)$

11 $(-2, b)$

12 $(-6, b)$

13 $(b, 6)$

14 $(b, -3)$

※ 다음 그래프가 나타내는 식을 구하여라.

15

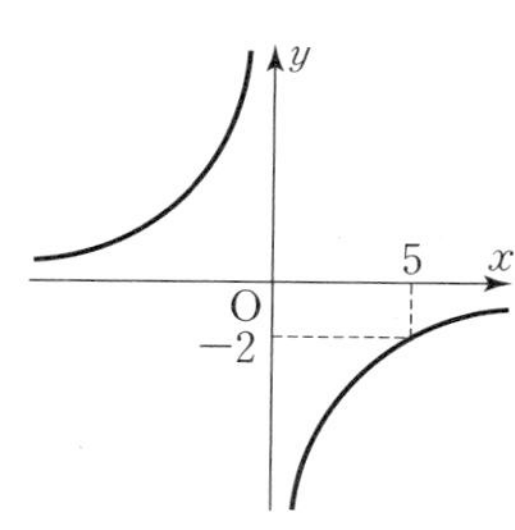

|해설| 그래프가 원점에 대하여 대칭인 한 쌍의 매끄러운 곡선이므로 $y=\frac{a}{x}$의 꼴이다.

점 (5, −2)를 지나므로 $\square=\frac{a}{5}$ $\therefore a=\square$

따라서 구하는 식은 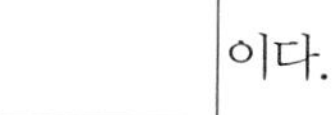 이다.

16

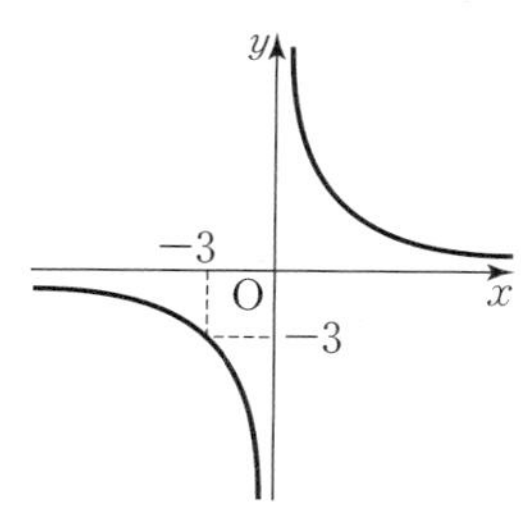

17

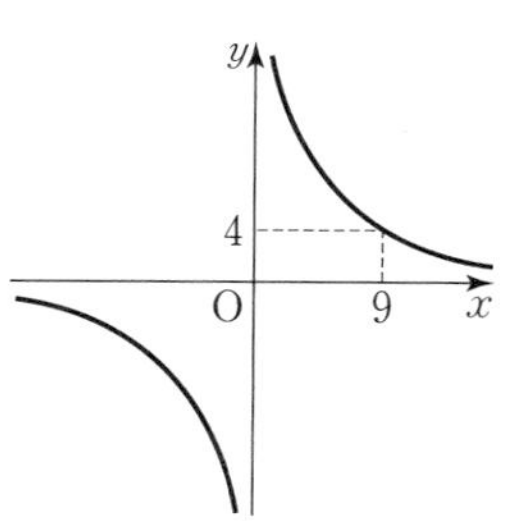

18

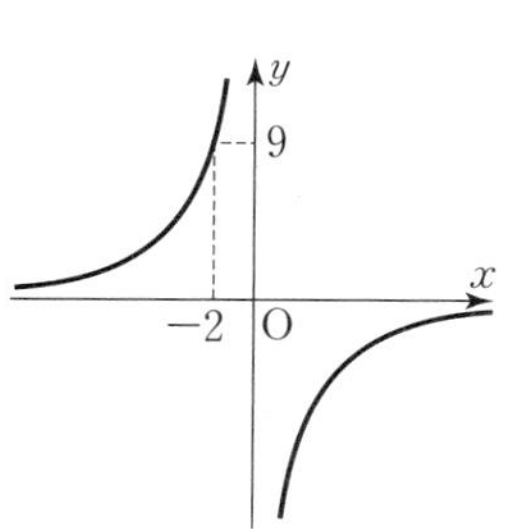

※ $y=\frac{a}{x}$의 그래프가 다음과 같은 두 점을 지날 때, a와 b의 값을 각각 구하여라.

19 $(2, -8)$, $(-4, b)$

|해설| $y=\frac{a}{x}$에 $(2, -8)$을 대입하면

$-8=\frac{a}{2}$ $\therefore a=\square$

$\therefore y=\square$

$y=\square$에 $(-4, b)$를 대입하면

$b=\square$

20 $(-6, -2)$, $(3, b)$

21 $(-5, 4)$, $(-10, b)$

※ 다음 그림과 같이 두 그래프가 점 P에서 만날 때, 점 P의 좌표와 a의 값을 각각 구하여라.

22

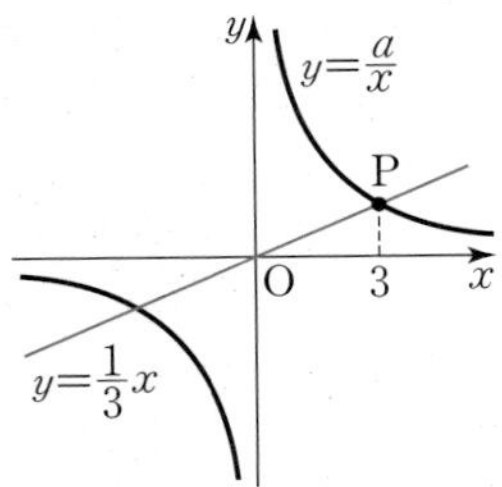

(1) 점 P의 좌표

| 해설 | $y=\frac{1}{3}x$에 $x=3$을 대입하면

$y=\frac{1}{3}\times3=1$

$\therefore$ P(3, $\square$)

(2) a의 값

| 해설 | (3, $\square$)을 $y=\frac{a}{x}$에 대입하면

$\therefore \square=\frac{a}{3}$ $\quad\therefore a=\square$

24

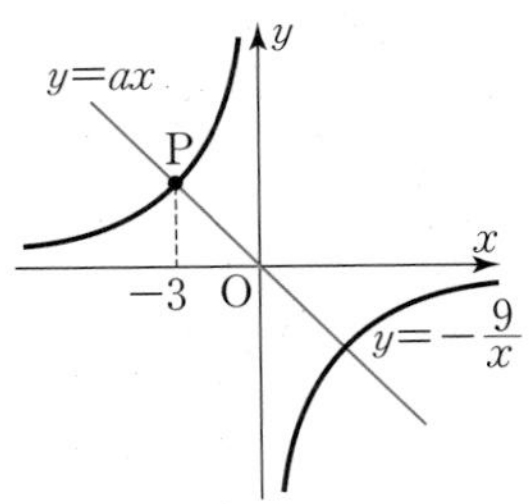

(1) 점 P의 좌표

| 해설 | $y=-\frac{9}{x}$에 $x=-3$을 대입하면

$y=-\frac{9}{-3}=\square$

$\therefore$ P(-3, $\square$)

(2) a의 값

| 해설 | (-3, $\square$)을 $y=ax$에 대입하면

$\square=-3a$

$\therefore a=\square$

23

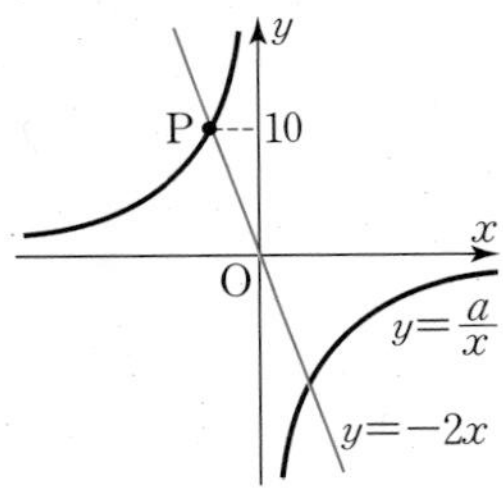

(1) 점 P의 좌표

(2) a의 값

25

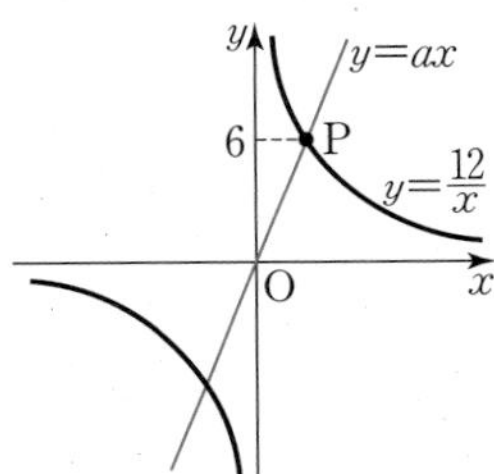

(1) 점 P의 좌표

(2) a의 값

10 정비례와 반비례의 활용

빠른정답 15쪽 / 친절한 해설 30쪽

1. 변화하는 두 양을 변수 x, y로 정한다.
2. 변화하는 두 양 사이의 관계를 식으로 나타낸다.
3. 그래프를 그리거나 관계식으로부터 필요한 값을 구한다.
4. 구한 값이 문제의 조건에 맞는지 확인한다.

변수 x, y 정하기 → 식 세우기 → 필요한 값 구하기 → 확인하기

유형 101 정비례의 활용

※ 다음을 읽고 물음에 답하여라.

1분에 4 km를 가는 기차가 있다. 이 기차를 타고 x분 동안 y km를 이동한다고 한다.

01 x와 y 사이의 관계식을 구하여라.

02 15분 동안 기차를 타고 갈 수 있는 거리를 구하여라.

03 100 km의 거리를 가는 데 걸리는 시간을 구하여라.

※ 다음을 읽고 물음에 답하여라.

연필 5자루의 가격이 3500원인 연필 x자루의 가격을 y원이라고 한다.

04 x와 y 사이의 관계식을 구하여라.

05 연필 12자루를 사고 지불해야 할 금액을 구하여라.

06 14000원으로 살 수 있는 연필의 개수를 구하여라.

※ 다음을 읽고 물음에 답하여라.

톱니의 수가 각각 32개, 48개인 톱니바퀴 A, B가 서로 맞물려 돌고 있다. 톱니바퀴 A가 x번 회전하면 톱니바퀴 B는 y번 회전한다고 한다.

07 x와 y 사이의 관계식을 구하여라.

|해설| 톱니바퀴 A가 x번 회전할 때, 회전한 톱니의 수는 □개이고, 톱니바퀴 B가 y번 회전할 때, 회전한 톱니의 수는 □개이다.
이때 맞물린 톱니의 수가 같으므로
□=□ $\therefore y=$□

08 톱니바퀴 A가 6번 회전할 때, 톱니바퀴 B가 회전하는 수를 구하여라.

09 톱니바퀴 B가 10번 회전할 때, 톱니바퀴 A가 회전하는 수를 구하여라.

※ 다음을 읽고 물음에 답하여라.

용량이 120 L인 물탱크에 1분에 4 L씩 물을 채우려고 할 때, x분 동안 채운 물의 양을 y L라고 한다.

10 x와 y 사이의 관계식을 구하여라.

11 8분 동안 채운 물의 양을 구하여라.

12 물탱크를 가득 채우는 데 걸리는 시간을 구하여라.

※ 다음을 읽고 물음에 답하여라.

용수철에 1 g짜리 추를 매달았더니 용수철의 길이가 2.5 cm 늘어났다고 한다. x g짜리 추를 매달았을 때, 늘어난 용수철의 길이를 y cm라고 한다.

13 x와 y 사이의 관계식을 구하여라.

14 10 g짜리 추를 매달았을 때, 늘어난 용수철의 길이를 구하여라.

15 용수철의 길이가 10 cm 늘어나는 데 필요한 추의 무게를 구하여라.

※ 다음을 읽고 물음에 답하여라.

1 L의 휘발유로 12 km를 가는 자동차가 있다. x L의 휘발유로 y km를 간다고 한다.

16 x와 y 사이의 관계식을 구하여라.

17 이 자동차가 25 L의 휘발유로 갈 수 있는 거리를 구하여라.

18 이 자동차로 60 km를 가는 데 필요한 휘발유의 양을 구하여라.

반비례의 활용

※ 다음을 읽고 물음에 답하여라.

집에서 120 km 떨어진 놀이동산까지 자동차를 타고 시속 x km의 일정한 속력으로 y시간 동안 이동한다고 한다.

19 x와 y 사이의 관계식을 구하여라.

20 시속 60 km의 속력으로 이동할 때, 놀이동산까지 도착하는 데 걸리는 시간을 구하여라.

21 집에서 놀이동산까지 이동하는 데 걸린 시간이 1시간 30분일 때, 자동차의 속력을 구하여라.

※ 다음을 읽고 물음에 답하여라.

넓이가 30 cm인 삼각형의 밑변의 길이가 x cm, 높이가 y cm라고 한다.

22 x와 y 사이의 관계식을 구하여라.

23 밑변의 길이가 12 cm일 때, 높이를 구하여라.

24 높이가 10 cm일 때, 밑변의 길이를 구하여라.

※ 다음을 읽고 물음에 답하여라.

서로 맞물려 도는 두 톱니바퀴 A, B가 있다. 톱니 수가 12개인 톱니바퀴 A가 6번 회전할 때, 톱니 수가 x개인 톱니바퀴 B는 y번 회전한다.

25 x와 y 사이의 관계식을 구하여라.

|해설| 맞물린 톱니의 수는 서로 같으므로

$12\times6=\square\times y$

$\therefore y=\square$

26 톱니바퀴 B의 톱니 수가 18개일 때, 회전하는 수를 구하여라.

27 톱니바퀴 B가 3번 회전할 때, 톱니 수를 구하여라.

※ 다음을 읽고 물음에 답하여라.

두 사람이 일을 하면 일을 완성하는 데 30일이 걸리는 일이 있다. 이 일을 x명이 y일 동안 일을 하여 완성하였다고 한다.

28 x와 y 사이의 관계식을 구하여라.

|해설| 두 사람이 30일 동안 한 일의 양과 x명이 y일 동안 한 일의 양이 같으므로

$x\times y=\square\times30$

$\therefore y=\square$

29 4명이 일을 할 때, 완성하는 데 걸리는 날 수를 구하여라.

30 10일 만에 일을 완성하는 데 필요한 사람의 수를 구하여라.

I
소인수분해

단원 종합 문제

01

다음 중 거듭제곱의 표현이 옳지 않은 것은?

① $3\times3\times3=3^3$
② $3\times3\times5=3^2\times5$
③ $2\times2\times2\times2=2\times4$
④ $3\times3\times7\times7=3^2\times7^2$
⑤ $x\times x\times x\times x=x^4$

02

$2^a=16$, $3^4=b$를 만족하는 자연수 a, b에 대하여 $a+b$의 값을 구하여라.

03

다음 설명 중 옳지 않은 것은?

① 1은 소수가 아니다.
② 소수는 모두 홀수이다.
③ 가장 작은 소수는 2이다.
④ 소수는 1보다 큰 자연수 중에서 1과 그 수 자신만을 약수로 가지는 수이다.
⑤ 모든 합성수는 소수들의 곱으로 나타낼 수 있다.

04

다음 중 합성수는?

① 2　② 5　③ 8
④ 13　⑤ 17

05

116의 소인수를 모두 구한 것은?

① 2　② 4　③ 29
④ 2, 29　⑤ 4, 29

06

52에 자연수를 곱하여 어떤 자연수의 제곱이 되도록 할 때, 곱할 수 있는 가장 작은 자연수는?

① 2　② 4　③ 8
④ 11　⑤ 13

07

인수분해를 이용하여 36의 약수를 모두 구하여라.

08

$2^3\times5^2$의 약수의 개수를 구하여라.

09

소인수분해를 이용하여 60의 약수의 개수를 구하면?

① 2　② 4　③ 6
④ 8　⑤ 12

10

$5^2\times\square$의 약수의 개수가 12개인 자연수라고 할 때, 가장 작은 자연수가 되도록 □를 구하면?
(단, 소인수는 2개이다.)

① 2　② 4　③ 6
④ 8　⑤ 12

• 정답 및 풀이 31쪽

11

어떤 두 수의 최대공약수가 24이다. 이 두 수의 공약수가 아닌 것은?

① 4 ② 6 ③ 8
④ 10 ⑤ 12

12

두 수 36과 48의 공약수 중 가장 큰 수는?

① 6 ② 9 ③ 12
④ 18 ⑤ 24

13

다음 중에서 두 수가 서로소인 것은?

① 16, 18 ② 7, 91 ③ 24, 27
④ 11, 99 ⑤ 25, 169

14

두 수 $2^2\times3\times5^2$과 $2\times5\times7$의 최대공약수는?

① 2×5 ② $2^2\times5$
③ $2\times3\times5\times7$ ④ $2^2\times3\times5^2$
⑤ $2^2\times3\times5^2\times7$

15

두 수 48과 60을 각각 같은 수로 나누어 자연수가 되게 하는 수를 모두 구하여라.

16

세 수 2×5^2, $2^2\times3\times5$, $2^3\times3^2\times5$의 최대공약수를 구하여라.

17

세 수 30, 42, 108의 최대공약수를 구하여라.

18

사탕 120개, 초콜릿 80개, 빵 100개를 가능한 한 많은 학생들에게 남김없이 똑같이 나누어 주려고 한다. 최대 몇 명에게 나누어 줄 수 있는가?

① 10명 ② 15명 ③ 20명
④ 25명 ⑤ 30명

19

사과 24개, 귤 32개, 방울토마토 48개를 가능한 한 많은 접시에 남김없이 똑같이 나누어 담으려고 한다. 이때, 필요한 접시의 개수는?

① 2개 ② 4개 ③ 6개
④ 8개 ⑤ 12개

20
8의 배수이면서 12의 배수인 수 중 가장 작은 자연수를 구하여라.

21
두 수 6, 9의 공배수 중 100 이하의 자연수의 개수를 구하여라.

22
두 수 $2^a\times3$, $2^2\times3^b\times5$의 최소공배수가 $2^3\times3^2\times5$일 때, $a+b$의 값은?

① 2 ② 3 ③ 4
④ 5 ⑤ 6

23
세 수 $2^2\times3\times5\times7^3$, $2^3\times3\times5^2$, $2\times3^2\times7$의 최소공배수를 거듭제곱을 사용하여 나타내어라.

24
세 수 18, 24, 30의 최소공배수를 구하여라.

2 18 24 30

25
두 자연수의 곱이 567이고, 최소공배수가 63일 때, 이 두 수의 최대공약수를 구하여라.

26
두 톱니바퀴 A, B가 서로 맞물려 돌고 있다. 톱니의 수가 각각 16개와 24개일 때, 두 톱니바퀴가 돌기 시작하여 다시 처음의 위치에서 맞물리려면 톱니바퀴 A는 최소한 몇 바퀴 돌아야 하는가?

① 2바퀴 ② 3바퀴 ③ 4바퀴
④ 5바퀴 ⑤ 6바퀴

27
세 자연수 4, 5, 6 중의 어느 수로 나누어도 나머지가 1인 가장 작은 자연수를 구하여라.

단원 종합 문제

• 정답 및 풀이 32쪽

01

다음 수를 +, −를 사용하여 나타내어라.

(1) 0보다 2만큼 큰 수 : ($+2$)

(2) 0보다 5만큼 큰 수 : ($+5$)

(3) 0보다 4만큼 작은 수 : (-4)

(4) 0보다 7만큼 작은 수 : (-7)

02

다음 설명 중 옳지 않은 것은?

① 0은 정수이다.
② 양의 정수 중 가장 작은 수는 $+1$이다.
③ 정수는 양의 정수와 음의 정수로만 이루어져 있다.
④ 자연수와 양의 정수는 같은 수이다.
⑤ 음의 정수 중 가장 큰 수는 -1이다.

03

다음 수 중에서 정수가 아닌 유리수를 모두 찾아라.

$$-2,\ \frac{5}{7},\ -\frac{1}{4},\ 0,\ -0.3,\ +2.1$$

04

다음 수직선에서 점 A, B, C, D에 대응하는 정수를 구하여라. (단, 눈금의 간격은 모두 같다.)

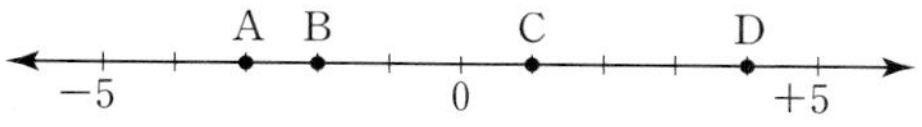

05

다음의 수를 수직선 위에 나타낼 때, 가장 왼쪽에 있는 정수 a와 가장 오른쪽에 있는 정수 b를 각각 구하여라.

$$-7,\ +5,\ -15,\ 9,\ 0$$

06

절댓값이 같은 두 정수를 수직선 위에 나타내었을 때, 그 거리가 8인 두 정수 중 음의 정수를 구하여라.

07

다음 수 중에서 절댓값이 가장 큰 정수 a와 절댓값이 가장 작은 정수 b를 각각 구하여라.

$$-5,\ +2,\ -9,\ 4,\ +6$$

08

다음 □ 안에 부등호 <, > 중 알맞은 것을 써넣어라.

(1) $+5$ □ -1 (2) -3 □ 0

(3) $+2$ □ $+7$ (4) -2 □ -8

09

다음을 부등호를 사용하여 나타내어라.

(1) x는 $+3$보다 크거나 같다.

(2) x는 0보다 크고 $+6$보다 작거나 같다.

(3) x는 -1 이상이고 5 이하이다.

(4) x는 2보다 작지 않다.

10

다음의 수를 작은 수부터 차례로 나열하여라.

$$-17,\ +21,\ -8,\ 0,\ +3,\ -4$$

단원 종합 문제

11
다음을 계산하여라.

(1) $\left(-\frac{3}{4}\right)+\left(-\frac{1}{2}\right)$

(2) $(-1.5)+\left(+\frac{1}{4}\right)$

12
다음을 계산하여라.

(1) $\left(-\frac{5}{4}\right)-\left(-\frac{3}{2}\right)$

(2) $\left(+\frac{6}{5}\right)-\left(-\frac{5}{2}\right)$

13
다음을 계산하여라.

(1) $3-5$

(2) $-7+2$

(3) $-4-9$

(4) $-5+2$

14
다음을 계산하여라.

(1) $(+3)+(+7)+(-8)$

(2) $(-6)+(+5)+(-3)$

15
다음을 계산하여라.

(1) $(+5)-(+7)+(-6)$

(2) $(+3)+(-8)-(-4)$

16
다음의 ㉠, ㉡에 알맞은 수와 연산법칙을 말하여라.

$(-6)+(+11)+(-4)+(+3)$

$=(-6)+(-4)+($ ㉠ $)+(+3)$

$=\{(-6)+(-4)\}+\{($ ㉠ $)+(+3)\}$

$=(-10)+(+14)$

$=+4$

17
다음을 계산하여라.

(1) $-5.1+3.4-2.8$

(2) $-3.2-1.5-\frac{1}{5}$

18

다음을 계산하여라.

(1) $\left(+\frac{5}{12}\right)\times\left(+\frac{3}{10}\right)$

(2) $\left(+\frac{7}{8}\right)\times\left(-\frac{3}{14}\right)$

19

다음을 계산하여라.

(1) $(+3)\times(+4)\times(-5)$

(2) $(-2)\times(+9)\times(-4)$

(3) $(-7)\times(-5)\times(-2)$

(4) $(-4)\times(+1)\times 0$

20

다음을 계산하여라.

(1) $\left(+\frac{4}{3}\right)\times\left(+\frac{5}{6}\right)\times(-2)$

(2) $\left(-\frac{2}{5}\right)\times\left(-\frac{3}{8}\right)\times\left(+\frac{4}{3}\right)$

(3) $\left(+\frac{2}{7}\right)\times\left(-\frac{5}{6}\right)\times\left(-\frac{8}{3}\right)$

(4) $\left(-\frac{1}{5}\right)\times\left(+\frac{5}{12}\right)\times\left(-\frac{6}{5}\right)$

21

다음을 계산하여라.

(1) $\left(+\frac{5}{6}\right)\div\left(+\frac{10}{3}\right)$

(2) $(-3)\div\left(+\frac{6}{11}\right)$

22

다음을 계산하여라.

(1) $(+8)\div(+2)\times(-3)$

(2) $(+9)\times 0\div(+5)$

(3) $(-12)\div(-3)\div(+2)$

(4) $(-10)\div(+5)\div(-2)$

23

다음을 계산하여라.

(1) $(-3)\times(+5)+(-4)\times(-6)$

(2) $(+4)\div(-2)-(+12)\div(-4)$

24

$\left(-\frac{2}{3}\right)^2\div\left\{\left(-\frac{1}{2}\right)-\left(\frac{2}{3}-\frac{1}{2}\right)\right\}+\frac{1}{2}$을 계산하여라.

Ⅲ 문자와 식

단원 종합 문제

01
다음을 문자를 사용한 식으로 나타내어라.

(1) x의 3배에 7을 더한 값

(2) 한 자루에 a원 하는 연필 5자루와 한 권에 500원 하는 공책 3권을 산 금액

(3) x로 나누었을 때, 몫이 3이고, 나머지가 y인 수

02
다음 식을 기호 ×, ÷를 생략하여 나타내어라.

(1) $b\times a\times b\times(-0.1)$

(2) $c\times(-5)\times b\times a$

03
다음 중 $\dfrac{a+b}{xy}$를 기호 ×, ÷를 사용하여 옳게 나타낸 것은?

① $(a+b)\div x\div y$　② $(a+b)\div x\times y$

③ $a+b\div x\times y$　④ $a+b\times x\div y$

⑤ $a+b\div x\div y$

04
다음 중 $a\times b\div c\times(x\div y)$와 같은 것은?

① $\dfrac{abc}{xy}$　② $\dfrac{acy}{bc}$　③ $\dfrac{acx}{by}$

④ $\dfrac{abx}{cy}$　⑤ $\dfrac{ay}{bcx}$

05
다음 식을 곱셈 기호 ×, 나눗셈 기호 ÷를 생략하여 간단히 나타내어라.

(1) $a\times(-3)\div b$

(2) $1-(x+1)\div 3$

(3) $a\times 3\div(-2)$

06
$x=2$일 때, 다음 식의 값을 구하여라.

(1) $\dfrac{1-5x}{3}$

(2) x^2+3x-5

07
$a=-3$일 때, 다음 중 식의 값이 가장 큰 것은?

① $\dfrac{1}{a}+1$　② $3a-1$　③ $2a^2$

④ $2-5a$　⑤ $(-a)^3$

08
$a=1$, $b=-2$일 때, 다음 중 식의 값이 다른 하나는?

① a^2+b^2　② $a-2b$　③ $3a-b$

④ $a+(-b)^2$　⑤ $\dfrac{8a+b}{2}$

09
$8a+b$　$8\times1+(-2)$　$8-2$

$a=-2$, $b=\dfrac{1}{4}$일 때, a^2-2ab의 값은?

① 1　② 2　③ 3

④ 4　⑤ 5

10
가로의 길이가 a cm, 세로의 길이가 b cm, 높이가 c cm인 직육면체에 대하여 다음을 구하여라.

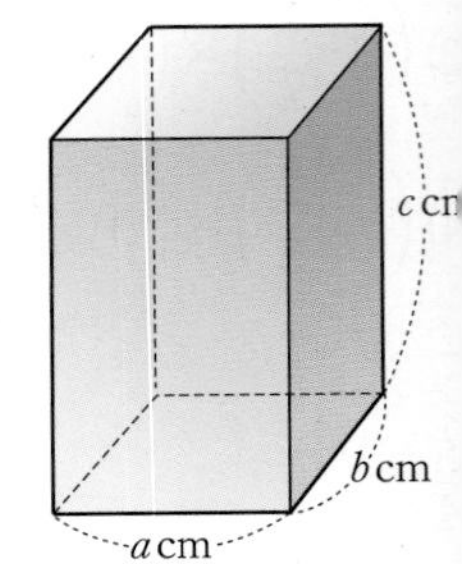

(1) 직육면체의 부피를 구하는 식

(2) $a=3$, $b=2$, $c=5$일 때, 직육면체의 부피

• 정답 및 풀이 33쪽

11

다항식 $2x^2+5x-3$에 대하여 다음 □ 안에 알맞은 수를 써넣어라.

(1) 항은 □개이다.

(2) 상수항은 □이다.

(3) x의 계수는 □이다.

(4) 다항식의 차수는 □이다.

12

다항식 $2x-3$에 대한 설명 중 옳은 것은?

① 항은 1개이다.
② 이차식이다.
③ 상수항은 3이다.
④ x의 계수는 2이다.
⑤ $x=3$일 때, 식의 값은 9이다.

13

다항식 $3x^2+x-4$에서 x의 계수를 a, 다항식의 차수를 b, 상수항을 c라고 할 때, $a+b+c$의 값은?

① -3　② -1　③ 1
④ 2　⑤ 4

14

다음 〈보기〉 중 일차식은 모두 몇 개인가?

보기

ㄱ. -2	ㄴ. $2x+3$
ㄷ. $4-x$	ㄹ. $-\frac{2}{3}x+2$
ㅁ. x^2-2	ㅂ. $x+5-x$

① 1개　② 2개　③ 3개
④ 4개　⑤ 5개

15

다음 중 옳지 않은 것은?

① $\left(\frac{1}{2}x-\frac{3}{4}\right)\div\frac{1}{2}=x-\frac{3}{2}$

② $(2x-1)\div\frac{1}{3}=6x-3$

③ $\frac{1}{4}\times\left(-8a+\frac{4}{5}\right)=-2a+\frac{1}{5}$

④ $(8a-24)\div\left(-\frac{4}{3}\right)=-6a-18$

⑤ $(12a+15)\div6=2a+\frac{5}{2}$

16

$3x-4$에서 어떤 식을 더해야 할 것을 뺐더니 $-2x+7$이 되었다. 바르게 계산하였을 때의 결과는?

① $x-3$　② $5x-5$　③ $5x+5$
④ $8x-15$　⑤ $8x+15$

17

$\frac{a+5}{2}+\frac{3a-3}{4}$을 계산하였을 때, a의 계수를 구하여라.

18

$\frac{1}{2}(3x-2)+\frac{1}{3}(x+1)$을 계산하였을 때, x의 계수와 상수항의 합은?

① $\frac{1}{2}$　② $\frac{2}{3}$　③ $\frac{5}{6}$
④ 1　⑤ $\frac{7}{6}$

단원 종합 문제

19
다음 중 등식인 것을 모두 고르면? (정답 2개)

① $3x-1=5$　② $x+1>3$
③ $6-2\neq3$　④ $5x+8=-4$
⑤ $-x+2\leq4$

20
다음 중 항등식인 것은?

① $2x-6=4-2x$
② $5x-4=0$
③ $6x+1=3(2x+1)$
④ $3x=0$
⑤ $2x-(x-8)=x+8$

21
등식 $-2x+3=2(x+4)+\square$가 x에 대한 항등식일 때, $\square$ 안에 알맞은 것은?

① $-4x-5$　② $-2x-5$
③ $-4x+11$　④ $2x-11$
⑤ $4x+5$

22
다음 방정식 중에서 해가 $x=-3$인 것은?

① $2x+3=-1$　② $x-5=-2$
③ $-x-6=-3$　④ $x-1=2x+3$
⑤ $5x-2=3x$

23
다음 방정식 중 해가 $x=3$인 것은?

① $2x-3=1$　② $4x-3=2x-1$
③ $\frac{x}{3}+3=5$　④ $8+3x=2x+11$
⑤ $\frac{x+1}{4}=2$

24
다음 중 [ ] 안의 수가 주어진 일차방정식의 해인 것은?

① $x-4=7$ [3]　② $2x+3=2$ $\left[-\frac{1}{2}\right]$
③ $4x=4$ [0]　④ $-\frac{1}{2}x=3$ [6]
⑤ $6x=4x-7$ [1]

25
다음 중 옳은 것은?

① $a+1=b$이면 $2a+1=2b$
② $a+2=b+2$이면 $a=b$
③ $\frac{a}{3}=\frac{b}{4}$이면 $3a=4b$
④ $ac=bc$이면 $a=b$
⑤ $a=b$이면 $5a=-5b$

26
x에 대한 일차방정식 $a=-x+3$의 해가 $x=-3$일 때, 상수 a의 값은?

① -6　② -3　③ 0
④ 3　⑤ 6

27
등식의 성질을 이용하여 방정식 $2x+3=4x-3$을 풀어라.

28

다음 중 이항한 것이 옳지 않은 것은?

① $7x+1=5 \rightarrow 7x=5-1$
② $4x+1=2x \rightarrow 4x-2x=-1$
③ $3-2x=x \rightarrow -2x-x=-3$
④ $x-5=5x-1 \rightarrow x-5x=-1+5$
⑤ $2x=3x-6 \rightarrow 2x-3x=6$

29

일차방정식 $2(x-1)=x+3$을 이항하여 정리한 후 $ax=b$의 꼴로 고쳤을 때, $a+b$의 값은? (단, a와 b는 서로소인 자연수이다.)

① 4　② 5　③ 6
④ 7　⑤ 8

30

이항을 이용하여 다음 일차방정식의 해를 구하여라.

(1) $3x+2=14$

(2) $4=5x-11$

31

다음 방정식을 풀어라.

(1) $5x-4=x+8$

(2) $5x-1=-3x+39$

32

일차방정식 $2(x+3)=3(x+1)$을 풀어라.

33

방정식 $\frac{2x-1}{3}+\frac{1}{4}=\frac{1}{2}x$의 해가 $x=a$일 때, $2a^2$의 값은?

① 8　② 2　③ $\frac{1}{2}$
④ $\frac{1}{4}$　⑤ $\frac{1}{8}$

34

일차방정식 $0.4x-0.8=-2$를 풀면?

① $x=-3$　② $x=-2$　③ $x=1$
④ $x=2$　⑤ $x=4$

35

x에 대한 두 방정식 $5x+3=2x-9$와 $2x+a=3x-6$의 해가 같을 때, 상수 a의 값은?

① -2　② -4　③ -6
④ -8　⑤ -10

36

비례식 $(x-3):3=(2x-1):5$를 만족하는 x의 값이 방정식 $\frac{x-3}{3}+a=2$의 해가 될 때, 상수 a의 값은?

① 3　② 5　③ 6
④ 7　⑤ 9

37

일차방정식 $a(x-1)=3$의 해가 $x=-2$일 때, 일차방정식 $x-a(x-1)=7$의 해를 $x=b$라 한다. 이때, 상수 a, b에 대하여 $b-a$의 값을 구하여라.

단원 종합 문제

38
연속하는 세 정수의 합이 129일 때, 세 정수를 구하여라.

39
아버지의 나이는 40살이고 딸의 나이는 4살일 때, 아버지의 나이가 딸의 나이의 3배가 되는 것은 몇 년 후인지 구하여라.

40
둘레의 길이가 24 cm인 직사각형의 세로의 길이는 가로의 길이의 2배라고 한다. 이때, 가로의 길이를 구하여라.

41
한 개에 200원인 볼펜과 한 개에 300원인 싸인펜을 합하여 7자루를 사고, 1700원을 지불하였다. 이때, 볼펜의 개수를 구하여라.

42
은희와 준영이의 예금액이 각각 10,000원, 150,000원이다. 두 사람이 매달 5,000원씩 예금을 한다면 몇 개월 후에 준영이의 예금액이 은희의 예금액의 3배가 되겠는가?

① 8개월 후 ② 10개월 후 ③ 12개월 후
④ 14개월 후 ⑤ 16개월 후

43
어떤 분수의 분자와 분모의 합이 72이고, 분자와 분모의 비가 4 : 5일 때, 분자의 수는?

① 25 ② 28 ③ 30
④ 32 ⑤ 36

44
등산을 하는데 올라갈 때는 시속 4 km로 걷고, 같은 길을 내려올 때는 시속 6 km로 걸었더니 총 5시간이 걸렸다. 올라갈 때 걸은 거리는?

① 5 km ② 9 km ③ 11 km
④ 12 km ⑤ 15 km

45
두 사람이 10 km 떨어진 두 지점 A, B에서 서로 마주 보고 동시에 출발하였다. 이때, 두 사람의 속력이 각각 시속 10 km, 15 km일 때, 두 사람이 만날 때까지 몇 분 걸렸는지 구하여라.

단원 종합 문제

내신 실전 테스트

• 정답 및 풀이 35쪽

01

다음 직선을 보고 물음에 답하여라.

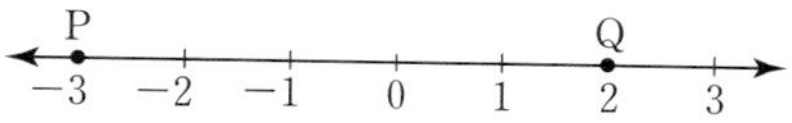

(수직선: −3, −2, −1, 0, 1, 2, 3 / P는 −3, Q는 2)

(1) 두 점 P, Q의 좌표를 기호로 나타내어라.

(2) 세 점 $R\left(-\frac{5}{2}\right)$, $S\left(\frac{1}{2}\right)$, T(3)을 수직선 위에 나타내어라.

02

다음 중 옳지 <u>않은</u> 것은?

① x축 위의 점은 y좌표가 0이다.
② y축 위의 점은 x좌표가 0이다.
③ 좌표평면에서 원점의 좌표는 (0, 0)이다.
④ 점 (0, −1)은 x축 위에 있다.
⑤ 점 (3, −2)는 제4사분면에 속한다.

03

좌표평면 위의 세 점 A(4, 1), B(4, −1), C(−3, 1)을 꼭짓점을 하는 삼각형 ABC의 넓이를 구하여라.

04

점 (−7, −2)는 제몇 사분면 위의 점인가?

① 제1사분면 ② 제2사분면
③ 제3사분면 ④ 제4사분면
⑤ 어느 사분면에도 속하지 않는다.

05

다음 중 좌표평면 위의 점의 좌표와 그 점이 속하는 사분면이 옳게 짝지어진 것은?

① A(−2, −5) : 제1사분면
② B(−3, 4) : 제2사분면
③ C(0, 2) : 제3사분면
④ D(3, 3) : 제4사분면
⑤ E(−5, 0) : 제5사분면

06

점 P(a, b)가 제1사분면 위의 점일 때, 다음 점은 제몇 사분면 위의 점인지 말하여라.

(1) A(a, $-b$) (2) B($-a$, b)
(3) C($-a$, $-b$) (4) D(b, a)

07

$ab>0$, $a+b<0$일 때, 점 ($-a$, $-b$)는 제몇 사분면 위의 점인가?

① 제1사분면 ② 제2사분면
③ 제3사분면 ④ 제4사분면
⑤ 어느 사분면에도 속하지 않는다.

08

점 P(ab, $a+b$)가 제1사분면 위의 점일 때, 좌표평면에서 점 Q(a, $-b$)는 제몇 사분면 위의 점인가?

① 제1사분면 ② 제2사분면
③ 제3사분면 ④ 제4사분면
⑤ y축 위

09

점 P(2, 5)와 x축, y축, 원점에 대하여 대칭인 점을 각각 Q, R, S라고 할 때, 네 점 P, Q, R, S를 꼭짓점으로 하는 사각형 PQSR의 넓이는?

① 10 ② 20 ③ 30
④ 40 ⑤ 50

단원 종합 문제

10

다음 그림과 같은 모양의 그릇에 매분 일정한 물을 넣을 때, x초 후의 그릇에 담긴 물의 높이를 y cm라 하자. x와 y 사이의 관계를 그래프로 나타내어라.

(1) 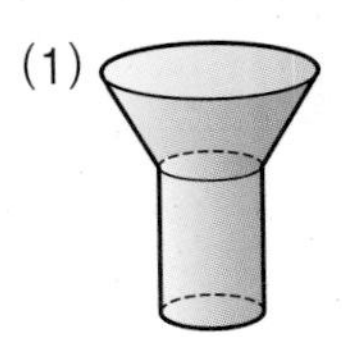

(2) 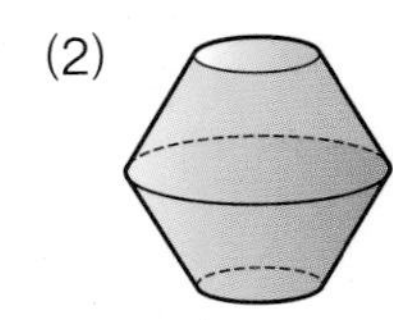

[11~12] 오른쪽 그림은 민서가 집에서 2 km 떨어져 있는 공원에서 친구를 만나고 다녀올 때, 시간에 따른 거리의 변화를 나타낸 그래프이다. 다음 물음에 답하라.

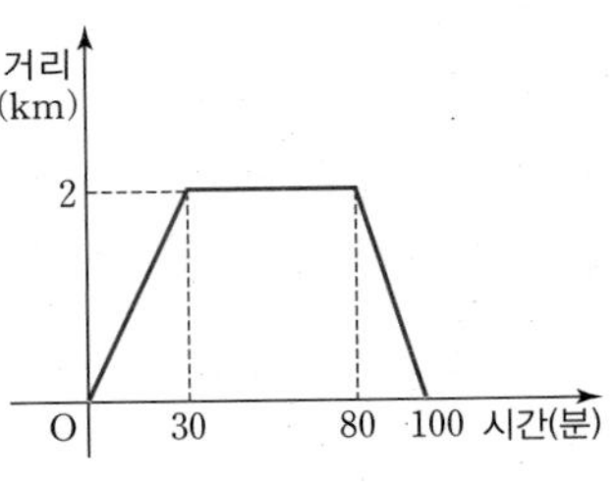

11

민서가 집에서 공원까지 다녀오는 데 걸린 시간을 구하라.

12

민서가 공원에서 앉아 있던 시간을 구하라.

13

오른쪽 그림은 어떤 오토바이의 이동 시간과 속력을 나타내는 그래프이다. 보기의 설명 중에서 옳은 것을 모두 골라라.

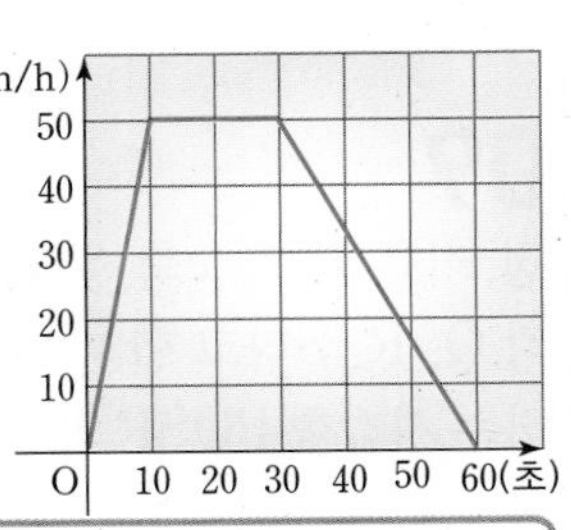

보기

ㄱ. 오토바이의 최대 속력은 시속 50 km이다.
ㄴ. 오토바이는 출발 이후 20초에 정지해 있었다.
ㄷ. 출발 이후 30초부터 오토바이의 속력은 계속 감소하였다.

[14~17] 다음은 하루 동안 어느 해변에서의 시간과 해수면의 높이를 나타내는 그래프이다. 그래프를 보고 물음에 답하여라.

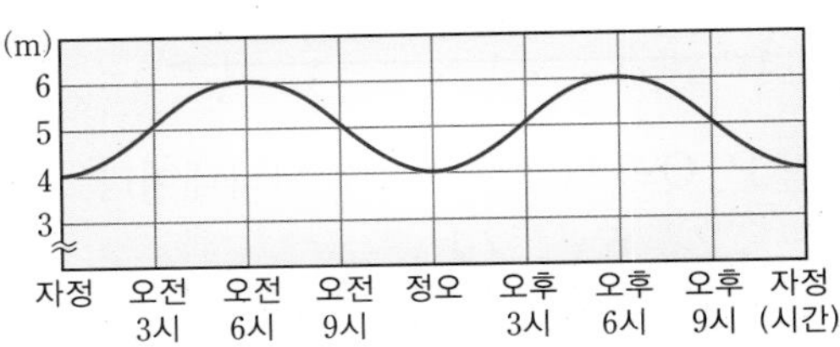

14

해수면의 높이가 가장 높을 때, 해수면의 높이와 그 시각을 각각 구하여라.

15

해수면의 높이가 가장 낮을 때, 해수면의 높이와 그 시각을 각각 구하여라.

16

해수면의 높이가 5 m인 순간은 하루에 몇 번 일어나는지 구하여라.

17

정오 이후에 해수면의 높이가 5 m 이상인 시각은 언제부터 언제까지인지 구하여라.

18

다음 중 x의 값이 2배, 3배, 4배, …로 변함에 따라 y의 값도 2배, 3배, 4배, …로 변하는 것을 모두 고르면? (정답 2개)

① $y=\frac{x}{5}-1$　② $6x-y=0$　③ $x+y=-3$　④ $y=\frac{x}{10}$　⑤ $y-x=-2$

19

y가 x에 정비례하고, $x=12$일 때, $y=10$이다. $x=-6$일 때, y의 값은?

① -5　② -1　③ 1　④ 5　⑤ 12

20

x의 값이 -2, -1, 0, 1, 2일 때, 정비례 관계 $y=2x$에 대하여 다음 표를 완성하고, 점 (x, y)의 좌표를 오른쪽 좌표평면 위에 나타내어라.

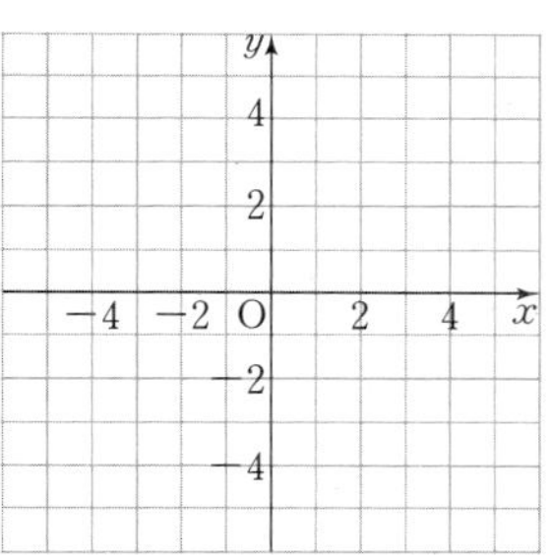

x	-2	-1	0	1	2
y					

21

$y=ax\ (a\neq0)$의 그래프에 대한 설명으로 옳지 않은 것은?

① 점 $(1, a)$를 지난다.
② 원점을 지나는 직선이다.
③ $a>0$일 때, 제1사분면과 제3사분면을 지난다.
④ $a<0$일 때, x의 값이 증가하면 y의 값은 감소한다.
⑤ a의 절댓값이 작을수록 y축에 가까워진다.

22

$y=-3x$의 그래프 위에 있지 않는 점은?

① $(-3, 9)$　② $(1, -3)$　③ $(0, 0)$　④ $(2, 6)$　⑤ $(-4, 12)$

23

오른쪽 그림과 같이 $y=kx$의 그래프가 삼각형 AOB의 넓이를 이등분할 때, 상수 k의 값을 구하여라.

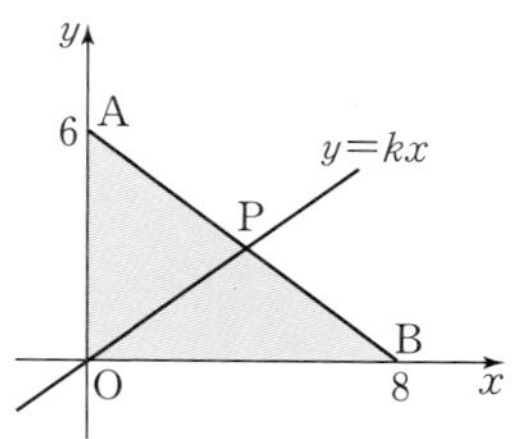

24

톱니의 수가 각각 24개, 36개인 두 톱니바퀴 A, B가 서로 맞물려 돌고 있다. 톱니바퀴 A가 x번 회전하면 톱니바퀴 B는 y번 회전한다고 할 때, x와 y 사이의 관계식을 바르게 나타낸 것은?

① $y=\frac{1}{2}x$　② $y=\frac{2}{3}x$　③ $y=x$　④ $y=\frac{3}{2}x$　⑤ $y=2x$

25

어느 마트에서 고구마를 100 g당 590원에 판매한다. 고구마 x g의 가격이 y원이라고 할 때, 무게가 3 kg인 고구마의 가격를 구하여라.

26

다음 중 x의 값이 2배, 3배, 4배, …가 될 때, y의 값은 $\frac{1}{2}$배, $\frac{1}{3}$배, $\frac{1}{4}$배, …로 변하는 것은?

① $y=x-\frac{4}{5}$　② $x+y=7$　③ $y=3-x$
④ $y=\frac{x}{6}$　⑤ $xy=-\frac{1}{9}$

27

y가 x에 반비례하고, $x=3$일 때, $y=-6$이다. $x=9$일 때, y의 값은?

① -3　② -2　③ -1
④ 1　⑤ 2

28

x의 값이 -4, -2, -1, $-\frac{1}{2}$, $\frac{1}{2}$, 1, 2, 4일 때, 반비례 관계 $y=\frac{2}{x}$에 대하여 다음 표를 완성하고, 점 (x, y)의 좌표를 오른쪽 좌표평면 위에 나타내어라.

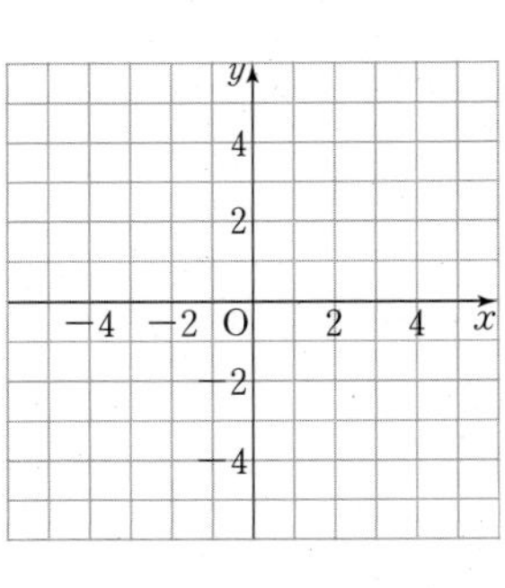

x	-4	-2	-1	$-\frac{1}{2}$	$\frac{1}{2}$	1	2	4
y								

29

다음 중 $y=\frac{a}{x}$ 의 그래프의 개형은? (단, $a<0$)

①
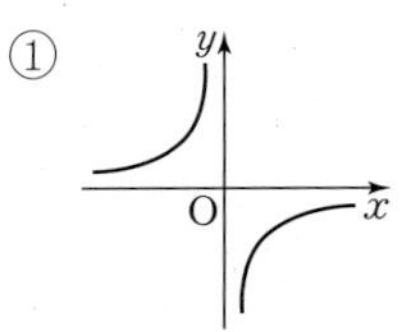

②
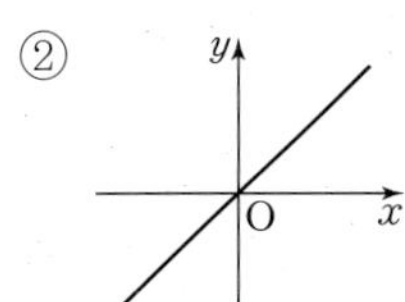

③
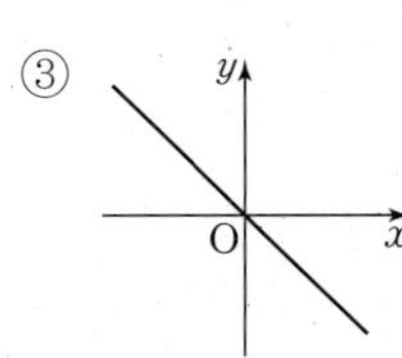

④
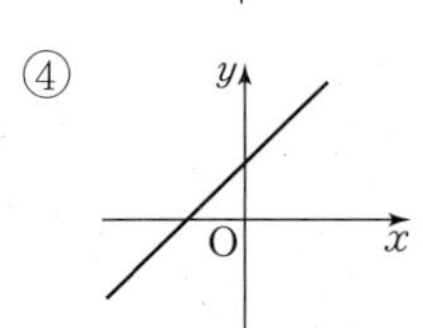

⑤
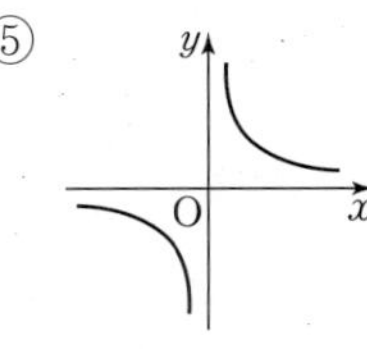

30

$y=-\frac{6}{x}$의 그래프가 두 점 $(2, a)$, $\left(b, -\frac{1}{3}\right)$을 지날 때, $a+b$의 값은?

① -18　② -15　③ 6
④ 15　⑤ 18

31

$y=ax$의 그래프와 $y=\frac{b}{x}$의 그래프가 만나는 두 점의 좌표가 $(3, -12)$, $(c, 12)$일 때, $b+ac$의 값은?

① -36　② -24　③ -12
④ 12　⑤ 2 4

32

어느 과수원에서 5명이 함께 작업하면 사과를 모두 수확하는데 10일이 걸린다고 한다. 이 일을 이틀 만에 완성하려면 몇 명이 일해야 하는가? (단, 사람들의 작업 속도는 모두 같다.)

① 15명　② 18명　③ 20명
④ 22명　⑤ 25명

33

자동차로 240 km 떨어진 곳까지 가는데 시속 x km로 y시간이 걸린다고 할 때, 시속 80 km로 달려 도착하는데 걸리는 시간을 구하여라.

빠른 정답

I. 소인수분해

01. 약수와 배수 (본문 8쪽)

01 1, 4, 1, 4

02 1, 3

03 1, 2, 3, 6

04 1, 7

05 1, 2, 4, 8

06 1, 3, 9

07 1, 2, 5, 10

08 1, 2, 4, 8, 16

09 1, 2, 3, 4, 6, 8, 12, 24

10 1, 3, 9, 27

11 30, 40

12 5, 10, 15, 20, 25, 30, 35, 40, 45, 50

13 7, 14, 21, 28, 35, 42, 49

14 8, 16, 24, 32, 40, 48

15 9, 18, 27, 36, 45

16 11, 22, 33, 44

17 12, 24, 36, 48

18 15, 30, 45

19 18, 36

20 20, 40

02. 소수와 합성수 (본문 9쪽)

01 2, 3, 5, 7, 11, 13, 17, 19, 23, 29, 31, 37, 41, 43, 47

02 ×

03 ○

04 ×

05 ×

06 ○

07 ○

08 ○

09 ×

10 ㉡, ㉢, ㉥

03. 거듭제곱 (본문 10쪽)

01 밑: 3, 지수: 7

02 밑: 2, 지수: 10

03 밑: 10, 지수: 3

04 밑: 13, 지수: 2

05 밑: $\frac{1}{3}$, 지수: 8

06 밑: $\frac{2}{5}$, 지수: 3

07 밑: 2, 지수: n

08 밑: a, 지수: x

09 3, 3^5

10 5^4

11 2^7

12 $\left(\frac{1}{11}\right)^3$

13 $2^3\times7^2$

14 $2^2\times3^3\times5$

15 ④

04. 소인수분해 (1) (본문 11쪽)

01 1, 2, 1, 2

02 1, 13

03 1, 2, 4, 5, 10, 20

04 1, 3, 7, 21

05 1, 3, 9, 27

06 1, 2, 4, 7, 14, 28

07 1, 2, 3, 5, 6, 10, 15, 30

08 1, 3, 5, 9, 15, 45

09 1, 2, 5, 10, 25, 50

10 1, 7, 11, 77

11 1, 2, 2, 2

12 13

13 2, 5

14 3, 7

15 3

16 2, 7

17 ③

05. 소인수분해 (2) (본문 12쪽)

01 25, 5, 5^2

02 25, 5, 5^2

03 25, 5, 5^2

04 3, 5

05 70, 35, 7, 7

06 70, 35, 7, 7

07 70, 35, 7, 7

08 5, 7

09 9, 3, 3^3

10 $2^2\times3$

11 $2^2\times5$

12 $2^2\times7$

13 $2\times3\times5$

14 $2\times3\times7$

15 2×23

16 $2^2\times13$

17 2×29

18 $3^2\times7$

19 7×11

20 2×43

21 $3^2\times11$

22 $2\times3\times17$

23 ④

24 $2^3\times5$

25 $2^4\times3$

26 2^6

27 $2^3\times3^2$

28 $2^4\times5$

29 $2^5\times3$

30 $2^2\times3^3$

31 $2\times3^2\times7$

32 $3^3\times5$

33 $2\times3\times5^2$

34 $2^2\times3^2\times5$

35 $2^4\times3\times5$

36 15, 5, 5, 5

37 3

38 2, 7

39 2, 3, 7

40 2, 3, 5, 7

41 7, 7, 7, 14

42 2

43 2

44 ④

06. 소인수분해와 약수 (본문 16쪽)

01 6, 12, 18, 36

02 1, 10, 25, 50

03 1, 3, 9, 18, 36, 72, 144

04 1, 5, 25, 55

05 6, 24, 6, 24

06 1, 3, 5, 9, 15, 45

07 ②

07. 소인수분해와 약수의 개수
(본문 17쪽)

01 3, 8

02 15

03 16

04 12

05 24

06 1, 8

07 8

08 4

09 ①

08. 공약수와 최대공약수
(본문 18쪽)

01 (1) 1, 2, 3, 4, 6, 12

(2) 1, 2, 3, 5, 6, 10, 15, 30

(3) 1, 2, 3, 6

(4) 6

02 (1) 1, 5, 7, 35

(2) 1, 2, 4, 11, 22, 44

(3) 1

(4) 1

03 ×

04 ○

05 ×

06 ×

07 ○

08 6

09. 최대공약수 구하기
(본문 19쪽)

01 2, 3

02 2×3^2

03 3^2

04 5

05 2×3

06 3^2

07 $2^2\times7$

08 2

09 ②

10 3^2, 3, 12

11 4

12 4

13 16

14 2

15 5

16 24

17 18

18 9

19 7

20 3, 5, 3, 6

21 4

22 6

23 16

24 7

25 12

26 8

27 18

28 2

29 6

30 2, 18, 2, 9, 18

31 1, 2

32 1, 3

33 1, 2, 4

34 1, 2, 4, 8

35 1, 2, 3, 4, 6, 12

36 1, 2, 7, 14

37 1, 3, 5, 15

38 1, 2

39 1, 2, 3, 4, 6, 12

10. 공배수와 최소공배수
(본문 23쪽)

01 (1) 3, 6, 9, 12, 15, 18, …

(2) 6, 12, 18, 24, 30, 36, …

(3) 6, 12, 18, …

(4) 6

02 (1) 10, 20, 30, 40, 50, 60, …

(2) 15, 30, 45, 60, 75, 90, …

(3) 30, 60, 90, …

(4) 30

03 6, 12, 18

04 12, 24, 36

05 9, 18, 27

06 10, 20, 30

07 18, 36, 54

08 8

11. 최소공배수 구하기 (본문 24쪽)

01 2, 3, 5

02 $2^3\times3^3$

03 $2^2\times3^3\times5$

04 $2^3\times3\times5^2$

05 $2^2\times3^2\times5$

06 $2^2\times3^2\times5\times7$

07 $2^3\times3\times7^2\times11$

08 $2^3\times3\times5$

09 ⑤

10 3, 3^2, 72

11 12

12 20

13 24

14 40

15 60

16 120

17 60

18 ②

19 5, 5, 80

20 12

21 24

22 36

23 70

24 48

25 60

26 72

27 24

28 84

29 36, 5, 3

30 9

31 6

32 5

33 3

34 4

35 8

36 2

37 ③

12. 최대공약수의 활용 (본문 28쪽)

01 36, 3, 12, 7, 9

02 6 cm

03 8 cm

04 7 cm

05 75, 5, 25, 5, 15

06 6 cm

07 7 cm

08 6 cm

09 100

10 20

11 20

12 40

13 약수

14 72, 공약수

15 최대공약수, 8

13. 최소공배수의 활용 (본문 30쪽)

01 3, 15, 5, 60

02 30 cm

03 24 cm

04 70 cm

05 90

06 90, 공배수

07 최소공배수, 180

08 배수

09 20

10 20, 공배수

11 최소공배수, 140, 20

12 36

13 배수

14 36, 공배수

15 최소공배수, 180

16 5

17 16

18 배수

19 16, 공배수

20 최소공배수, 80

21 15, 공약수

22 21, 공배수

23 공배수, 15

24 최소공배수, 15, $\frac{84}{5}$

14. 최대공약수와 최소공배수의 관계 (본문 33쪽)

01 2, 3, 15, 5, 12

02 120

03 1440

04 1440

05 4, 48

06 600

07 972

08 72

09 5

Ⅱ. 정수와 유리수

01. 부호를 가진 수 (본문 36쪽)

01 $+$, $+50000$

02 -10000원

03 $+30$ cm

04 -12 cm

05 $+7$점

06 -2점

07 $+15$층

08 -2층

09 $+5$ %

10 -15 %

11 $+2$

12 $+5$

13 $+11$

14 $+1$

15 $+10$

16 -1

17 ④

02. 정수와 유리수 (본문 37쪽)

01 $+20$, 9, $+10$, 5, $+6$, 16

02 -4, -21, -7

03 -4, $+20$, 9, 0, $+10$, 5, -21, $+6$, -7, 16

04 $+1.3$, $+4$, 2, $+\frac{2}{5}$, $+12$

05 -2, $-\frac{6}{2}$, -7.1, $-\frac{6}{7}$

06 $+1.3$, -2, 0, $-\frac{6}{2}$, $+4$, 2, $+\frac{2}{5}$, -7.1, $+12$, $-\frac{6}{7}$

07 $+1.3$, $+\frac{2}{5}$, -7.1, $-\frac{6}{7}$

08 ②, ④

09 ○

10 ×

11 ○

12 ×

13 ○

14 ×

15 ④

16 해설 참조

17 해설 참조

18 해설 참조

19 해설 참조

20 $+2$, -3, -5

21 -4, $+4$, $+1$

22 $+\frac{5}{2}$, 0, $-\frac{5}{3}$

23 $-\frac{1}{2}$, $-\frac{5}{2}$, $+\frac{7}{4}$

24 $\frac{8}{3}$, -2

25 -2, -1, 0, $+1$, $+2$, $+3$

26 -4, -3, -2, -1

27 0, $+1$, $+2$

28 11

03. 절댓값 (본문 40쪽)

01 7

02 11

03 100

04 9

05 50

06 72

07 $\frac{3}{4}$

08 3.4

09 11.9

10 $\frac{8}{7}$

11 ④

12 2

13 48

14 50

15 99

16 0

17 4

18 16

19 64

20 $\frac{8}{3}$

21 4.5

22 12.3

23 54.3

24 $\frac{1}{2}$

25 $\frac{7}{5}$

26 3.14

27 -9, $+4$, $-\frac{11}{3}$, $\frac{3}{2}$, 0

28 4

29 -1, 1

30 $-\frac{5}{3}$, $\frac{5}{3}$

31 0

32 -7, 7

33 -5, 5

34 ①

35 1, 3

36 2

37 16

38 3

39 4

40 $\frac{1}{4}$

41 $\frac{7}{2}$

42 6.2

43 -2, 0, 2

44 -3, -2, -1, 0, 1, 2, 3

45 -3, -2, -1, 0, 1, 2, 3

46 0

47 -2, -1, 0, 1, 2

48 -1, 0, 1

49 6, 3, 3

50 -1, 1

51 $-\frac{1}{2}$, $\frac{1}{2}$

52 $-\frac{7}{2}$, $\frac{7}{2}$

53 ⑤

04. 수의 대소 관계 (본문 44쪽)

01 $<$

02 $>$

03 $>$

04 $<$

05 $>$

06 $>$

07 $<$

08 $<$

09 $>$

10 $<$

11 $>$

12 ③

13 $>$, $>$, $>$

14 $>$

15 $<$

16 $>$

17 $>$

18 $<$

19 $>$

20 $<$

21 $>$, $<$, $>$

22 $<$

23 $>$

24 $<$

25 $>$

26 ②

27 $>$, $>$, $<$, $<$

28 $-2.5<0<+3.4$

29 $-9<-3<+1$

30 $-\frac{1}{2}<\frac{4}{5}<\frac{3}{2}$

31 $7.5<7.9<8$

32 $-\frac{7}{3}<-2<-\frac{9}{8}$

33 0

34 -9

35 -9

36 8.5

37 -9, $-\frac{9}{2}$, 0, $\frac{1}{7}$, 8.5

38 $\frac{3}{4}$

39 $x>-3$

40 $x<\frac{1}{2}$

41 $x\geq 3.8$

42 $x\leq -\frac{5}{3}$

43 $-\frac{1}{5}<x\leq\frac{7}{4}$

44 $-\frac{8}{3}\leq x\leq -\frac{8}{5}$

45 $-1.2\leq x<0.3$

46 0, 1

47 3, 4, 5, 6, 7, 8, 9

48 -5, -4, -3, -2, -1, 0, 1, 2

49 5

50 -3, -2, -1, 0

51 11, 12, 13, 14, 15

52 ④

05. 유리수의 덧셈 (본문 48쪽)

01 $+4$

02 -4

03 $+3$

04 -2, -3

05 $+2$

06 -2

07 -1

08 $+2$, $+1$

09 $+$, $+6$

10 $+10$

11 $+8$

12 $+12$

13 $+7$

14 $+19$

15 $+11$

16 $+10$

17 $+9$

18 $+13$

19 $+18$

20 $+27$

21 $+48$

22 $+74$

23 $+67$

24 $+70$

25 $-$, -12

26 -7

27 -4

28 -11

29 -9

30 -17

31 -17

32 -15

33 -18

34 -33

35 -26

36 -30

37 -30

38 -84

39 -56

40 -55

41 $-$, -6

42 -3

43 -4

44 -2

45 -3

46 -4

47 -2

48 -6

49 -4

50 -12

51 -2

52 -9

53 -21

54 -5

55 -38

56 -40

57 $+$, $+2$

58 $+3$

59 $+2$

60 $+6$

61 $+2$

62 $+6$

63 $+6$

64 $+2$

65 $+5$

66 $+5$

67 $+6$

68 $+3$

69 $+8$

70 $+24$

71 -3

72 $+$, $+\frac{7}{12}$

73 $+\frac{8}{7}$

74 $+2$

75 $+5.5$

76 $+4.56$

77 $+10.7$

78 $-$, $-$, 1, $-\frac{5}{4}$

79 $-\frac{8}{5}$

80 -7

81 -5.3

82 -21

83 $-\frac{25}{6}$

84 $-$, $-\frac{30}{7}$

85 $+\frac{2}{3}$

86 $-\frac{27}{20}$

87 $+2.2$

88 $+5.4$

89 $-\frac{5}{6}$

90 $-$, $-$, 3, $-\frac{5}{6}$

91 $-\frac{2}{7}$

92 $+\frac{5}{8}$

93 $+0.4$

94 -3.11

95 0

06. 덧셈에 대한 계산 법칙
(본문 55쪽)

01 $+10$, $+1$, 교환, 결합

02 -1, -1, -7, -4, 교환, 결합

03 $-\frac{2}{7}$, $-\frac{2}{7}$, -1, $+\frac{1}{2}$

04 -2.4, -1, $+0.125$, 교환

05 -1, -7, $+3$

06 $+3$

07 $+4$

08 $+2$

09 -8

10 -4

11 $-\frac{1}{2}$, -3, $-\frac{2}{3}$

12 $+\frac{2}{5}$

13 -0.5

14 -0.1

15 2

07. 유리수의 뺄셈 (본문 57쪽)

01 -4, -1

02 -5

03 -6

04 $+5$

05 -4

06 $+4$

07 $+1$, -2

08 $+2$

09 -2

10 $+4$

11 -3

12 $+20$

13 $+1$, $+3$

14 $+11$

15 $+11$

16 $+13$

17 $+20$

18 $+19$

19 -8, -10

20 -3

21 -8

22 -9

23 -7

24 -55

25 $-\frac{5}{6}$, $+\frac{1}{3}$

26 $-\frac{7}{3}$

27 $+\frac{1}{3}$

28 $+1.4$

29 $-\frac{13}{24}$

30 $-\frac{11}{6}$

31 $+\frac{15}{4}$, $+3$

32 $-\frac{1}{2}$

33 $-\frac{1}{6}$

34 -0.8

35 $-\frac{7}{4}$

36 $-\frac{2}{9}$

37 $+\frac{1}{3}$, $+\frac{8}{3}$

38 $+\frac{2}{5}$

39 $+\frac{5}{3}$

40 $+8.3$

41 $+\frac{4}{3}$

42 $+\frac{13}{9}$

43 $-\frac{8}{5}$, -2

44 -1

45 $-\frac{2}{3}$

46 -8

47 $-\frac{9}{10}$

48 $-\frac{19}{6}$

08. 덧셈과 뺄셈의 혼합 계산 (본문 61쪽)

01 -3, -3, -9, -8

02 0

03 $+5$

04 $+11$

05 -3

06 -4

07 -15

08 $+1$

09 -1

10 $+4$

11 $+2$

12 $+13$

13 $+\frac{5}{3}$, $+2$, $-\frac{1}{3}$

14 -1

15 $-\frac{13}{3}$

16 $-\frac{5}{4}$

17 $+\frac{7}{6}$

18 $+\frac{3}{4}$

19 -5.6, -12.7

20 $+2$

21 -8.1

22 -0.1

23 -5.5

24 -14

25 -5, -2

26 $+8$

27 -7

28 $+3$

29 -11

30 -7

31 $+11$, $+21$, $+19$

32 -10

33 $+1$

34 -2

35 $+1$

36 -1

37 $+\frac{5}{7}$, $+\frac{3}{7}$

38 -4

39 $-\frac{11}{12}$

40 $+\frac{1}{6}$

41 $-\frac{1}{6}$

42 $+\frac{3}{8}$

43 -6.2, -1.5

44 $+0.7$

45 -0.9

46 $+0.9$

47 $+5.4$

48 -4

09. 유리수의 곱셈 (본문 65쪽)

01 $+$, $+12$

02 $+21$

03 $+12$

04 $+32$

05 $+45$

06 $+48$

07 $+60$

08 $+77$

09 $+70$

10 $+55$

11 $+60$

12 $+120$

13 $+62$

14 $+120$

15 $+60$

16 $+200$

17 $+$, $+12$

18 $+15$

19 $+40$

20 $+36$

21 $+24$

22 $+12$

23 $+45$

24 $+56$

25 $+36$

26 $+50$

27 $+180$

28 $+30$

29 $+250$

30 $+88$

31 $+200$

32 $+55$

33 $-$, -72

34 -18

35 -28

36 -16

37 -10

38 -30

39 -56

40 -50

41 -55

42 -40

43 -240

44 -44

45 -45

46 -99

47 -42

48 -540

49 $-$, -30

50 -4

51 -30

52 -12

53 -40

54 -21

55 -45

56 -28

57 -63

58 -56

59 -36

60 -26

61 -150

62 -44

63 -70

64 -200

65 $+$, $+\frac{2}{3}$

66 $+6$

67 $+\frac{14}{3}$

68 $+\frac{2}{9}$

69 $+10$

70 $+\frac{2}{7}$

71 $+\frac{19}{15}$

72 $+\frac{4}{3}$

73 $+$, $+\frac{4}{3}$

74 $+\frac{5}{32}$

75 $+\frac{3}{2}$

76 $+6$

77 $+\frac{3}{2}$

78 $+\frac{3}{4}$

79 $+\frac{5}{12}$

80 $+\frac{13}{8}$

81 $-$, -8

82 -4

83 -5

84 $-\frac{54}{5}$

85 -24

86 $-\frac{17}{20}$

87 -4

88 $-\frac{2}{5}$

89 $-$, $-\frac{1}{26}$

90 $-\frac{56}{9}$

91 $-\frac{4}{3}$

92 $-\frac{3}{2}$

93 $-\frac{3}{25}$

94 $-\frac{5}{18}$

95 -15

96 $-\frac{1}{30}$

10. 곱셈에 대한 계산 법칙

(본문 71쪽)

01 $+10$, $+30$, 교환, 결합

02 $+2$, $+2$, -8, -56

03 $+20$, -140, 교환, 결합

04 -6, -6, $+30$, $+360$

05 $-$, 3, -60

06 $+54$

07 $+40$

08 -120

09 -120

10 $+60$

11 -70

12 -27

13 $+30$

14 $+400$

15 -7

16 $-\frac{1}{24}$

17 -24

18 $+\frac{1}{3}$

19 $-$, -1

20 $+1$

21 -1

22 $+1$

23 $+4$

24 -4

25 -25

26 $+1000$

27 $-\frac{1}{2}$, $+\frac{1}{4}$

28 $-\frac{1}{8}$

29 $-\frac{1}{32}$

30 $-\frac{1}{27}$

31 $-\frac{8}{27}$

32 $-\frac{9}{16}$

33 $-\frac{1}{16}$

34 $+\frac{27}{8}$

11. 정수의 나눗셈 (본문 74쪽)

01 $+$, $+12$

02 $+4$

03 $+8$

04 $+2$

05 $+3$

06 $+9$

07 $+4$

08 $+3$

09 $+$, $+16$

10 $+9$

11 $+6$

12 $+3$

13 $+8$

14 $+4$

15 $+13$

16 $+25$

17 $-$, -2

18 -5

19 -6

20 -3

21 -8

22 -2

23 -8

24 -13

25 $-$, -4

26 -7

27 -3

28 -4

29 -3

30 -6

31 -21

32 -2

12. 유리수의 나눗셈 (본문 76쪽)

01 $+\frac{1}{4}$

02 $+\frac{3}{2}$

03 $-\frac{1}{5}$

04 -2

05 1

06 -1

07 $\frac{10}{3}$

08 $-\frac{5}{6}$

09 $\frac{1}{2}$

10 -3

11 $\frac{8}{5}$

12 -10

13 $\frac{1}{2}$

14 $-\frac{1}{4}$

15 -2

16 $+\frac{2}{3}$, $-\frac{6}{5}$

17 $+\frac{1}{12}$

18 $+\frac{6}{7}$

19 $+\frac{5}{2}$

20 $-\frac{10}{9}$

21 $-\frac{3}{16}$

22 $-\frac{4}{5}$

23 $+\frac{3}{2}$

24 $+\frac{52}{9}$

25 $+\frac{3}{22}$

26 -20

27 -16

28 $+\frac{1}{12}$

29 $-\frac{1}{4}$

30 $+\frac{15}{4}$

13. 곱셈과 나눗셈의 혼합 계산 (본문 78쪽)

01 -8, -40, $+4$

02 -9

03 -2

04 -1

05 -18

06 -27

07 -2

08 -6

09 -10

10 -5

11 $+\frac{1}{36}$, $+\frac{2}{15}$

12 $+\frac{3}{8}$

13 $-\frac{40}{9}$

14 $+10$

15 $+\frac{2}{5}$

16 $+\frac{1}{120}$

17 $-\frac{5}{3}$

18 $-\frac{1}{3}$

19 $+\frac{1}{2}$

14. 유리수의 사칙계산 (본문 80쪽)

01 ㉢, ㉡, ㉣, ㉠

02 ㉣, ㉢, ㉡, ㉠

03 ㉡, ㉠, ㉢, ㉤, ㉣

04 $+3$

05 $+38$

06 $+8$

07 $+12$

08 $+60$

09 $+17$

10 $+\frac{5}{3}$

11 $+3$

12 -18

13 -14

14 $+\frac{1}{6}$

Ⅲ. 문자와 식

01. 문자의 사용 (본문 84쪽)

01 $800\times a$원

02 $x\times 5$원

03 $(a\times 6+b\times 5)$원

04 ⑤

05 $2\times(6+a)$cm

06 $10\times x$ cm^2

07 $\frac{1}{2}\times a\times 5$ cm^2

08 $\frac{1}{2}(2+x)\times h$ cm^2

09 $100\times t$ km

10 $a\times 3$ km

11 $\frac{80}{x}$시간

12 $\frac{y}{3}$시간

13 $(200-90\times t)$ km

14 $(12-a\times 2)$ km

15 $\frac{a}{3}$ %

16 $\frac{50}{x+50}\times 100$ %

17 $\frac{1}{50}x$ g

18 $2a$ g

19 (1) $100\times a+10\times b+c$
(2) $\frac{1}{2}\times(x+y)$점

02. 곱셈 기호의 생략 (본문 86쪽)

01 $5x$

02 $-x$

03 $2a^2$

04 $-a^3$

05 $0.1abc$

06 $\frac{9}{2}ab^3$

07 $6xy$

08 $2ab$

09 $-2x^2y^3$

10 $-6x^3y$

11 $-a^2b$

12 $3(x+y)$

13 $-2a(x+y)$

14 $5a(x+y+z)$

15 $-(a+b)x$

16 $-2a+2(b+c)$

17 $3x^2+2(y-z)$

18 $4a-3(b+c)$

19 $-x+5(a+b)$

20 $7x^2y$

21 $\frac{1}{2}(a+b-c)x$

22 $-4(a+b)x$

23 $\frac{1}{2}ab(x+y)$

24 $8xy+z$

25 $3a-5b$

26 2개

03. 나눗셈 기호의 생략 (본문 88쪽)

01 $\frac{1}{4}$, $\frac{x}{4}$

02 $\frac{1}{x}$, $\frac{7}{x}$

03 $\frac{1}{5}$, $\frac{a+3}{5}$

04 $\frac{1}{b-2}$, $\frac{a}{b-2}$

05 $\frac{1}{x}$, $\frac{1}{y}$, $\frac{1}{xy}$

06 $\frac{1}{a}$, $\frac{1}{b}$, $\frac{3}{a}$, $\frac{1}{b}$

07 $\frac{9}{a}$

08 $-\frac{b}{7}$

09 $\frac{a+3}{2}$

10 $\frac{a}{b+1}$

11 ㉠, ㉥

12 $\frac{1}{x}$, $\frac{1}{y}$, $-\frac{6}{x}$, $\frac{3}{y}$

13 $\frac{ab}{3}$

14 $-\frac{2x}{y}$

15 $\frac{7a}{b}$

16 $\frac{6b}{a}$

17 $-\frac{xy}{5}$

18 $\frac{x^2y}{z}$

19 $\frac{3xy}{2}$

20 $\frac{abc}{7}$

21 $\frac{xz}{10y}$

22 ②

04. 식의 값 (본문 90쪽)

01 a, a

02 $7\times x$

03 $(-1)\times a\times b$

04 $a\div b$

05 $x\div 3$

06 $a\div x$

07 $2\times a\times(b-c)$

08 $5\times(x+y)$

09 $(x-y)\div 3$

10 $a\times b\div 6$

11 $y\div 3\div x$

12 $(-1)\times a\times b\div 2$

13 3, 6, 1

14 9

15 4

16 16

17 1

18 -1

19 -2, -4, -9

20 -6

21 9

22 -9

23 ②

24 5

25 3

26 6

27 13

28 13

29 6

30 1

31 15

32 4

33 -5

34 ④

35 23

36 -10

37 -1

38 -16

39 -5

40 $-\frac{31}{4}$

41 $S=\frac{ab}{2}$

42 6 cm^2

43 14

05. 단항식과 다항식 (본문 94쪽)

01 (1) $2x$, y
(2) 2개

02 (1) $-2a$, b, -1
(2) 3개

03 (1) $\frac{x}{2}$, $-\frac{5}{2}$
(2) 2개

04 (1) $\frac{a}{3}$, $\frac{b}{3}$, $\frac{1}{3}$
(2) 3개

05 (1) $-3a$, $-a$
(2) $a+7$, $-3a$, b^2-1, $-a$

06 (1) $-y$, $\frac{2}{5}x$
(2) $-y$, $2x-2y+1$, $\frac{2}{5}x$, $x+y$

07 (1) $0.2x$, 16
(2) $a+3$, $0.2x$, $ax+by$, 16

08 (1) -11, $-az$, $-\frac{3}{4}x^3$
(2) -11, $-az$, $\frac{x+y}{2}$, $-\frac{3}{4}x^3$

09 (1) 5
(2) -1

10 (1) -1
(2) 3

11 (1) 1
(2) -4

12 (1) 12
(2) -5

13 (1) 1
(2) 1

14 (1) -1
(2) $\frac{3}{2}$

15 ○

16 ×

17 ○

18 ○

19 ×

20 ②, ③

06. 일차식 (본문 96쪽)

01 (1) 1
(2) 0

02 (1) 3
(2) 1

03 (1) 1
(2) 0

04 (1) 2
(2) 1

05 1

06 3

07 1

08 2

09 $y+7$, $-\frac{a}{3}$

07. 일차식과 수의 곱셈, 나눗셈 (1) (본문 97쪽)

01 -7, -7, $-14x$

02 $24x$

03 $21a$

04 $-48a$

05 $-2x$

06 $-8a$

07 $\frac{4}{3}$, $\frac{4}{3}$, $-8a$

08 $2x$

09 $-2y$

10 $6a$

08. 일차식과 수의 곱셈, 나눗셈 (2) (본문 98쪽)

01 $-\frac{1}{6}$, 1

02 $14x+7$

03 $-3a-4$

04 $5x-10$

05 $-2a-6$

06 $-6a+15$

07 $-x+3$

08 $2x-1$

09 $-3x-1$

10 $-3a-2$

11 $6y+2$

12 $-25a+20$

13 $-\frac{2}{7}$, $-\frac{2}{7}$, $-\frac{2}{7}$, $4a-10$

14 $-2x+5$

15 $6x+9$

16 $-4a-2$

17 $3a-2$

18 $-2y-3$

19 $9a+15$

20 $-2y+2$

21 $-20a-5$

22 $2x-6$

23 $-15a+25$

24 $16x-8$

09. 동류항 (본문 100쪽)

01 $-\frac{x}{2}$, $7x$

02 x, $-4x$

03 $-2x$, $\frac{2}{3}x$

04 $-0.1x$, $-x$

05 $2x$와 $-x$

06 $3x$와 $-2x$, y와 $-2y$

07 a와 $-2a$, -5와 1

08 $4x$, $-0.5x$

09 -4, $2b$

10 $10a$

11 $4x$

12 $-x$

13 $9a$

14 $-4y$

15 $-\frac{x}{4}$

16 $\frac{2}{3}a$

17 10, -6, 10

18 $-7a+10$

19 $-5y+7$

20 $x-5$

21 $3y-3$

22 $-2a+7$

23 0

10. 일차식의 덧셈과 뺄셈 (본문 102쪽)

01 $5x$, $5x$, $5x-5$

02 $5a-1$

03 $12x+7$

04 $5a-6$

05 $7a-2$

06 $-3y+12$

07 $7x+4$

08 $-3x-7$

09 $13a+4$

10 $-7a-3$

11 $\frac{a}{2}-7$

12 $8x+\frac{1}{3}$

13 $8x$, $8x$, $-x+8$

14 $3x$

15 $-3a-3$

16 $b-11$

17 $-3x-2$

18 $-12y-7$

19 $5a+4$

20 $-2x+4$

21 $3y+10$

22 $8a+4$

23 $-x-10$

24 $-12a-\frac{9}{16}$

25 4, 9, 4, 9, $9x-5$

26 $10x+18$

27 $-4a+9$

28 $7a+3$

29 $5y+11$

30 $4x-11$

31 5, 5, $-9a+4$

32 $-3x+10$

33 $-8x+3$

34 $3a$

35 ②

36 12, 12, $\frac{17}{12}$, $\frac{1}{2}$

37 $3x+\frac{1}{2}$

38 $\frac{17}{6}a+\frac{7}{6}$

39 $\frac{2}{3}a-\frac{5}{6}$

40 $\frac{1}{2}x-\frac{5}{3}$

41 $-\frac{17}{12}a+\frac{17}{12}$

42 8, $3x+1$

43 $7x+8$

44 $5x-13$

45 $-5x+12$

11. 등식 (본문 106쪽)

01 ×

02 ○

03 ○

04 ○

05 ×

06 ○

07 (1) $3a+b$
(2) $2a-8$

08 (1) 13
(2) $15-2$

09 (1) $2a-3$
(2) $a+3$

10 (1) $5-2x$
(2) $3x+4$

11 $8+4=12$

12 $x+6=10$

13 $2x-5=16$

14 $12a=9000$

15 $500x+1000y=10000$

16 $5x+2400=8400$

17 $3a=24$

18 $x^2=81$

19 $12+4a=15$

20 $80t=240$

21 $2x=8$

22 $\frac{1}{10}a=20$

12. 방정식, 항등식 (본문 108쪽)

01 방

02 방

03 항

04 방

05 ×

06 ②, ⑤

07 ○, 2, 5, 이다

08 ×

09 ○

10 ○

11 $x=2$

12 $x=1$

13 $x=1$

14 $x=3$

15 $x=1$

16 $x=3$

17 (1) 1
(2) 5

18 (1) -3
(2) -1

19 (1) $\frac{1}{2}$
(2) -3

20 (1) -2
(2) 1

21 0

13. 등식의 성질 (본문 110쪽)

01 ×

02 ○

03 ×

04 ×

05 ○

06 ○

07 $b+1$

08 $-2a$

09 $y-5$

10 $\frac{x}{10}$

11 ④

12 3, 3, 8

13 $x=1$

14 $x=1$

15 10, 10, -14

16 $x=-5$

17 $x=\frac{1}{6}$

18 -2, -2, -10

19 $x=-6$

20 $x=-6$

21 6, 6, -5

22 $x=6$

23 $x=-7$

24 ②

25 5, 3, 3, 2

26 7, 7, -2, 6

27 $x=1$

28 $x=3$

29 $x=3$

30 $x=9$

31 $x=-12$

32 $x=1$

33 $x=-5$

34 $x=-2$

35 ②

14. 이항 (본문 113쪽)

01 $2x$, 8

02 $-1=3x-4x$

03 $-2x=1+7$

04 $3+4x-7=0$

05 $9-3=-x$

06 $-10+4=6x$

07 2, 6

08 $10x=-10$

09 $-2x=-5$

10 $-4x=-12$

11 $6x=12$

12 $-x=9$

15. 일차방정식 (본문 114쪽)

01 ○, 2, 0

02 ○

03 ×

04 ×

05 ○

06 ×

07 일차방정식이 아니다.

08 $-x-8=0$, 일차방정식이다.

09 일차방정식이 아니다.

10 일차방정식이 아니다.

11 ③

16. 일차방정식의 풀이 (본문 115쪽)

01 3, 8, -2

02 $x=3$

03 $x=-1$

04 $x=-5$

05 $x=4$

06 2, 2, $\frac{1}{2}$

07 $x=7$

08 $x=-2$

09 $x=-1$

10 $x=1$

17. 복잡한 일차방정식의 풀이 (1) (본문 116쪽)

01 2, 6, -3

02 $x=1$

03 $x=1$

04 $x=1$

05 $x=2$

06 ④

07 4, 6, -10, -2

08 $x=1$

09 $x=1$

10 $x=-3$

11 $x=-1$

12 $x=\frac{1}{2}$

13 $x=-\frac{2}{5}$

14 $x=-1$

15 $x=-2$

16 $x=\frac{1}{2}$

17 $x=2$

18 $x=3$

18. 복잡한 일차방정식의 풀이 (2) (본문 118쪽)

01 10, 24, 8

02 $x=1$

03 $x=3$

04 $x=-3$

05 $x=8$

06 $x=7$

07 14, -24, 4

08 $x=-\frac{1}{2}$

09 $x=3$

10 $x=\frac{1}{2}$

11 $x=-2$

12 $x=2$

13 $x=-1$

14 $x=6$

15 $x=-6$

16 $x=-\frac{5}{8}$

17 $x=-5$

18 $x=\frac{1}{3}$

19. 복잡한 일차방정식의 풀이 (3)

(본문 120쪽)

01 13, 16, 4

02 $x=6$

03 $x=6$

04 $x=1$

05 $x=-1$

06 ③

07 3, -1

08 $x=-12$

09 $x=15$

10 $x=10$

11 $x=3$

12 $x=-3$

13 $x=8$

14 $x=3$

15 $x=4$

16 $x=-7$

17 $x=4$

18 $x=-3$

20. 복잡한 일차방정식의 풀이 (4)

(본문 122쪽)

01 4, 4, 16, 2

02 $x=-5$

03 $x=3$

04 24, 24, 28, 7

05 $x=-3$

06 ①

07 $x=-2$

08 $x=-12$

09 $x=-2$

10 $x=4$

11 $x=1$

12 $x=-2$

13 $x=15$

14 $x=1$

15 $x=8$

16 $x=4$

17 ③

18 -6, -6, -13

19 $x=4$

20 $x=3$

21 $x=-1$

22 $x=2$

23 9, 6

24 $x=2$

25 $x=0$

26 $x=1$

27 $x=1$

21. 일차방정식의 해와 미정계수

(본문 124쪽)

01 4, -3

02 $a=-1$

03 $a=3$

04 $a=7$

05 3, 3, 3, 12, 3

06 -1

07 ①

22. 일차방정식의 활용

(본문 126쪽)

01 $x+1$

02 $x+1$, 45

03 $x=22$

04 22, 23

05 506

06 $10x+4$

07 $40+x$

08 $10x+4+18=40+x$

09 $x=2$

10 24

11 30 g

12 $\frac{30}{300+x}\times100$

13 $\frac{30}{300+x}\times100=8$

14 $x=75$

15 75 g

16 9 g

17 $\frac{9}{150-x}\times100$

18 $\frac{9}{150-x}\times100=9$

19 $x=50$

20 50 g

Ⅳ. 좌표평면과 그래프

01. 점의 좌표 (본문 130쪽)

01 A(-1), B(4), C(-3)

02 A(5), B$\left(\frac{3}{2}\right)$, C(0)

03 A$\left(-\frac{3}{2}\right)$, B($-4$), C(2)

04

05

06

02. 순서쌍과 좌표 (본문 131쪽)

01 (1) 3
(2) 1
(3) A(3, 1)

02 (1) -3
(2) 4
(3) B(-3, 4)

03 (1) -4
(2) -3
(3) C(-4, -3)

04 (1) 0
(2) -2
(3) D(0, -2)

05

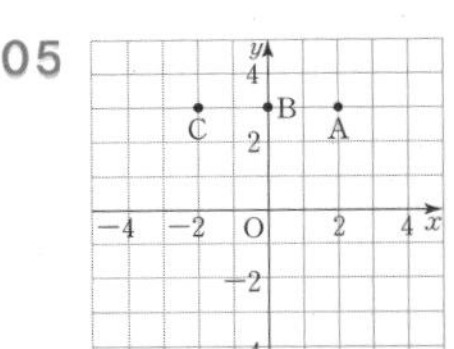

06

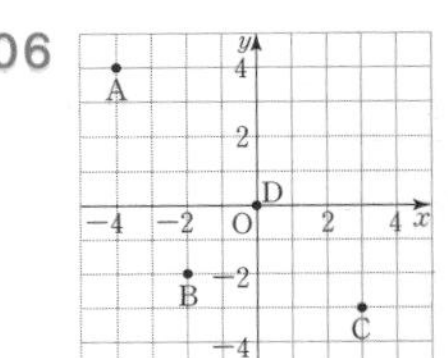

07 (1)

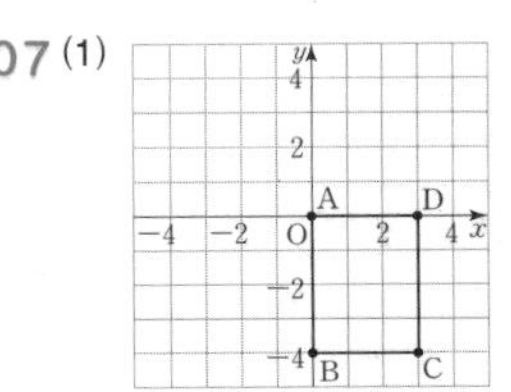

(2) 12

08 (1)

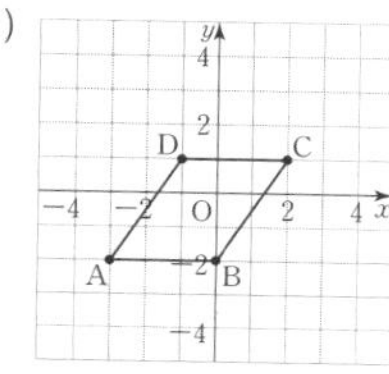

(2) 9

09 (1)

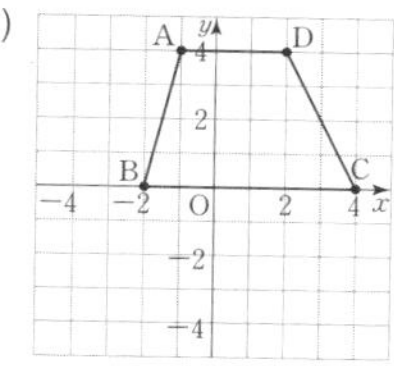

(2) 18

10 (1)

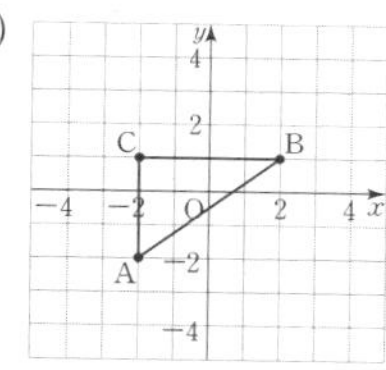

(2) 6

11 (1)

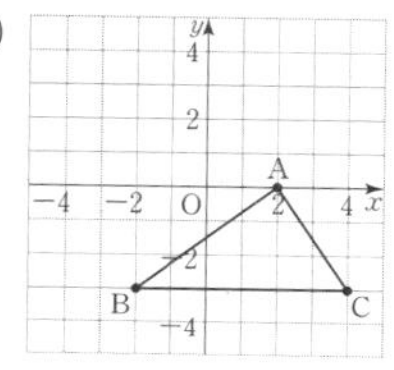

(2) 9

12 (1)

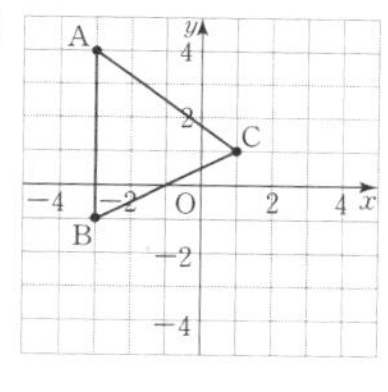

(2) 10

03. 사분면 (본문 133쪽)

01 제 3사분면

02 제 1사분면

03 제 2사분면

04 제 4사분면

05 점 G

06 점 A, 점 B

07 점 F, 점 H

08 제 4사분면

09 제 3사분면

10 제 2사분면

11 어느 사분면에도 속하지 않는다.

12 제 1사분면

13 $-$, 3

14 $+$, 2

15 $+$, 4

16 $+$, $+$, 1

17 $-$, $+$, 2

18 $+$, $-$, 4

19 $-$, $+$, 1

20 제 3사분면

21 제 2사분면

22 제 1사분면

23 제 4사분면

24 제 1사분면

04. 점의 대칭이동 (본문 135쪽)

01 y, 3, 2

02 x, -3, -2

03 x, -3, 2

04 (1) $(7, -4)$
(2) $(-7, 4)$
(3) $(-7, -4)$

05 (1) $(-1, 5)$
(2) $(1, -5)$
(3) $(1, 5)$

06 (1) $(-2, -6)$
(2) $(2, 6)$
(3) $(2, -6)$

07 B$(4, -1)$

08 C$(-4, 1)$

09 D$(-4, -1)$

10

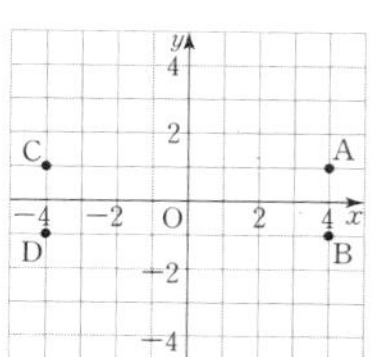

11 16

12 8

13 Q$(-2, -3)$

14 R$(2, 3)$

15 S$(2, -3)$

16

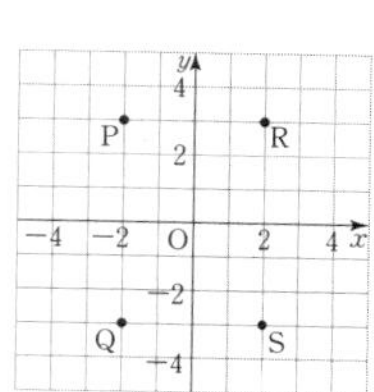

17 24

18 12

05. 그래프 (본문 137쪽)

01 20 m/초

02 180초

03 280초

04 80분

05 55분

06 12분

07 ㄱ

08 ㄹ

09 ㄷ

10 ㄴ

11 ㄷ

12 ㄹ

13 ③

14 ○

15 ×

16 ○

17 ×

18 2006년

19 1988년

20 ㄱ, ㄴ, ㄷ

21 (예시)
해외 여행객 수는 2003년 가장 낮은 값을 기록한 후 2012년까지 대체로 상승하였다.

22 10분

23 7000 km

24 (예시)
그래프에서 P파의 그래프는 S파의 그래프보다 완만하게 증가하므로 진앙 거리가 클수록 PS시도 증가한다.

25 ㄴ

26 (예시)
연도별 4월 평균 온도에서 기준 온도를 뺀 격차가 점점 상승하므로 4월의 평균 지구 온도가 점점 올라가고 있음을 알 수 있다. 특히 1960년을 전후하여 지구의 온도는 급격히 올라가고 있다.

27 80 m

28 10분

29 6번

30 30번

06. 정비례 (본문 141쪽)

01 80, 160, 240, 320

02 정비례

03 $y=80x$

04 $y=5x$

05 $y=1.5x$

06 $y=20000x$

07 ○

08 ×

09 ○

10 ×

11 ○

12 ○

13 1, $\frac{1}{4}$, $\frac{1}{4}$

14 $y=5x$

15 $y=x$

16 $y=3x$

17 36

07. $y=ax$ $(a\neq0)$의 그래프

(본문 143쪽)

01

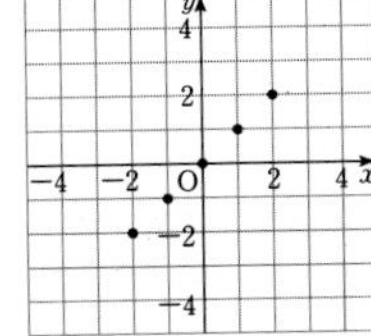

02

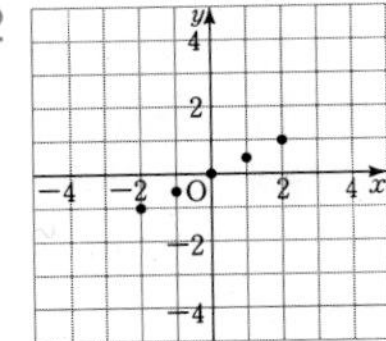

03

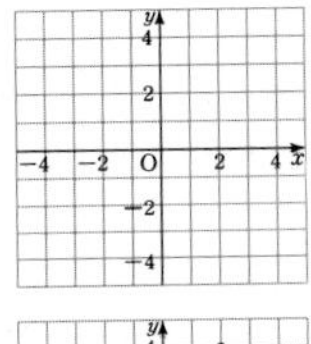

04

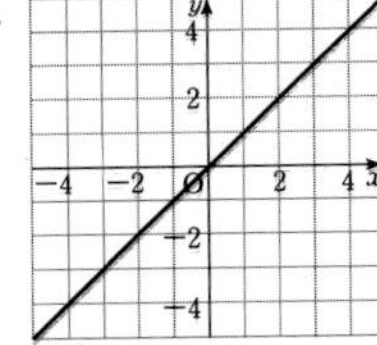

05

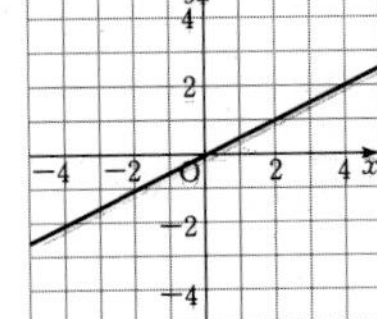

06

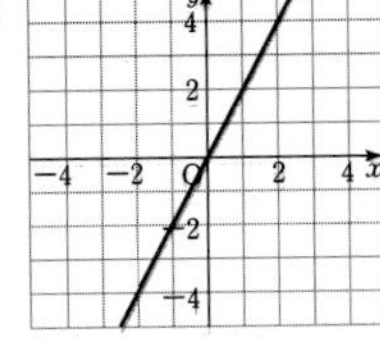

07

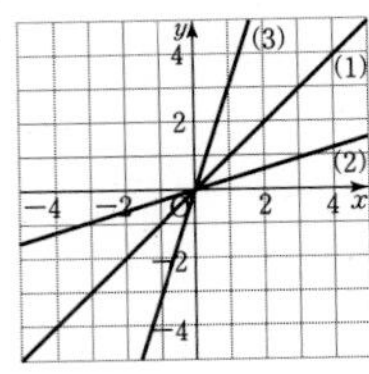

08

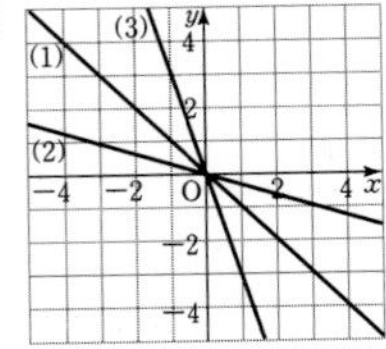

09 (1) 0
(2) 위
(3) 증가
(4) x
(5) 3

10 (1) 0
(2) 아래
(3) 감소
(4) 4
(5) x

11 ㉠, ㉣, ㉤

12 ㉡, ㉢, ㉥

13 ㉡

14 ㉢

15 $-\frac{3}{2}$

16 -6

17 3

18 15

19 -8

20 14

21 2, $\frac{1}{3}$, $y=\frac{1}{3}x$

22 $y=\frac{4}{3}x$

23 $y=-\frac{5}{2}x$

24 $y=-x$

25 $\frac{2}{3}$, $\frac{2}{3}x$, $\frac{2}{3}x$, 4

26 $a=-3$, $b=-15$

27 $a=\frac{1}{2}$, $b=-5$

08. 반비례 (본문 147쪽)

01 12, 6, 4, 3, 2, 1

02 반비례

03 $y=\frac{12}{x}$

04 $y=\frac{50}{x}$

05 $y=\frac{6}{x}$

06 $y=\frac{30}{x}$

07 ×

08 정

09 정

10 정

11 반

12 반

13 1, 4, 4

14 $y=\frac{5}{x}$

15 $y=\frac{36}{x}$

16 $y=\frac{27}{x}$

17 24

09. $y=\frac{a}{x}$ $(a\neq0)$의 그래프

(본문 149쪽)

01

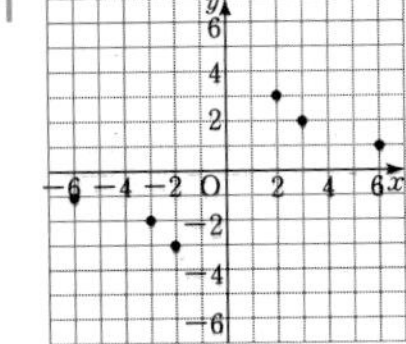

02

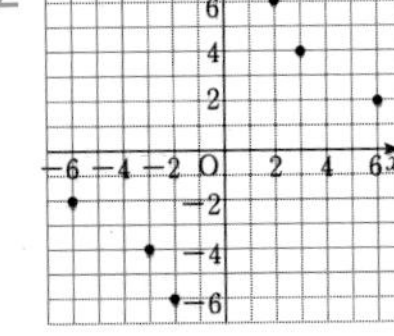

03

04

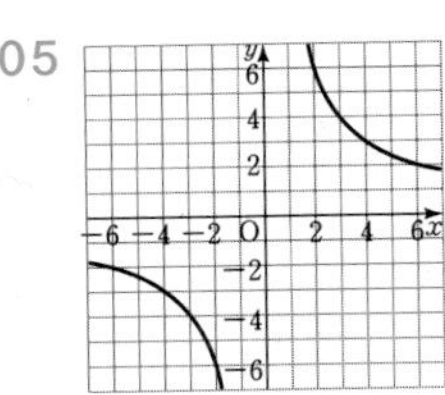

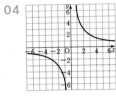

05

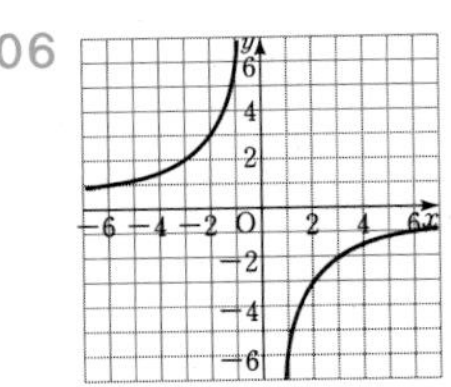

06

07 (1) 원점
(2) 감소
(3) 3
(4) 10
(5) 원점

08 (1) 원점
(2) 증가
(3) 4
(4) -10
(5) 원점

09 24

10 8

11 -12

12 -4

13 4

14 -8

15 -2, -10, $y=-\frac{10}{x}$

16 $y=\frac{9}{x}$

17 $y=\frac{36}{x}$

18 $y=-\frac{18}{x}$

19 -16, $-\frac{16}{x}$, $-\frac{16}{x}$, 4

20 $a=12$, $b=4$

21 $a=-20$, $b=2$

22 (1) 1
(2) 1, 1, 3

23 (1) P$(-5, 10)$
(2) -50

24 (1) 3, 3
(2) 3, 3, -1

25 (1) P$(2, 6)$
(2) 3

10. 정비례와 반비례의 활용

(본문 153쪽)

01 $y=4x$

02 60 km

03 25분

04 $y=700x$

05 8400원

06 20자루

07 $32x$, $48y$, $32x$, $48y$, $\frac{2}{3}x$

08 4번

09 15번

10 $y=4x$

11 32 L

12 30분

13 $y=2.5x$

14 25 cm

15 4 g

16 $y=12x$

17 300 km

18 5 L

19 $y=\frac{120}{x}$

20 2시간

21 시속 80 km

22 $y=\frac{60}{x}$

23 5 cm

24 6 cm

25 x, $\frac{72}{x}$

26 4번

27 24개

28 2, $\frac{60}{x}$

29 15일

30 6명

친절한 해설

Ⅰ. 소인수분해

02. 소수와 합성수 (본문 9쪽)

10 ㉣ $38=2\times19$
㉤ $51=3\times17$

03. 거듭제곱 (본문 10쪽)

15 ④ $2\times2\times3\times2=2^3\times3$

04. 소인수분해 (1) (본문 11쪽)

17 ① $8=2\times2\times2=2^3$ → 소인수 : 2
② $10=2\times5$ → 소인수 : 2, 5
③ $12=2\times2\times3=2^2\times3$
→ 소인수 : 2, 3
④ $14=2\times7$ → 소인수 : 2, 7
⑤ $15=3\times5$ → 소인수 : 3, 5

05. 소인수분해 (2) (본문 12쪽)

10 2) 12
2) 6
3

11 2) 20
2) 10
5

12 2) 28
2) 14
7

13 2) 30
3) 15
5

14 2) 42
3) 21
7

15 2) 46
23

16 2) 52
2) 26
13

17 2) 58
29

18 3) 63
3) 21
7

19 7) 77
11

20 2) 86
43

21 3) 99
3) 33
11

22 2) 102
3) 51
17

23 176을 소인수분해하면 $176=2^4\times11$ 이다.

24 2) 40
2) 20
2) 10
5

25 2) 48
2) 24
2) 12
2) 6
3

26 2) 64
2) 32
2) 16
2) 8
2) 4
2

27 2) 72
2) 36
2) 18
3) 9
3

28 2) 80
2) 40
2) 20
2) 10
5

29 2) 96
2) 48
2) 24
2) 12
2) 6
3

30 2) 108
2) 54
3) 27
3) 9
3

31 2) 126
3) 63
3) 21
7

32 3) 135
3) 45
3) 15
5

33 2) 150
3) 75
5) 25
5

34 2) 180
2) 90
3) 45
3) 15
5

35 2) 240
2) 120
2) 60
2) 30
3) 15
5

37 $81=3^4$이므로 81의 소인수는 3뿐이다.

3) 81
3) 27
3) 9
3

38 $98=2\times7^2$이므로 98의 소인수는 2, 7이다.

2) 98
7) 49
7

39 $168=2^3\times3\times7$이므로 168의 소인수는 2, 3, 7 이다.

2) 168
2) 84
2) 42
3) 21
7

40 $210=2\times3\times5\times7$이므로 210의 소인수는 2, 3, 5, 7 이다.

2) 210
3) 105
5) 35
7

42 $18=2\times3^2$이므로 곱해야하는 가장 작은 자연수는 2이다.

2) 18
3) 9
3

43 $32=2^5$ 이므로 곱해야하는 가장 작은 자연수는 2이다.

2) 32
2) 16
2) 8
2) 4
2

44 $60=2^2\times3\times5$이므로
어떤 자연수의 제곱이 되려면
$2^2\times3\times5\times3\times5=2^2\times3^2\times5^2$
$=(2\times3\times5)^2$
따라서 곱해야 할 가장 작은 자연수는 $3\times5=15$

06. 소인수분해와 약수 (본문 16쪽)

06 $45=3^2\times5$이므로

3) 45
3) 15
5

×	1	3	3
1	1	3	9
5	5	15	45

07 2^3은 $2^2\times3^3\times5$의 약수가 될 수 없다.

07. 소인수분해와 약수의 개수 (본문 17쪽)

02 $(4+1)\times(2+1)=15$

03 $(3+1)\times(3+1)=16$

04 $(2+1)\times(1+1)\times(1+1)=12$

05 $(3+1)\times(2+1)\times(1+1)=24$

07 $78=2\times3\times13$의 약수의 개수는
$(1+1)\times(1+1)\times(1+1)$
$=8$이다.

2) 78
3) 39
13

08 $125=5^3$의 약수의 개수는 $3+1=4$이다.

5) 125
5) 25
5

09 ① $(3+1)\times(4+1)=20$(개)
② $(1+1)\times(1+1)\times(1+1)=8$(개)
③ $(2+1)\times(2+1)=9$(개)
④ $(2+1)\times(3+1)=12$(개)
⑤ $(2+1)\times(1+1)\times(1+1)=12$(개)

08. 공약수와 최대공약수 (본문 18쪽)

03 두 자연수 6, 16의 최대공약수는 2이므로 서로소가 아니다.

04 두 자연수 8, 39의 최대공약수는 1이므로 서로소이다.

05 두 자연수 14, 35의 최대공약수는 7이므로 서로소가 아니다.

06 두 자연수 18, 24의 최대공약수는 6이므로 서로소가 아니다.

07 두 자연수 25, 36의 최대공약수는 1이므로 서로소이다.

08 두 자연수 A, B의 공약수는 최대공약수 $45=3^2\times5$의 약수와 같으므로
공약수의 개수는
$(2+1)\times(1+1)=6$이다.

09. 최대공약수 구하기 (본문 19쪽)

09 $2^3\times3^2\times5$, $2^2\times3^2\times7$, $2\times3^3\times5^2$에서 공통인 소인수는 2, 3이다.
2의 거듭제곱에서 지수가 작거나 같은 것을 택하면 1이고, 3의 거듭제곱에서 지수가 작거나 같은 것을 택하면 2이다.
$\therefore$ (최대공약수)$=2\times3^2$

11 $12=2^2\times3$, $16=2^4$이므로
최대공약수는 $2^2=4$이다.

12 $16=2^4$, $20=2^2\times5$이므로
최대공약수는 $2^2=4$이다.

13 $16=2^4$, $48=2^4\times3$이므로
최대공약수는 $2^4=16$이다.

14 $18=2\times3^2$, $32=2^5$이므로
최대공약수는 2이다.

15 $25=5^2$, $35=5\times7$이므로
최대공약수는 5이다.

16 $48=2^4\times3$, $72=2^3\times3^2$이므로
최대공약수는 $2^3\times3=24$이다.

17 $90=2\times3^2\times5$, $126=2\times3^2\times7$이므로
최대공약수는 $2\times3^2=18$이다.

18 $9=3^2$, $27=3^3$, $36=2^2\times3^2$이므로
최대공약수는 $3^2=9$이다.

19 $14=2\times7$, $28=2^2\times7$, $35=5\times7$이므로
최대공약수는 7이다.

21
2) 8 12
2) 4 6
2 3
$\therefore$ (최대공약수)$=2^2=4$

22
2) 12 30
3) 6 15
2 5
$\therefore$ (최대공약수)$=2\times3=6$

23
2) 16 32
2) 8 16
2) 4 8
2) 2 4
1 2
$\therefore$ (최대공약수)$=2^4=16$

24
7) 21 35
3 5
$\therefore$ (최대공약수)$=7$

25
2) 48 60
2) 24 30
3) 12 15
4 5
$\therefore$ (최대공약수)$=2^2\times3=12$

26
2) 56 72
2) 28 36
2) 14 18
7 9
$\therefore$ (최대공약수)$=2^3=8$

27
2) 72 90
3) 36 45
3) 12 15
4 5
$\therefore$ (최대공약수)$=2\times3^2=18$

28
2) 6 8 10
3 4 5
$\therefore$ (최대공약수)$=2$

29
2) 12 18 30
3) 6 9 15
2 3 5
$\therefore$ (최대공약수)$=2\times3=6$

31 두 자연수의 최대공약수가 2이므로
공약수는 1, 2이다.

2) 10 14
5 7

32 두 자연수의 최대공약수가 3이므로
공약수는 1, 3이다.

3) 15 24
5 8

33 두 자연수의 최대공약수가 $2\times2=4$이므로

2) 20 32
2) 10 16
5 8

공약수는 1, 2, 4이다.

34 두 자연수의 최대공약수 가 $2^3=8$이므로 공약수는 1, 2, 4, 8이다.

2) 24 32
2) 12 16
2) 6 8
3 4

35 두 자연수의 최대공약수 가 $2^2\times3=12$이므로 공약수는 1, 2, 3, 4, 6, 12이다.

2) 36 60
2) 18 30
3) 9 15
3 5

36 두 자연수의 최대공약수 가 $2\times7=14$이므로 공약수는 1, 2, 7, 14이다.

2) 42 70
7) 21 35
3 5

37 두 자연수의 최대공약수 가 $3\times5=15$이므로 공약수는 1, 3, 5, 15이다.

3) 75 90
5) 25 30
5 6

38 세 자연수의 최대공약수 가 2이므로 공약수는 1, 2이다.

2) 6 8 12
3 4 6

39 세 자연수의 최대공약수가 $2^2\times3=12$ 이므로 공약수는 1, 2, 3, 4, 6, 12이다.

2) 24 36 48
2) 12 18 24
3) 6 9 12
2 3 4

10. 공배수와 최소공배수 (본문 23쪽)

08 두 자연수의 공배수는 최소공배수 12의 배수이므로 100 이하의 12의 배수의 개수는 8이다.

11. 최소공배수 구하기 (본문 24쪽)

09 세 수 $2^3\times3^2\times5$, $2^2\times3^2\times7$, $2\times3^3\times5^2$에서 나타나는 소인수는 2, 3, 5, 7이다. 이때 지수가 크거나 같은 것을 택하면
$\therefore$ (최소공배수)$=2^3\times3^3\times5^2\times7$

11 $4=2^2$, $6=2\times3$이므로
최소공배수는 $2^2\times3=12$이다.

12 $4=2^2$, $10=2\times5$이므로
최소공배수는 $2^2\times5=20$이다.

13 $6=2\times3$, $8=2^3$이므로
최소공배수는 $2^3\times3=24$이다.

14 $8=2^3$, $10=2\times5$이므로
최소공배수는 $2^3\times5=40$이다.

15 $12=2^2\times3$, $15=3\times5$이므로
최소공배수는 $2^2\times3\times5=60$이다.

16 $6=2\times3$, $8=2^3$, $10=2\times5$이므로
최소공배수는 $2^3\times3\times5=120$이다.

17 $15=3\times5$, $20=2^2\times5$, $30=2\times3\times5$이므로
최소공배수는 $2^2\times3\times5=60$이다.

18 $35=5\times7$, $56=2^3\times7$, $140=2^2\times5\times7$이므로
최대공약수: $a=7$
최소공배수: $b=2^3\times5\times7=280$
따라서 $a+b=287$이다.

20
2) 6 12
3) 3 6
1 2
$\therefore$ (최소공배수)$=2\times3\times1\times2=12$

21
2) 8 12
2) 4 6
2 3
$\therefore$ (최소공배수)$=2^2\times2\times3=24$

22
3) 9 12
3 4
$\therefore$ (최소공배수)$=3\times3\times4=36$

23
2) 10 14
5 7
$\therefore$ (최소공배수)$=2\times5\times7=70$

24
2) 12 16
2) 6 8
3 4
$\therefore$ (최소공배수)$=2^2\times3\times4=48$

25
2) 20 30
5) 10 15
2 3
$\therefore$ (최소공배수)$=2\times5\times2\times3=60$

26
2) 24 36
2) 12 18
3) 6 9
2 3
$\therefore$ (최소공배수)$=2^2\times3\times2\times3=72$

27
2) 6 8 12
2) 3 4 6
3) 3 2 3
1 2 1
$\therefore$ (최소공배수)$=2^2\times3\times1\times2\times1$
$=24$

28
7) 21 28 42
2) 3 4 6
3) 3 2 3
1 2 1
$\therefore$ (최소공배수)$=7\times2\times3\times1\times2\times1$
$=84$

30 3, 7의 공배수는 최소공배수인 21의 배수이므로 구하는 자연수의 개수는 9이다.

31 6, 10의 공배수는 최소공배수인 30의 배수이므로 구하는 자연수의 개수는 6이다.

2) 6 10
3 5

32 8, 20의 공배수는 최소공배수인 40의 배수이므로 구하는 자연수의 개수는 5이다.

2) 8 20
2) 4 10
2 5

33 12, 20의 공배수는 최소공배수인 60의 배수이므로 구하는 자연수의 개수는 3이다.

2) 12 20
2) 6 10
3 5

34 16, 24의 공배수는 최소공배수인 48의 배수이므로 구하는 자연수의 개수는 4이다

2) 16 24
2) 8 12
2) 4 6
2 3

35 4, 6, 8의 공배수는 최소공배수인 24의 배수이므로 구하는 자연수의 개수는 8이다.

2) 4 6 8
2) 2 3 4
1 3 2

36 6, 9, 15의 공배수는 최소공배수인 90의 배수이므로 구하는 자연수의 개수는 2이다.

3) 6 9 15
2 3 5

37 $12=2^2\times3$, $16=2^4$이므로 최소공배수는
$2^4\times3=48$이다.
공배수는 최소공배수의 배수이므로 200에 가장 가까운 48의 배수를 구하면 된다.
$48\times4=192$, $48\times5=240$이므로 구하는 수는 192이다.

14. 최대공약수와 최소공배수의 관계 (본문 33쪽)

06 $A\times B=G\times L=10\times60=600$

07 $A\times B=G\times L=9\times108=972$

08 $A\times B=G\times L=1\times72=72$

09 최대공약수를 G라 하면
$G\times45=225$에서 $G=5$

01. 부호를 가진 수 (본문 36쪽)

17 ① -10분 ② -15점 ③ -3층
④ $+0.01\%$p
⑤ -200g
$\therefore$ (최소공배수)$=2^3\times3^3\times5^2\times7$

02. 정수와 유리수 (본문 37쪽)

08 ① 정수는 5, 0, -2의 3개이다. $\therefore$ 참
② 유리수는 -4.5, 5, $+\frac{1}{3}$, $-\frac{4}{7}$, 0, -2의 6개이다.
$\therefore$ 거짓
③ 양수는 5, $+\frac{1}{3}$의 2개이다. $\therefore$ 참
④ 음수는 -4.5, $-\frac{4}{7}$, -2의 3개이다. $\therefore$ 거짓
⑤ 자연수는 5의 1개이다. $\therefore$ 참

15 ④ 정수는 양수, 0, 음수로 분류된다.

16 B D C A
-5 -4 -3 -2 -1 0 1 2 3 4 5

17 D A B C
-5 -4 -3 -2 -1 0 1 2 3 4 5

18 B A C
-3 -2 -1 0 1 2 3

19 C B A
-3 -2 -1 0 1 2 3

28 두 유리수 $-\frac{7}{3}$과 8.5 사이의 정수는 -2, -1, 0, $+1$, $+2$, $+3$, $+4$, $+5$, $+6$, $+7$, $+8$로 11개이다.

03. 절댓값 (본문 40쪽)

1 정수 중에서 절댓값이 가장 작은 수는 0이고, 가장 큰 수와 가장 작은 수는 존재하지 않는다.

7 절댓값을 구하면 $\frac{11}{3}$, 4, $\frac{3}{2}$, 0, 9이므로 절댓값이 큰 수부터 나열하면 -9, $+4$, $-\frac{11}{3}$, $\frac{3}{2}$, 0이다.

4 $|-8|=8$, $|-2|=2$, $|0|=0$, $|+5|=5$, $\left|+\frac{15}{2}\right|=\frac{15}{2}$이므로 원점으로부터 가장 멀리 떨어져 있는 수는 절댓값의 크기가 가장 큰 -8이다.

50 절댓값이 $\frac{1}{2}\times2=1$인 두 수는 -1, 1이다.

51 절댓값이 $\frac{1}{2}\times1=\frac{1}{2}$인 두 수는 $-\frac{1}{2}$, $\frac{1}{2}$이다.

52 절댓값이 $\frac{1}{2}\times7=\frac{7}{2}$인 두 수는 $-\frac{7}{2}$, $\frac{7}{2}$이다.

53 -2에 대응하는 점으로부터 거리가 4인 점에 대응하는 수는 -6과 2이다. 이 중 작은 수는 -6이고, 이 수보다 5만큼 작은 수는 $-6-5=-11$

04. 수의 대소 관계 (본문 44쪽)

12 ③ 양수는 항상 음수보다 크므로
$+\frac{1}{2}>-\frac{3}{2}$

26 ① $|-1|=|+1|=1$ $\therefore$ 참
② $\left|-\frac{2}{3}\right|=\frac{2}{3}=\frac{10}{15}$, $\frac{2}{5}=\frac{6}{15}$이므로
$\left|-\frac{2}{3}\right|>\frac{2}{5}$ $\therefore$ 거짓
③ $|-4|=4$이므로 $-|-4|=-4$
$\therefore$ 참
④ $|+4|=4$, $|-5|=5$이므로
$|+4|<|-5|=5$ $\therefore$ 참
⑤ $\left|-\frac{1}{4}\right|=\frac{1}{4}=\frac{3}{12}$,
$\left|-\frac{1}{3}\right|=\frac{1}{3}=\frac{4}{12}$이므로
$\left|-\frac{1}{4}\right|<\left|-\frac{1}{3}\right|$ $\therefore$ 참

38 작은 수부터 차례로 나열하면
-4, -3.14, $+\frac{1}{7}$, $\frac{3}{4}$, $+2$이므로
네 번째 순서하는 수는 $\frac{3}{4}$이다.

52 "작지 않다." → "크거나 같다."
"크지 않다." → "작거나 같다."이므로
"x는 -2보다 작지 않고, 7보다 크지 않다."를 부등호로 나타내면 ④이다.

05. 유리수의 덧셈 (본문 48쪽)

10 $(+2)+(+8)=+(2+8)=+10$

11 $(+5)+(+3)=+(5+3)=+8$

12 $(+9)+(+3)=+(9+3)=+12$

13 $(+3)+(+4)=+(3+4)=+7$

14 $(+6)+(+13)=+(6+13)=+19$

15 $(+7)+(+4)=+(7+4)=+11$

16 $(+3)+(+7)=+(3+7)=+10$

17 $(+8)+(+1)=+(8+1)=+9$

18 $(+12)+(+1)=+(12+1)=+13$

19 $(+10)+(+8)=+(10+8)=+18$

20 $(+25)+(+2)=+(25+2)=+27$

21 $(+12)+(+36)=+(12+36)$
$=+48$

22 $(+24)+(+50)=+(24+50)$
$=+74$

23 $(+40)+(+27)=+(40+27)$
$=+67$

24 $(+55)+(+15)=+(55+15)$
$=+70$

26 $(-2)+(-5)=-(2+5)=-7$

27 $(-1)+(-3)=-(1+3)=-4$

28 $(-6)+(-5)=-(6+5)=-11$

29 $(-3)+(-6)=-(3+6)=-9$

30 $(-9)+(-8)=+(9+8)=-17$

31 $(-10)+(-7)=-(10+7)=-17$

32 $(-4)+(-11)=-(4+11)=-15$

33 $(-6)+(-12)=-(6+12)=-18$

34 $(-3)+(-30)=-(3+30)=-33$

35 $(-25)+(-1)=-(25+1)=-26$

36 $(-7)+(-23)=-(7+23)=-30$

37 $(-20)+(-10)=-(20+10)$
$=-30$

38 $(-24)+(-60)=-(24+60)$
$=-84$

39 $(-11)+(-45)=-(11+45)$
$=-56$

40 $(-40)+(-15)=-(40+15)$
$=-55$

42 $(+1)+(-4)=-(4-1)=-3$

43 $(+2)+(-6)=-(6-2)=-4$

44 $(-3)+(+1)=-(3-1)=-2$

45 $(-5)+(+2)=-(5-2)=-3$

46 $(-7)+(+3)=-(7-3)=-4$

47 $(-7)+(+5)=-(7-5)=-2$

48 $(-10)+(+4)=-(10-4)=-6$

49 $(-10)+(+6)=-(10-6)=-4$

50 $(+10)+(-22)=-(22-10)$
$=-12$

51 $(+12)+(-14)=-(14-12)$
$=-2$

52 $(+11)+(-20)=-(20-11)$
$=-9$

53 $(+16)+(-37)=-(37-16)$
$=-21$

54 $(-20)+(+15)=-(20-15)$
$=-5$

55 $(-50)+(+12)=-(50-12)$
$=-38$

56 $(+41)+(-81)=-(81-41)$
$=-40$

58 $(-1)+(+4)=+(4-1)=+3$

59 $(-4)+(+6)=+(6-4)=+2$

60 $(-6)+(+12)=+(12-6)=+6$

61 $(-9)+(+11)=+(11-9)=+2$

62 $(-10)+(+16)=+(16-10)$
$=+6$

63 $(-9)+(+15)=+(15-9)=+6$

64 $(+4)+(-2)=+(4-2)=+2$

65 $(+10)+(-5)=+(10-5)=+5$

66 $(+7)+(-2)=+(7-2)=+5$

67 $(+14)+(-8)=+(14-8)=+6$

68 $(+9)+(-6)=+(9-6)=+3$

69 $(+12)+(-4)=+(12-4)=+8$

70 $(-16)+(+40)=+(40-16)$
$=+24$

71 첫째 가로줄의 수의 합이
$(-2)+(+3)+(+2)=+3$이므로 각 줄의 수의 합은 $+3$이 되어야 한다.
첫째 세로줄에서
$(-2)+(+5)+$㉠$=+3$이므로
㉠$=0$
셋째 세로줄에서
$(+2)+$㉡$+(+4)=+3$이므로
㉡$=-3$
$\therefore$ ㉠$+$㉡$=0+(-3)=-3$

73 $\left(+\frac{3}{7}\right)+\left(+\frac{5}{7}\right)=+\left(\frac{3}{7}+\frac{5}{7}\right)=+\frac{8}{7}$

74 $\left(+\frac{2}{3}\right)+\left(+\frac{4}{3}\right)=+\left(\frac{2}{3}+\frac{4}{3}\right)=+2$

75 $(+2.4)+(+3.1)=+(2.4+3.1)$
$=+5.5$

76 $(+1.25)+(+3.31)$
$=+(1.25+3.31)=+4.56$

77 $(+2.7)+(+8)=+(2.7+8)$
$=+10.7$

79 $\left(-\frac{7}{5}\right)+\left(-\frac{1}{5}\right)=-\left(\frac{7}{5}+\frac{1}{5}\right)=-\frac{8}{5}$

80 $\left(-\frac{9}{2}\right)+\left(-\frac{5}{2}\right)=-\left(\frac{9}{2}+\frac{5}{2}\right)=-7$

81 $(-1.4)+(-3.9)=-(1.4+3.9)$
$=-5.3$

82 $(-8.9)+(-12.1)=-(8.9+12.1)$
$=-21$

83 $\left(-\frac{5}{3}\right)+\left(-\frac{5}{2}\right)=-\left(\frac{5}{3}+\frac{5}{2}\right)$
$=-\frac{25}{6}$

85 $\left(+\frac{4}{3}\right)+\left(-\frac{2}{3}\right)=+\left(\frac{4}{3}-\frac{2}{3}\right)=+\frac{2}{3}$

86 $\left(+\frac{2}{5}\right)+\left(-\frac{7}{4}\right)=-\left(\frac{7}{4}-\frac{2}{5}\right)=-\frac{27}{20}$

87 $(+7.8)+(-5.6)=+(7.8-5.6)$
$=+2.2$

88 $(+9.1)+(-3.7)=+(9.1-3.7)$
$=+5.4$

89 $\left(+\frac{5}{3}\right)+(-2.5)=-\left(2.5-\frac{5}{3}\right)$
$=-\left(\frac{5}{2}-\frac{5}{3}\right)=-\frac{5}{6}$

91 $\left(-\frac{5}{7}\right)+\left(+\frac{3}{7}\right)=-\left(\frac{5}{7}-\frac{3}{7}\right)=-\frac{2}{7}$

92 $\left(-\frac{5}{8}\right)+\left(+\frac{5}{4}\right)=+\left(\frac{5}{4}-\frac{5}{8}\right)=+\frac{5}{8}$

93 $(-2.7)+(+3.1)=+(3.1-2.7)$
$=+0.4$

94 $(-4.31)+(+1.2)=-(4.31-1.2$
$=-3.11$

95 $\left(-\frac{2}{5}\right)+(+0.4)=0$

06. 덧셈에 대한 계산 법칙 (본문 55쪽)

06 $(+4)+(+3)+(-4)$
$=(+3)+\{(+4)+(-4)\}$
$=(+3)+0=+3$

07 $(+5)+(-10)+(+9)$
$=(-10)+\{(+5)+(+9)\}$
$=(-10)+(+14)=+4$

08 $(-3)+(+7)+(-2)$
$=(+7)+\{(-3)+(-2)\}$
$=(+7)+(-5)=+2$

09 $(-4)+(+12)+(-16)$
$=(+12)+\{(-4)+(-16)\}$
$=(+12)+(-20)=-8$

10 $(+2)+(-7)+(+4)+(-3)$
$=\{(+2)+(+4)\}+\{(-7)+(-3)$
$=(+6)+(-10)=-4$

12 $\left(+\frac{1}{4}\right)+\left(-\frac{3}{5}\right)+\left(+\frac{3}{4}\right)$
$=\left(-\frac{3}{5}\right)+\left\{\left(+\frac{1}{4}\right)+\left(+\frac{3}{4}\right)\right\}$
$=\left(-\frac{3}{5}\right)+(+1)=+\frac{2}{5}$

13 $(+0.9)+(-1.5)+(+0.1)$
$=(-1.5)+\{(+0.9)+(+0.1)\}$
$=(-1.5)+(+1)=-0.5$

14 $(-4.2)+(+7.5)+(-3.4)$
$=(+7.5)+\{(-4.2)+(-3.4)\}$
$=(+7.5)+(-7.6)=-0.1$

15 B는 -1과 마주 보는 면이므로 B=
C는 -4와 마주 보는 면이므로 C=
A는 3과 마주 보는 면이므로 A=$-$
$\therefore$ A+B+C$=-3+1+4=2$

07. 유리수의 뺄셈 (본문 57쪽)

02 $(+4)-(+9)=(+4)+(-9)$
$=-5$

03 $(+2)-(+8)=(+2)+(-8)$
$=-6$

04 $(+6)-(+1)=(+6)+(-1)$
$=+5$

05 $(+3)-(+7)=(+3)+(-7)$
$=-4$

06 $(+12)-(+8)=(+12)+(-8)$
$=+4$

08 $(-7)-(-9)=(-7)+(+9)$
$=+2$

09 $(-5)-(-3)=(-5)+(+3)$
$=-2$

10 $(-8)-(-12)=(-8)+(+12)$
$=+4$

11 $(-6)-(-3)=(-6)+(+3)$
$=-3$

12 $(-4)-(-24)=(-4)+(+24)$
$=+20$

14 $(+7)-(-4)=(+7)+(+4)$
$=+11$

15 $(+9)-(-2)=(+9)+(+2)$
$=+11$

16 $(+8)-(-5)=(+8)+(+5)$
$=+13$

17 $(+6)-(-14)=(+6)+(+14)$
$=+20$

18 $(+9)-(-10)=(+9)+(+10)$
$=+19$

20 $(-1)-(+2)=(-1)+(-2)$
$=-3$

21 $(-7)-(+1)=(-7)+(-1)$
$=-8$

22 $(-5)-(+4)=(-5)+(-4)$
$=-9$

23 $(-2)-(+5)=(-2)+(-5)$
$=-7$

24 $(-15)-(+40)=(-15)+(-40)$
$=-55$

26 $\left(+\frac{1}{3}\right)-\left(+\frac{8}{3}\right)=\left(+\frac{1}{3}\right)+\left(-\frac{8}{3}\right)$
$=-\frac{7}{3}$

27 $\left(+\frac{8}{9}\right)-\left(+\frac{5}{9}\right)=\left(+\frac{8}{9}\right)+\left(-\frac{5}{9}\right)$
$=+\frac{1}{3}$

28 $(+3.5)-(+2.1)$
$=(+3.5)+(-2.1)=+1.4$

29 $\left(+\frac{5}{6}\right)-\left(+\frac{11}{8}\right)=\left(+\frac{5}{6}\right)+\left(-\frac{11}{8}\right)$
$=-\frac{13}{24}$

30 $(+1.5)-\left(+\frac{10}{3}\right)=\left(+\frac{3}{2}\right)+\left(-\frac{10}{3}\right)$
$=-\frac{11}{6}$

32 $\left(-\frac{7}{8}\right)-\left(-\frac{3}{8}\right)=\left(-\frac{7}{8}\right)+\left(+\frac{3}{8}\right)$
$=-\frac{1}{2}$

33 $\left(-\frac{7}{12}\right)-\left(-\frac{5}{12}\right)$
$=\left(-\frac{7}{12}\right)+\left(+\frac{5}{12}\right)=-\frac{1}{6}$

34 $(-1.5)-(-0.7)$
$=(-1.5)+(+0.7)=-0.8$

35 $\left(-\frac{5}{2}\right)-\left(-\frac{3}{4}\right)=\left(-\frac{5}{2}\right)+\left(+\frac{3}{4}\right)$
$=-\frac{7}{4}$

36 $(-1)-\left(-\frac{7}{9}\right)=(-1)+\left(+\frac{7}{9}\right)$
$=-\frac{2}{9}$

38 $\left(+\frac{3}{10}\right)-\left(-\frac{1}{10}\right)$
$=\left(+\frac{3}{10}\right)+\left(+\frac{1}{10}\right)=+\frac{2}{5}$

39 $\left(+\frac{1}{3}\right)-\left(-\frac{4}{3}\right)=\left(+\frac{1}{3}\right)+\left(+\frac{4}{3}\right)$
$=+\frac{5}{3}$

40 $(+1.8)-(-6.5)$
$=(+1.8)+(+6.5)=+8.3$

41 $\left(+\frac{5}{6}\right)-\left(-\frac{1}{2}\right)=\left(+\frac{5}{6}\right)+\left(+\frac{1}{2}\right)$
$=+\frac{4}{3}$

42 $\left(+\frac{7}{9}\right)-\left(-\frac{2}{3}\right)=\left(+\frac{7}{9}\right)+\left(+\frac{2}{3}\right)$
$=+\frac{13}{9}$

44 $\left(-\frac{3}{7}\right)-\left(+\frac{4}{7}\right)=\left(-\frac{3}{7}\right)+\left(-\frac{4}{7}\right)$
$=-1$

45 $\left(-\frac{2}{9}\right)-\left(+\frac{4}{9}\right)=\left(-\frac{2}{9}\right)+\left(-\frac{4}{9}\right)$
$=-\frac{2}{3}$

46 $(-3.8)-(+4.2)$
$=(-3.8)+(-4.2)=-8$

47 $\left(-\frac{3}{5}\right)-\left(+\frac{3}{10}\right)=\left(-\frac{3}{5}\right)+\left(-\frac{3}{10}\right)$
$=-\frac{9}{10}$

48 $\left(-\frac{3}{2}\right)-\left(+\frac{5}{3}\right)=\left(-\frac{3}{2}\right)+\left(-\frac{5}{3}\right)$
$=-\frac{19}{6}$

08. 덧셈과 뺄셈의 혼합 계산 (본문 61쪽)

02 $(+3)-(-2)+(-5)$
$=(+3)+(+2)+(-5)$
$=(-5)+(-5)=0$

03 $(-5)-(-3)+(+7)$
$=(-5)+(+3)+(+7)$
$=(-5)+(+10)=+5$

04 $(+8)-(+2)+(+5)$
$=(+8)+(-2)+(+5)$
$=(-2)+(+13)=+11$

05 $(-7)+(+1)-(-3)$
$=(-7)+(+1)+(+3)$
$=(-7)+(+4)=-3$

06 $(-3)-(+5)-(-4)$
$=(-3)+(-5)+(+4)$
$=(-8)+(+4)=-4$

07 $(-5)+(-2)-(+8)$
$=(-5)+(-2)+(-8)$
$=-15$

08 $(+7)+(+4)-(+10)$
$=(+7)+(+4)+(-10)$
$=(+11)+(-10)=+1$

09 $(-6)-(+2)+(+7)$
$=(-6)+(-2)+(+7)$
$=(-8)+(+7)=-1$

10 $(+15)-(+3)+(-8)$
$=(+15)+(-3)+(-8)$
$=(+15)+(-11)=+4$

11 $(+8)-(+10)+(+6)+(-2)$
$=(+8)+(-10)+(+6)+(-2)$
$=\{(+8)+(+6)\}+\{(-10)+(-2)\}$
$=(+14)+(-12)=+2$

12 $(+6)+(-7)+(+10)-(-4)$
$=(+6)+(-7)+(+10)+(+4)$
$=(-7)+(+20)=+13$

14 $\left(+\frac{1}{2}\right)+(-3)-\left(-\frac{3}{2}\right)$
$=\left(+\frac{1}{2}\right)+(-3)+\left(+\frac{3}{2}\right)$
$=(-3)+(+2)=-1$

15 $\left(-\frac{2}{3}\right)+\left(-\frac{7}{3}\right)-\left(+\frac{4}{3}\right)$
$=\left(-\frac{2}{3}\right)+\left(-\frac{7}{3}\right)+\left(-\frac{4}{3}\right)$

$=-\frac{13}{3}$

16 $\left(-\frac{1}{2}\right)-\left(-\frac{3}{4}\right)+\left(-\frac{3}{2}\right)$
$=\left(-\frac{1}{2}\right)+\left(+\frac{3}{4}\right)+\left(-\frac{3}{2}\right)$
$=\left(+\frac{3}{4}\right)+(-2)=-\frac{5}{4}$

17 $(+1)+\left(+\frac{1}{2}\right)-\left(+\frac{1}{3}\right)$
$=(+1)+\left(+\frac{1}{2}\right)+\left(-\frac{1}{3}\right)$
$=\left(+\frac{3}{2}\right)+\left(-\frac{1}{3}\right)=+\frac{7}{6}$

18 $\left(+\frac{2}{5}\right)-\left(+\frac{1}{4}\right)+\left(+\frac{3}{5}\right)$
$=\left(+\frac{2}{5}\right)+\left(-\frac{1}{4}\right)+\left(+\frac{3}{5}\right)$
$=\left(-\frac{1}{4}\right)+(+1)=+\frac{3}{4}$

20 $(-0.3)+(-1.7)-(-4)$
$=(-0.3)+(-1.7)+(+4)$
$=(-2)+(+4)=+2$

21 $(-2.4)-(+7)+(+1.3)$
$=(-2.4)+(-7)+(+1.3)$
$=(-9.4)+(+1.3)=-8.1$

22 $(+7.3)-(+2.4)+(-5)$
$=(+7.3)+(-2.4)+(-5)$
$=(+7.3)+(-7.4)=-0.1$

23 $(+1.2)+(-2.4)-(+4.3)$
$=(+1.2)+(-2.4)+(-4.3)$
$=(+1.2)+(-6.7)=-5.5$

24 $(-5.4)-(+10)+(-2.3)-(-3.7)$
$=(-5.4)+(-10)$
$+(-2.3)+(+3.7)$
$=(-17.7)+(+3.7)=-14$

26 $-2+10=(-2)+(+10)=+8$

27 $4-11=(+4)+(-11)=-7$

28 $-6+9=(-6)+(+9)=+3$

29 $-7-4=(-7)+(-4)=-11$

30 $-2-5=(-2)+(-5)=-7$

32 $-5+3-8=(-5)+(+3)+(-8)$
$=(+3)+(-13)=-10$

33 $2-5+4=(+2)+(-5)+(+4)$
$=(-5)+(+6)=+1$

34 $-7+1+4=(-7)+(+1)+(+4)$
$=(-7)+(+5)=-2$

35 $6+4-9=(+6)+(+4)+(-9)$
$=(+10)+(-9)=+1$

36 $-4-7+10$
$=(-4)+(-7)+(+10)$
$=(-11)+(+10)=-1$

38 $\frac{8}{3}-\frac{20}{3}=\left(+\frac{8}{3}\right)+\left(-\frac{20}{3}\right)=-4$

39 $\frac{7}{4}-\frac{8}{3}=\left(+\frac{7}{4}\right)+\left(-\frac{8}{3}\right)=-\frac{11}{12}$

40 $-\frac{3}{2}+\frac{5}{3}=\left(-\frac{3}{2}\right)+\left(+\frac{5}{3}\right)=+\frac{1}{6}$

41 $-\frac{1}{2}+1-\frac{2}{3}$
$=\left(-\frac{1}{2}\right)+(+1)+\left(-\frac{2}{3}\right)$
$=\left(-\frac{7}{6}\right)+(+1)=-\frac{1}{6}$

42 $\frac{1}{2}-\frac{3}{4}+\frac{5}{8}$
$=\left(+\frac{1}{2}\right)+\left(-\frac{3}{4}\right)+\left(+\frac{5}{8}\right)$
$=\left(+\frac{9}{8}\right)+\left(-\frac{3}{4}\right)=+\frac{3}{8}$

44 $-0.5+1.2=(-0.5)+(+1.2)$
$=+0.7$

45 $1.1-2=(+1.1)+(-2)=-0.9$

46 $-1.3+2.2=(-1.3)+(+2.2)$
$=+0.9$

47 $4-3.5+7.7-2.8$
$=(+4)+(-3.5)+(+7.7)+(-2.8)$
$=(+11.7)+(-6.3)=+5.4$

48 $-1.3-1.1-1.6$
$=(-1.3)+(-1.1)+(-1.6)$
$=-4$

10. 곱셈에 대한 계산 법칙 (본문 71쪽)

13 $(+3)\times(-2)\times(-1)\times(+5)$
$=+(3\times2\times1\times5)=+30$

14 $(-4)\times(-5)\times(-2)\times(-10)$
$=+(4\times5\times2\times10)=+400$

15 $\left(+\frac{3}{2}\right)\times\left(-\frac{7}{12}\right)\times(+8)$
$=-\left(\frac{3}{2}\times\frac{7}{12}\times8\right)=-7$

16 $\left(-\frac{1}{2}\right)\times\left(-\frac{1}{3}\right)\times\left(-\frac{1}{4}\right)$
$=-\left(\frac{1}{2}\times\frac{1}{3}\times\frac{1}{4}\right)=-\frac{1}{24}$

17 $(-1.2)\times(-0.2)\times(-100)$
$=-(1.2\times0.2\times100)=-24$

18 $(+0.5)\times\left(-\frac{1}{5}\right)\times\left(-\frac{10}{3}\right)$
$=+\left(\frac{1}{2}\times\frac{1}{5}\times\frac{10}{3}\right)=+\frac{1}{3}$

25 $-(-5)^2=-(+25)=-25$

26 $-(-10)^3=-(-1000)=+1000$

33 $-\left(-\frac{1}{2}\right)^4=-\left(+\frac{1}{16}\right)=-\frac{1}{16}$

34 $-\left(-\frac{3}{2}\right)^3=-\left(-\frac{27}{8}\right)=+\frac{27}{8}$

12. 유리수의 나눗셈 (본문 78쪽)

11 $\frac{a}{2}$가 $\frac{5}{4}$의 역수 $\frac{4}{5}$이므로 $a=\frac{8}{5}$

12 $\frac{a}{5}$가 -2이므로 $a=-10$

13 $2a$가 1이므로 $a=\frac{1}{2}$

14 $4a$가 -1이므로 $a=-\frac{1}{4}$

15 $-0.25=-\frac{1}{4}$이므로 $a=-4$, $b=\frac{1}{2}$
$\therefore a\times b=-4\times\frac{1}{2}=-2$

17 $\left(+\frac{3}{8}\right)\div\left(+\frac{9}{2}\right)$
$=\left(+\frac{3}{8}\right)\times\left(+\frac{2}{9}\right)=+\frac{1}{12}$

18 $\left(-\frac{8}{7}\right)\div\left(-\frac{4}{3}\right)$
$=\left(-\frac{8}{7}\right)\times\left(-\frac{3}{4}\right)=+\frac{6}{7}$

19 $\left(+\frac{5}{4}\right)\div\left(+\frac{1}{2}\right)$
$=\left(+\frac{5}{4}\right)\times(+2)=+\frac{5}{2}$

20 $\left(-\frac{5}{8}\right)\div\left(+\frac{9}{16}\right)$
$=\left(-\frac{5}{8}\right)\times\left(+\frac{16}{9}\right)=-\frac{10}{9}$

21 $\left(+\frac{9}{14}\right)\div\left(-\frac{24}{7}\right)$
$=\left(+\frac{9}{14}\right)\times\left(-\frac{7}{24}\right)=-\frac{3}{16}$

22 $\left(+\frac{2}{11}\right)\div\left(-\frac{5}{22}\right)$
$=\left(+\frac{2}{11}\right)\times\left(-\frac{5}{22}\right)=-\frac{4}{5}$

23 $\left(+\frac{2}{5}\right)\div\left(+\frac{4}{15}\right)$
$=\left(+\frac{2}{5}\right)\times\left(+\frac{15}{4}\right)=+\frac{3}{2}$

24 $\left(-\frac{13}{4}\right)\div\left(-\frac{9}{16}\right)$
$=\left(-\frac{13}{4}\right)\times\left(-\frac{16}{9}\right)=+\frac{52}{9}$

25 $\left(-\frac{3}{4}\right)\div\left(-\frac{11}{2}\right)$
$=\left(-\frac{3}{4}\right)\times\left(-\frac{2}{11}\right)=+\frac{3}{22}$

26 $(-15)\div\left(+\frac{3}{4}\right)$
$=(-15)\times\left(+\frac{4}{3}\right)=-20$

27 $(+36)\div\left(-\frac{9}{4}\right)$
$=(+36)\times\left(-\frac{4}{9}\right)=-16$

28 $\left(-\frac{5}{3}\right)\div(-20)$
$=\left(-\frac{5}{3}\right)\times\left(-\frac{1}{20}\right)=+\frac{1}{12}$

29 $(+0.7)\div\left(-\frac{14}{5}\right)$
$=\left(+\frac{7}{10}\right)\times\left(-\frac{5}{14}\right)=-\frac{1}{4}$

30 $\left(+\frac{3}{2}\right)\div\left(+\frac{2}{5}\right)$
$=\left(+\frac{3}{2}\right)\times\left(+\frac{5}{2}\right)=+\frac{15}{4}$

13. 곱셈과 나눗셈의 혼합 계산 (본문 78쪽)

02 $(-15)\times(+3)\div(+5)$
$=(-45)\div(+5)=-9$

03 $(+6)\times(-3)\div(+9)$
$=(-18)\div(+9)=-2$

04 $(-2)\times(-4)\div(-8)$
$=(+8)\div(-8)=-1$

05 $(-24)\div(+4)\times(+3)$
$=(-6)\times(+3)=-18$

06 $(-36)\div(-2)^2\times(+3)$
$=(-36)\div(+4)\times(+3)$
$=(-9)\times(+3)=-27$

07 $(+2)\times(-3)^2\div(-9)$
$=(+2)\times(+9)\div(-9)$
$=(+18)\div(-9)=-2$

08 $(-2)^3\div(-4)\times(-3)$
$=(-8)\div(-4)\times(-3)$
$=(+2)\times(-3)=-6$

09 $(+15)\times(-2)^2\div(-6)$
$=(+15)\times(+4)\div(-6)$
$=(+60)\div(-6)=-10$

10 $(-2^2)\times(+5)\div(-2)^2$
$=(-4)\times(+5)\div(+4)$
$=(-20)\div(+4)=-5$

12 $\left(-\frac{5}{3}\right)\times\left(-\frac{1}{10}\right)\div\left(+\frac{4}{9}\right)$
$=\left(-\frac{5}{3}\right)\times\left(-\frac{1}{10}\right)\times\left(+\frac{9}{4}\right)=+\frac{3}{8}$

13 $(+8)\div\left(+\frac{3}{4}\right)\times\left(-\frac{5}{12}\right)$
$=(+8)\times\left(+\frac{4}{3}\right)\times\left(-\frac{5}{12}\right)=-\frac{40}{9}$

14 $\left(+\frac{3}{7}\right)\div\left(-\frac{12}{35}\right)\times(-2)^3$
$=\left(+\frac{3}{7}\right)\times\left(-\frac{35}{12}\right)\times(-8)=+10$

15 $\left(+\frac{16}{5}\right)\div(-2)\times\left(-\frac{1}{4}\right)$
$=\left(+\frac{16}{5}\right)\times\left(-\frac{1}{2}\right)\times\left(-\frac{1}{4}\right)=+\frac{2}{5}$

16 $\left(-\frac{1}{36}\right)\times\left(+\frac{18}{5}\right)\div(-12)$
$=\left(-\frac{1}{36}\right)\times\left(+\frac{18}{5}\right)\times\left(-\frac{1}{12}\right)$
$=+\frac{1}{120}$

17 $\left(-\frac{25}{3}\right)\div(-2)^3\times\left(-\frac{8}{5}\right)$
$=\left(-\frac{25}{3}\right)\times\left(-\frac{1}{8}\right)\times\left(-\frac{8}{5}\right)=-\frac{5}{3}$

18 $\frac{5}{7}\times\left(-\frac{3}{10}\right)\div\frac{9}{14}$
$=\left(+\frac{5}{7}\right)\times\left(-\frac{3}{10}\right)\times\left(+\frac{14}{9}\right)=-\frac{1}{3}$

19 $a=\left(-\frac{3}{5}\right)\div\left(+\frac{6}{5}\right)$
$=\left(-\frac{3}{5}\right)\times\left(+\frac{5}{6}\right)$
$=-\left(\frac{3}{5}\times\frac{5}{6}\right)=-\frac{1}{2}$
$b=\left(-\frac{1}{3}\right)\div\left(+\frac{1}{6}\right)\times\left(+\frac{1}{2}\right)$
$=\left(-\frac{1}{3}\right)\times(+6)\times\left(+\frac{1}{2}\right)$
$=-\left(\frac{1}{3}\times6\times\frac{1}{2}\right)=-1$
$\therefore a\times b=\left(-\frac{1}{2}\right)\times(-1)=+\frac{1}{2}$

14. 유리수의 사칙계산 (본문 80쪽)

04 $9-(-3)\times(-2)^3\div4$
$=9-(-3)\times(-8)\div4$
$=9-(+24)\div4$
$=9-(+6)=+3$

05 $10-4\times\{2-(-3)^2\}$
$=10-4\times\{2-(+9)\}$
$=10-4\times(-7)$
$=10-(-28)=+38$

06 $7-\{25\div(-5)+4\}$
$=7-\{(-5)+4\}$
$=7-(-1)=+8$

07 $16\div(-8)-7\times(-2)$
$=(-2)-(-14)=+12$

08 $(-2)+(-3)^2\times8-10$
$=(-2)+9\times8-10$
$=(-2)+72-10$
$=70-10=+60$

09 $(-7)\div(-1)^7+2\times5$
$=(-7)\div(-1)+2\times5$
$=7+10=17$

10 $12\div9+\frac{2}{5}\times\frac{5}{6}$
$=12\times\frac{1}{9}+\frac{2}{5}\times\frac{5}{6}$
$=\frac{4}{3}+\frac{1}{3}=+\frac{5}{3}$

11 $(-8)\div(-2)^2+\{2-3\times(-1)\}$
$=(-8)\div4+\{2-3\times(-1)\}$
$=(-8)\div4+\{2-(-3)\}$
$=(-8)\div4+5$
$=-2+5=+3$

12 $\{5+(-2)^3\}\times7-(+9)\div(-3)$
$=\{5+(-8)\}\times7-(+9)\div(-3)$
$=(-3)\times7-(+9)\div(-3)$
$=(-21)-(-3)=-18$

13 $(-8)+[(-1)^5+\{(-2)^3\times3+4\}\div(-2)^2]$
$=(-8)+[(-1)+\{(-8)\times3+4\}\div(+4)]$
$=(-8)+[(-1)+\{(-24)+4\}\div(+4)]$
$=(-8)+\{(-1)+(-20)\div(+4)\}$
$=(-8)+\{(-1)+(-5)\}$
$=(-8)+(-6)=-14$

14 $\frac{2}{3}+\left\{(-1)^2+\left(+\frac{1}{5}\right)\right\}\times\left(-\frac{5}{12}\right)$
$=\frac{2}{3}+\left\{(+1)+\left(+\frac{1}{5}\right)\right\}\times\left(-\frac{5}{12}\right)$
$=\frac{2}{3}+\left(+\frac{6}{5}\right)\times\left(-\frac{5}{12}\right)$
$=\frac{2}{3}+\left(-\frac{1}{2}\right)=+\frac{1}{6}$

Ⅲ. 문자와 식

01. 문자의 사용 (본문 84쪽)

04 (물건 값)$=2000x+1100y$(원)
(거스름 돈)
$=10000-(2000x+1100y)$(원)

02. 곱셈 기호의 생략 (본문 86쪽)

11 $a\times b\times a\times(-1)=-a^2b$

26 ㄹ. $0.1\times b=0.1b$
ㅁ. $a\times 2+3=2a+3$

03. 나눗셈 기호의 생략 (본문 88쪽)

11 ㉠ $\frac{a}{bc}$ ㉡ $\frac{ab}{c}$ ㉢ $\frac{ac}{b}$ ㉣ $\frac{ac}{b}$ ㉤ $\frac{ab}{c}$
㉥ $\frac{a}{bc}$

13 $a\times b\div 3$
$=a\times b\times\frac{1}{3}=\frac{ab}{3}$

14 $x\div y\times(-2)$
$=x\times\frac{1}{y}\times(-2)=-\frac{2x}{y}$

15 $a\times 7\div b$
$=a\times 7\times\frac{1}{b}=\frac{7a}{b}$

16 $6\div a\times b$
$=6\times\frac{1}{a}\times b=\frac{6b}{a}$

17 $y\times x\div(-5)$
$=y\times x\times\left(-\frac{1}{5}\right)=-\frac{xy}{5}$

18 $x\times y\div z\times x$
$=x\times y\times\frac{1}{z}\times x=\frac{x^2y}{z}$

19 $x\times 3\times y\div 2$
$=x\times 3\times y\times\frac{1}{2}=\frac{3xy}{2}$

20 $a\times b\div 7\times c$
$=a\times b\times\frac{1}{7}\times c=\frac{abc}{7}$

21 $x\div 10\times z\div y$
$=x\times\frac{1}{10}\times z\times\frac{1}{y}=\frac{xz}{10y}$

22 $(x+y)\times 5-3\div(x-y)$
$=5(x+y)-\frac{3}{x-y}$

04. 식의 값 (본문 90쪽)

14 $3x=3\times x=3\times 3=9$

15 $7-x=7-3=4$

16 $5x+1=5\times x+1=5\times 3+1=16$

17 $\frac{2x-1}{5}=(2\times x-1)\div 5$
$=(2\times 3-1)\div 5$
$=5\div 5=1$

18 $-3x+8=-3\times x+8$
$=-3\times 3+8=-1$

20 $3x=3\times x=3\times(-2)=-6$

21 $7-x=7-(-2)=9$

22 $5x+1=5\times x+1$
$=5\times(-2)+1=-9$

23 ① 2 ② 4 ③ 1 ④ 1 ⑤ 1

24 $a+b=2+3=5$

25 $3a-b=3\times 2-3=3$

26 $5a+2b-10=5\times 2+2\times 3-10=6$

27 $ab+7=2\times 3+7=13$

28 $a^2+b^2=2^2+3^2=13$

29 $a^2-ab+8=2^2-2\times 3+8=6$

30 $a+b=4+(-3)=1$

31 $3a-b=3\times 4-(-3)=15$

32 $5a+2b-10$
$=5\times 4+2\times(-3)-10=4$

33 $ab+7=4\times(-3)+7=-5$

34 $-x^2+5y=-(-2)^2+5\times 3$
$=-4+15=11$

35 $3a-7=3\times 10-7=23$

36 $3a-7=3\times(-1)-7=-10$

37 $3a-7=3\times 2-7=-1$

38 $3a-7=3\times(-3)-7=-16$

39 $3a-7=3\times\frac{2}{3}-7=-5$

40 $3a-7=3\times\left(-\frac{1}{4}\right)-7=-\frac{31}{4}$

41 $S=\frac{1}{2}\times a\times b=\frac{ab}{2}$

42 $\frac{ab}{2}=\frac{6\times 2}{2}=6(\text{cm}^2)$

43 도형의 넓이는
㉠+㉡+㉢이므로
$\frac{1}{2}\times 4\times(x-2)$
$+4\times x+6\times 4$
$=2(x-2)+4x+24$
$=2x-4+4x+24$
$=6x+20$
즉, $ax+b=6x+20$이므로
$a=6$, $b=20$
$\therefore b-a=20-6=14$

05. 단항식과 다항식 (본문 94쪽)

16 상수항은 -2이다.

20 ② 상수항은 7이다.
③ x^2의 차수는 2, 계수는 -4이다.

07. 일차식과 수의 곱셈, 나눗셈 (1) (본문 97쪽)

02 $3x\times 8=3\times 8\times x=24x$

03 $(-3)\times(-7a)$
$=(-3)\times(-7)\times a=21a$

04 $6a\times(-8)=6\times(-8)\times a=-48a$

05 $8x\times\left(-\frac{1}{4}\right)=8\times\left(-\frac{1}{4}\right)\times x=-2x$

06 $(-12a)\times\frac{2}{3}=(-12)\times\frac{2}{3}\times a$
$=-8a$

08 $14x\div 7=14\times\frac{1}{7}\times x=2x$

09 $10y\div(-5)=10\times\left(-\frac{1}{5}\right)\times y$
$=-2y$

10 $(-16a)\div\left(-\frac{8}{3}\right)$
$=-16\times\left(-\frac{3}{8}\right)\times a=6a$

09. 동류항 (본문 100쪽)

08 $-3x$와 같은 문자이면서 같은 차수를 가진 동류항은 $4x$, $-0.5x$이다.

23 동류항인 것은 $3x$, $-x$, $-2x$이므로
$3x+(-x)+(-2x)=0$

10. 일차식의 덧셈과 뺄셈 (본문 102쪽)

14 $(6x+1)-(3x+1)$
$=6x+1-3x-1=3x$

15 $(5a+2)-(8a+5)$
$=5a+2-8a-5=-3a-3$

16 $(3b-4)-(2b+7)$
$=3b-4-2b-7=b-11$

17 $(-2x+1)-(x+3)$
$=-2x+1-x-3=-3x-2$

18 $(-7y-3)-(5y+4)$
$=-7y-3-5y-4=-12y-7$

19 $(4a+5)-(-a+1)$
$=4a+5+a-1=5a+4$

20 $(3x-4)-(5x-8)$
$=3x-4-5x+8=-2x+4$

21 $(y+7)-(-2y-3)$
$=y+7+2y+3=3y+10$

22 $(7a-2)-(-a-6)$
$=7a-2+a+6=8a+4$

23 $\left(-\frac{x}{4}-3\right)-\left(\frac{3}{4}x+7\right)$
$=-\frac{x}{4}-3-\frac{3}{4}x-7=-x-10$

24 $\left(4a-\frac{5}{16}\right)-\left(16a+\frac{1}{4}\right)$
$=4a-\frac{5}{16}-16a-\frac{1}{4}=-12a-\frac{9}{16}$

26 $3(2x+5)+(4x+3)$
$=6x+15+4x+3$
$=10x+18$

27 $-2(3a-2)+(2a+5)$
$=-6a+4+2a+5$
$=-4a+9$

28 $(4a-3)+3(a+2)$
$=4a-3+3a+6$
$=7a+3$

29 $-(y-5)+6(y+1)$
$=-y+5+6y+6$
$=5y+11$

30 $(x+1)+6\left(\frac{1}{2}x-2\right)$
$=x+1+3x-12$
$=4x-11$

32 $3(x+5)-(6x+5)$
$=3x+15-6x-5$
$=-3x+10$

33 $-2(3x+2)-(2x-7)$
$=-6x-4-2x+7$
$=-8x+3$

34 $(5a-4)-2(a-2)$
$=5a-4-2a+4$
$=3a$

35 $3(x-3)-2(4x-3)$
$=3x-9-8x+6$
$=-5x-3$
$\therefore A=-5,\ B=-3$
$\therefore A+B=-5-3=-8$

37 $x+2+\frac{4x-3}{2}$
$=\frac{2(x+2)+4x-3}{2}$
$=\frac{6x+1}{2}=3x+\frac{1}{2}$

38 $\frac{a+5}{3}+\frac{5a-1}{2}$
$=\frac{2(a+5)+3(5a-1)}{6}$
$=\frac{17a+7}{6}=\frac{17}{6}a+\frac{7}{6}$

39 $\frac{4a-1}{2}-\frac{4a+1}{3}$
$=\frac{3(4a-1)-2(4a+1)}{6}=\frac{4a-5}{6}$
$=\frac{2}{3}a-\frac{5}{6}$

40 $\frac{2x-4}{3}-\frac{x+2}{6}$
$=\frac{2(2x-4)-(x+2)}{6}=\frac{3x-10}{6}$
$=\frac{1}{2}x-\frac{5}{3}$

41 $\frac{a+3}{4}-\frac{5a-2}{3}$
$=\frac{3(a+3)-4(5a-2)}{12}$
$=\frac{-17a+17}{12}=-\frac{17}{12}a+\frac{17}{12}$

43 $\square=(4x+9)-(-3x+1)$
$=7x+8$

44 $\square=(3x-4)+(2x-9)$
$=5x-13$

45 $A-(3x-2)=-x+7$
$\therefore A=(-x+7)+(3x-2)=2x+5$
$(-4x+2)+B=3x-5$
$\therefore B=(3x-5)-(-4x+2)=7x-7$
$\therefore A-B=(2x+5)-(7x-7)$
$=-5x+12$

12. 방정식, 항등식 (본문 108쪽)

06 ② (우변)$=2x+1-x=x+1$
즉, (좌변)=(우변)이므로 항등식이다.
⑤ (우변)$=2(4x-3)$
$=2\times4x+2\times(-3)$
$=8x-6$
즉, (좌변)=(우변)이므로 항등식이다.

08 $2\times2-7=-3\neq2$

09 $2\times2-2=2$

10 $\frac{1}{2}\times2+3=4$

21 $a=-1,\ b=1$이므로 $a+b=0$

13. 등식의 성질 (본문 110쪽)

11 ① $a=-b$이면 $a+3=-(b-3)$이다.
② $a=2b \Rightarrow \frac{1}{2}a=b$이므로
$\frac{1}{2}a-3=b-3$이다.
③ $a=2b$이면 $ac=2bc$이다.
④ $\frac{x}{2}=\frac{y}{4}$의 양변에 4를 곱하면 $2x=y$이다.
⑤ $a=b$이면 $a-b=0$이다.

24 $2x-1=9$의 양변에 1을 더하면
$2x=9+1$ (㉠)
$2x=10$에서 양변을 2로 나누면
$x=5$ (㉣)

27 $5x+8=13$
$5x=5$
$\therefore x=1$

28 $3x-7=2$
$3x=9$
$\therefore x=3$

29 $2x+4=10$
$2x=6$
$\therefore x=3$

30 $\frac{1}{3}x-2=1$
$\frac{1}{3}x=3$
$\therefore x=9$

31 $-\frac{1}{7}x-1=\frac{5}{7}$
$-\frac{1}{7}x=\frac{12}{7}$
$\therefore x=-12$

32 $8x+3=11$
$8x=8$
$\therefore x=1$

33 $\frac{1}{5}x+1=0$

$\frac{1}{5}x=-1$

$\therefore x=-5$

34 $-x+5=7$

$-x=2$

$\therefore x=-2$

35 ② $-2x-3=5$는 양변에 3을 더한 후 양변을 -2로 나누어 해를 구한다.

즉, $-2x-3+3=5+3$이므로

$-2x=8$

$\therefore x=-4$

15. 일차방정식 (본문 114쪽)

04 (×) 2차방정식이다.

11 ② $3(2x-1)=2+6x \Rightarrow -1=0$

③ $2x(1-x)=-2x^2+1$

$\Rightarrow 2x-1=0$

④ $x^2+1=x \Rightarrow x^2-x+1=0$

16. 일차방정식의 풀이 (본문 115쪽)

02 $2x+1=7$

$2x=6$

$\therefore x=3$

03 $-x+2=3$

$-x=1$

$\therefore x=-1$

04 $-2x-10=0$

$-2x=10$

$\therefore x=-5$

05 $3x=x+8$

$2x=8$

$\therefore x=4$

07 $-3x+7=-2x$

$-x=-7$

$\therefore x=7$

08 $x-1=2x+1$

$-x=2$

$\therefore x=-2$

09 $3x+5=-2x$

$5x=-5$

$\therefore x=-1$

10 $8x-10=3x-5$

$5x=5$

$\therefore x=1$

17. 복잡한 일차방정식의 풀이 (1)

(본문 116쪽)

02 $3(x-2)+8=5$

$3x-6+8=5$

$3x=3$

$\therefore x=1$

03 $3(x+1)-4=2$

$3x+3-4=2$

$3x=3$

$\therefore x=1$

04 $7=2(2x+1)+1$

$7=4x+2+1$

$-4x=-4$

$\therefore x=1$

05 $2(x-4)+3=-1$

$2x-8+3=-1$

$2x=4$

$\therefore x=2$

06 $7x-2(x-2)=14$, $7x-2x+4=14$

$5x=10$ $\quad\therefore x=2$

08 $2(x+2)+x=7$

$2x+4+x=7$

$3x=3$

$\therefore x=1$

09 $3x-4(2x-1)=-1$

$3x-8x+4=-1$

$-5x=-5$

$\therefore x=1$

10 $4(x-1)-3x=-7$

$4x-4-3x=-7$

$\therefore x=-3$

11 $-5x+4=3(x+4)$

$-5x+4=3x+12$

$-8x=8$

$\therefore x=-1$

12 $3(x-1)=-7x+2$

$3x-3=-7x+2$

$10x=5$

$\therefore x=\frac{1}{2}$

13 $3(x+2)=-2(x-2)$

$3x+6=-2x+4$

$5x=-2$

$\therefore x=-\frac{2}{5}$

14 $-3(x-1)+4x=2$

$-3x+3+4x=2$

$\therefore x=-1$

15 $3x+4=2(x+1)$

$3x+4=2x+2$

$\therefore x=-2$

16 $-(2x-1)=-3(2x-1)$

$-2x+1=-6x+3$

$4x=2$

$\therefore x=\frac{1}{2}$

17 $2(x-3)=-(3x-4)$

$2x-6=-3x+4$

$5x=10$

$\therefore x=2$

18 $5(x-1)=2(x+2)$

$5x-5=2x+4$

$3x=9$

$\therefore x=3$

18. 복잡한 일차방정식의 풀이 (2)

(본문 118쪽)

02 $x+1.6=2.6$

$10x+16=26$

$10x=10$

$\therefore x=1$

03 $0.5=0.1x+0.2$

$5=x+2$

$-x=-3$

$\therefore x=3$

04 $0.1x-0.1=-0.4$

$x-1=-4$

$\therefore x=-3$

05 $0.08x+0.36=1$

$8x+36=100$

$8x=64$

$\therefore x=8$

06 $-1.8=1-0.4x$

$-18=10-4x$

$4x=28$

$\therefore x=7$

08 $0.5x-0.9=0.7x-0.8$

$5x-9=7x-8$

$-2x=1$

$\therefore x=-\frac{1}{2}$

09 $0.4x+0.9=0.5x+0.6$

$4x+9=5x+6$

$-x=-3$

$\therefore x=3$

10 $0.4x-0.3=-0.6x+0.2$
$4x-3=-6x+2$
$10x=5$
$x=\frac{1}{2}$

11 $0.3x-0.4=0.2x-0.6$
$3x-4=2x-6$
$\therefore x=-2$

12 $-0.4x+0.5=0.3x-0.9$
$-4x+5=3x-9$
$-7x=-14$
$\therefore x=2$

13 $0.2x+1=-1.2x-0.4$
$2x+10=-12x-4$
$14x=-14$
$\therefore x=-1$

14 $0.5x-0.8=-0.3x+4$
$5x-8=-3x+40$
$8x=48$
$\therefore x=6$

15 $0.09x-0.04=0.08-0.1$
$9x-4=8x-10$
$\therefore x=-6$

16 $0.2x+0.1=0.6+x$
$2x+1=6+10x$
$-8x=5$
$\therefore x=-\frac{5}{8}$

17 $0.3x+0.2=0.2x-0.3$
$3x+2=2x-3$
$\therefore x=-5$

18 $x-1=0.4x-0.8$
$10x-10=4x-8$
$6x=2$
$\therefore x=\frac{1}{3}$

19. 복잡한 일차방정식의 풀이 (3)

(본문 120쪽)

02 $-\frac{x}{2}+\frac{4}{3}=-\frac{5}{3}$
$-3x+8=-10$
$-3x=-18$
$\therefore x=6$

03 $\frac{x}{3}=\frac{x}{2}-1$
$2x=3x-6$
$-x=-6$
$\therefore x=6$

04 $\frac{3}{2}x-1=\frac{1}{2}$
$3x-2=1$
$3x=3$
$\therefore x=1$

05 $-\frac{x}{2}+\frac{1}{3}=\frac{5}{6}$
$-3x+2=5$
$-3x=3$
$\therefore x=-1$

06 등식의 양변에 12를 곱하면
$2(x+2)-3(3x-2)=24$
$2x+4-9x+6=24$, $-7x+10=24$
$-7x=14$, $x=-2$

08 $\frac{1}{3}x-1=\frac{1}{2}x+1$
$2x-6=3x+6$
$-x=12$
$\therefore x=-12$

09 $\frac{1}{9}x+\frac{1}{2}=\frac{1}{6}x-\frac{1}{3}$
$2x+9=3x-6$
$-x=-15$
$\therefore x=15$

10 $\frac{2}{5}x-\frac{1}{3}=\frac{1}{3}x+\frac{1}{3}$
$6x-5=5x+5$
$\therefore x=10$

11 $\frac{2}{3}x-\frac{3}{4}=\frac{1}{2}x-\frac{1}{4}$
$8x-9=6x-3$
$2x=6$
$\therefore x=3$

12 $\frac{1}{5}x-\frac{4}{5}=\frac{1}{3}x-\frac{2}{5}$
$3x-12=5x-6$
$-2x=6$
$\therefore x=-3$

13 $\frac{1}{4}x+\frac{4}{3}=\frac{1}{2}x-\frac{2}{3}$
$3x+16=6x-8$
$-3x=-24$
$\therefore x=8$

14 $\frac{3}{2}x-3=\frac{1}{6}x+1$
$9x-18=x+6$
$8x=24$
$\therefore x=3$

15 $-\frac{1}{3}x+\frac{2}{3}=-\frac{1}{4}x+\frac{1}{3}$
$-4x+8=-3x+4$
$-x=-4$
$\therefore x=4$

16 $-\frac{1}{4}x+\frac{5}{8}=-\frac{1}{2}x-\frac{9}{8}$
$-2x+5=-4x-9$
$2x=-14$
$\therefore x=-7$

17 $\frac{1}{5}x+\frac{1}{5}=\frac{1}{2}x-1$
$2x+2=5x-10$
$-3x=-12$
$\therefore x=4$

18 $-\frac{1}{3}x-1=\frac{1}{9}x+\frac{1}{3}$
$-3x-9=x+3$
$-4x=12$
$\therefore x=-3$

20. 복잡한 일차방정식의 풀이 (4)

(본문 122쪽)

02 $-0.2(3x+5)=-0.3x+0.5$
$-2(3x+5)=-3x+5$
$-6x-10=-3x+5$
$-3x=15$
$\therefore x=-5$

03 $0.5x+0.7=0.2(4x-1)$
$5x+7=2(4x-1)$
$5x+7=8x-2$
$-3x=-9$
$\therefore x=3$

05 $\frac{1}{3}x=\frac{1}{4}(x-1)$
$4x=3(x-1)$
$4x=3x-3$
$\therefore x=-3$

06 양변에 6을 곱하면
$4(x+3)=9-3(1-x)$
$4x+12=9-3+3x$
$\therefore x=-6$

07 $2(x+0.4)=1.5x-0.2$
$20(x+0.4)=15x-2$
$20x+8=15x-2$
$5x=-10$
$\therefore x=-2$

08 $0.2(x-1)=0.3x+1$
$2(x-1)=3x+10$
$2x-2=3x+10$
$-x=12$

$\therefore x=-12$

09 $-0.1(5x+4)=0.3(x+4)$
$-(5x+4)=3(x+4)$
$-5x-4=3x+12$
$-8x=16$
$\therefore x=-2$

10 $0.8(x-2)=0.1(3x+4)$
$8(x-2)=3x+4$
$8x-16=3x+4$
$5x=20$
$\therefore x=4$

11 $\frac{1}{2}(3x-1)=\frac{1}{4}(3x+1)$
$2(3x-1)=3x+1$
$6x-2=3x+1$
$3x=3$
$\therefore x=1$

12 $0.3x=0.5x+\frac{2}{5}$
$3x=5x+4$
$-2x=4$
$\therefore x=-2$

13 $\frac{x}{3}-0.2(x+5)=1$
$10x-6(x+5)=30$
$10x-6x-30=30$
$4x=60$
$\therefore x=15$

14 $\frac{x}{5}+\frac{1}{2}=0.3x+0.4$
$2x+5=3x+4$
$-x=-1$
$\therefore x=1$

15 $0.5x-2=\frac{1}{4}x$
$2x-8=x$
$\therefore x=8$

16 $\frac{1}{5}(x+5)=0.5x-0.2$
$2(x+5)=5x-2$
$2x+10=5x-2$
$-3x=-12$
$\therefore x=4$

17 양변에 30을 곱하면
$30\times 0.5(1+x)-30\times\frac{3x+1}{5}$
$=30\times\frac{x-0.4}{3}$
$15(1+x)-6(3x+1)=10(x-0.4)$
$15+15x-18x-6=10x-4$
$15x-18x-10x=-4-15+6$
$-13x=-13$
$\therefore x=1$

19 $\frac{2x-5}{3}-1=0$
$2x-5-3=0$
$2x=8$
$\therefore x=4$

20 $\frac{x+5}{4}+\frac{3x-4}{5}=3$
$5(x+5)+4(3x-4)=60$
$5x+25+12x-16=60$
$17x=51$
$\therefore x=3$

21 $\frac{x-1}{2}-\frac{4x+1}{3}=0$
$3(x-1)-2(4x+1)=0$
$3x-3-8x-2=0$
$-5x=5$
$\therefore x=-1$

22 $\frac{x+2}{4}+\frac{2x-1}{3}=2$
$3(x+2)+4(2x-1)=24$
$3x+6+8x-4=24$
$11x=22$
$\therefore x=2$

24 $2x=4$
$\therefore x=2$

25 $4(x+1)=4$
$4x+4=4$
$4x=0$
$\therefore x=0$

26 $3(5x+1)=18$
$15x+3=18$
$15x=15$
$\therefore x=1$

27 $3(2x+3)=5(4-x)$, $6x+9=20-5x$
$11x=11$
$\therefore x=1$

21. 일차방정식의 해와 미정계수
(본문 124쪽)

02 $2+a=-4+5$
$\therefore a=-1$

03 $-2+9=4+a$
$\therefore a=3$

04 $-8-1=3(4-a)$
$-9=12-3a$
$3a=21$
$\therefore a=7$

06 방정식 $4x+3=7$을 풀면
$4x=4$ $\quad\therefore x=1$
$x=1$을 방정식 $a-(2x-3)=0$에 대입하면
$a-(2-3)=0$, $a+1=0$
$\therefore a=-1$

07 $3(x-4)=x-8$, $3x-12=x-8$,
$2x=4$
$\therefore x=2$
[방법 ①]
해가 같으므로 $x=2$를
$2(x+2a)=3(x+a)$에 대입하면
$2(2+2a)=3(2+a)$
$4+4a=6+3a$
$\therefore a=2$
[방법 ②]
$2(x+2a)=3(x+a)$를 정리하면
$a=x$가 되므로 $a=2$

22. 일차방정식의 활용 (본문 126쪽)

03 $2x+1=45$
$2x=44$
$\therefore x=22$

09 $10x+4+18=40+x$
$9x=18$
$\therefore x=2$

11 $\frac{10}{100}\times 300=30(\mathrm{g})$

14 $3000=8(300+x)$
$3000=2400+8x$
$-8x=-600$
$\therefore x=75$

16 $\frac{6}{100}\times 150=9(\mathrm{g})$

19 $\frac{9}{150-x}\times 100=9$
$900=9(150-x)$
$100=150-x$
$\therefore x=50$

02. 순서쌍과 좌표 (본문 131쪽)

07 (2) $3\times4=12$

08 (2) $3\times3=9$

09 (2) $\frac{1}{2}\times(3+6)\times4=18$

10 (2) $\frac{1}{2}\times4\times3=6$

11 (2) $\frac{1}{2}\times6\times3=9$

12 (2) $\frac{1}{2}\times5\times4=10$

04. 점의 대칭이동 (본문 135쪽)

11 $8\times2=16$

12 $\frac{1}{2}\times8\times2=8$

17 $4\times6=24$

18 $\frac{1}{2}\times4\times6=12$

05. 그래프 (본문 137쪽)

02 일정한 속력으로 움직인 시간은
30초~120초, 160초~280초이다.
따라서 구하는 시간은
$90+90=180$(초)

03 280초 후에 속력이 0이 되었으므로 정질할 때까지 걸린 시간은 280초이다.

05 15분~70분 사이에는 거리의 변화가 없었으므로 도서관에 머물렀다.
따라서 구하는 시간은 $70-15=55$(분)

06 가는 데 걸린 시간이 7분, 오는 데 걸린 시간이 6분이므로 $a=7+6=13$(분)
서점에 있었던 시간은 $b=25$(분)
$\therefore b-a=25-13=12$(분)

07 시간이 흐름에 따라 거리가 늘어나는 것은 [보기] 중 ㄱ이다.

08 시간이 흐름에 따라 거리가 늘어나다가 거리의 변화가 없이 일정 시간이 흐른 후 다시 거리가 줄어드는 것은 [보기] 중 ㄹ이다.

09 시간이 흐름에 관계없이 거리의 변화가 없는 것은 [보기] 중 ㄷ이다.

10 시간의 흐름에 따라 거리가 줄어들다가 거리의 변화가 없이 일정 시간이 흐른 후 다시 거리가 줄어드는 것은 [보기] 중 ㄴ이다.

11 그릇이 원기둥 모양이므로 일정한 속력으로 물을 채울 때 물의 높이가 일정하게 높아진다.

12 아랫부분에 있는 원기둥의 밑면이 윗부분에 있는 원기둥의 밑면보다 넓기 때문에 물의 높이가 아랫부분의 원기둥에서는 천천히 높아지다가 윗부분의 원기둥에서는 빠르게 높아진다.

13 아랫부분에 있는 원기둥의 밑면이 중간 부분에 있는 원기둥의 밑면보다 넓기 때문에 물의 높이가 아랫부분의 원기둥에서는 천천히 높아지다가 중간 부분의 원기둥에서는 빠르게 높아진다. 다시 윗부분의 원기둥에서는 아랫부분의 원기둥처럼 천천히 높아진다.

14 가장 늦게 도착한 사람은 시간이 가장 많이 걸린 사람이므로 보아이다.

15 경수는 처음에는 천천히 가다가 중간에 빠른 속력으로 이동해서 제일 먼저 도착하였다.

17 보아는 처음에는 가장 빠른 속력으로 갔지만 중간에 멈추어 시간을 보내고 이동하여 가장 늦게 도착하였다.

25 세로축은 평균 온도에서 기준 온도를 뺀 값이므로 보기에서 온도가 가장 낮은 해는 1910년이다.

28 그래프가 일정하게 반복되므로 가장 높은(또는 낮은) 곳을 기준으로 다시 돌아올 때까지의 시간을 구한다.
가장 높은 곳을 기준으로 하여 다시 돌아오는 시간은 5분에서 15분까지 10분 걸렸으므로 한 바퀴 회전하는 데 걸린 시간은 10분이다.

29 60분을 한 바퀴 회전하는 데 걸린 시간으로 나누면
$60\div10=6$(번)

30 0초에서 1초까지 1.3 m 높이로 올라갔다가 1초에서 2초까지 다시 원래 높이로 내려와서 2초에서 3초까지 1.8 m까지 올라갔다가 3초에서 4초까지 다시 원래 높이로 내려왔다. 그 이후에는 0초~4초 구간과 같은 현상이 반복된다.
따라서 2분 동안 가장 높은 위치에 올라가는 횟수는
$120\div4=30$(번)

06. 정비례 (본문 141쪽)

04

x	1	2	3	4	…
y	5	10	15	20	…

$\therefore y=5x$

05

x	1	2	3	4	…
y	1.5	3	4.5	6	…

$\therefore y=1.5x$

07 $y=500x$이므로 정비례한다.

08 $y=\frac{5}{x}$이므로 정비례하지 않는다.

09 $y=10x$이므로 정비례한다.

10 $x+y=230$이므로, x가 2배, 3배, 4배, …로 변할 때, y가 2배, 3배, 4배, …로 변하지 않으므로 정비례하지 않는다.

11 $y=2x$이므로 정비례한다.

12 $y=20x$이므로 정비례한다.

14 $y=ax$에 $x=1$, $y=5$를 대입하면
$5=a \quad \therefore y=5x$

15 $y=ax$에 $x=-6$, $y=-6$을 대입하면
$-6=-6a$, $a=1$
$\therefore y=x$

16 $y=ax$에 $x=-3$, $y=-9$를 대입하면
$-9=-3a$, $a=3$
$\therefore y=3x$

17 한 변이 x인 정사각형의 둘레는 $4x$이므로
$y=4x$
따라서 $p=4\times4=16$, $q=4\times5=20$
$\therefore p+q=16+20=36$

07. $y=ax\ (a\neq0)$의 그래프 (본문 143쪽)

15 $b=-\frac{3}{2}\times1=-\frac{3}{2}$

16 $b=-\frac{3}{2}\times4=-6$

17 $b=-\frac{3}{2}\times(-2)=3$

18 $b=-\frac{3}{2}\times(-10)=15$

19 $12=-\frac{3}{2}\times b \quad \therefore b=-8$

20 $-21=-\frac{3}{2}\times b \quad \therefore b=14$

22 $y=ax$에 $(3, 4)$를 대입하면
$4=3a,\ a=\frac{4}{3} \quad \therefore y=\frac{4}{3}x$

23 $y=ax$에 $(-2, 5)$를 대입하면
$5=-2a,\ a=-\frac{5}{2} \quad \therefore y=-\frac{5}{2}x$

24 $y=ax$에 $(7, -7)$을 대입하면
$-7=7a,\ a=-1 \quad \therefore y=-x$

26 $y=ax$에 $(2, -6)$을 대입하면
$-6=2a \quad \therefore a=-3$
$y=-3x$에 $(5, b)$를 대입하면
$b=-3\times5=-15$

27 $y=ax$에 $(4, 2)$를 대입하면
$2=4a \quad \therefore a=\frac{1}{2}$
$y=\frac{1}{2}x$에 $(-10, b)$를 대입하면
$b=\frac{1}{2}\times(-10)=-5$

08. 반비례 (본문 147쪽)

04

x	1	2	5	10	25	50
y	50	25	10	5	2	1

$\therefore y=\frac{50}{x}$

05

x	1	2	3	6
y	6	3	2	1

$\therefore y=\frac{6}{x}$

07 $x+y=24$이므로 x가 2배, 3배, 4배, …로 변할 때, y가 2배, 3배, 4배, …로 변하지 않으므로 정비례하지 않는다. 그렇다고 y가 $\frac{1}{2}$배, $\frac{1}{3}$배, $\frac{1}{4}$배, …로 변하지도 않으므로 반비례하지도 않는다.

08 $y=4x$이므로 정비례한다.

09 $y=18x$이므로 정비례한다.

10 $y=100x$이므로 정비례한다.

11 $y=\frac{1200}{x}$이므로 반비례한다.

12 $y=\frac{360}{x}$이므로 반비례한다.

14 $y=\frac{a}{x}$에 $x=1,\ y=5$를 대입하면
$5=a \quad \therefore y=\frac{5}{x}$

15 $y=\frac{a}{x}$에 $x=-6,\ y=-6$을 대입하면
$-6=\frac{a}{-6},\ a=36 \quad \therefore y=\frac{36}{x}$

16 $y=\frac{a}{x}$에 $x=-3,\ y=-9$를 대입하면
$-9=\frac{a}{-3},\ a=27 \quad \therefore y=\frac{27}{x}$

17 $\frac{1}{2}xy=24$이므로 $xy=48$
$\therefore\ y=\frac{48}{x}$
따라서 $p=\frac{48}{3}=16,\ q=\frac{48}{6}=8$
$\therefore p+q=16+8=24$

09. $y=\frac{a}{x}\ (a\neq0)$의 그래프 (본문 149쪽)

09 $b=\frac{24}{1}=24$

10 $b=\frac{24}{3}=8$

11 $b=\frac{24}{-2}=-12$

12 $b=\frac{24}{-6}=-4$

13 $6=\frac{24}{b} \quad \therefore b=4$

14 $-3=\frac{24}{b} \quad \therefore b=-8$

16 $y=\frac{a}{x}$에 $(-3, -3)$을 대입하면
$-3=\frac{a}{-3},\ a=9 \quad \therefore y=\frac{9}{x}$

17 $y=\frac{a}{x}$에 $(9, 4)$를 대입하면
$4=\frac{a}{9},\ a=36 \quad \therefore y=\frac{36}{x}$

18 $y=\frac{a}{x}$에 $(-2, 9)$를 대입하면
$9=\frac{a}{-2},\ a=-18 \quad \therefore y=-\frac{18}{x}$

20 $y=\frac{a}{x}$에 $(-6, -2)$를 대입하면
$-2=\frac{a}{-6} \quad \therefore a=12$
$y=\frac{12}{x}$에 $(3, b)$를 대입하면
$b=4$

21 $y=\frac{a}{x}$에 $(-5, 4)$를 대입하면
$4=\frac{a}{-5} \quad \therefore a=-20$
$y=-\frac{20}{x}$에 $(-10, b)$를 대입하면
$b=2$

23 (1) $y=-2x$에 $y=10$을 대입하면
$10=-2x$
$\therefore x=-5 \quad \therefore \mathrm{P}(-5, 10)$
(2) $(-5, 10)$을 $y=\frac{a}{x}$에 대입하면
$10=\frac{a}{-5} \quad \therefore a=-50$

25 (1) $y=\frac{12}{x}$에 $y=6$을 대입하면
$6=\frac{20}{x} \quad \therefore x=2$
$\therefore \mathrm{P}(2, 6)$
(2) $(2, 6)$을 $y=ax$에 대입하면
$6=2a \quad \therefore a=3$

10. 정비례와 반비례의 활용 (본문 153쪽)

02 $y=4\times15=60$(km)

03 $100=4\times x \quad \therefore x=25$(분)

04 연필 1자루의 가격은 700원이므로
$y=700x$

05 $y=700\times12=8400$(원)

06 $14000=700\times x \quad \therefore x=20$(자루)

08 $y=\frac{2}{3}\times6=4$(번)

09 $10=\frac{2}{3}\times x \quad \therefore x=15$(번)

11 $y=4\times8=32$(L)

12 $120=4\times x \quad \therefore x=30$(분)

14 $y=2.5\times10=25$(cm)

15 $10=2.5\times x \quad \therefore x=4$(g)

17 $y=12\times25=300$(km)

18 $60=12\times x \quad \therefore x=5$(L)

20 $y=\frac{120}{60}=2$(시간)

21 $\frac{3}{2}=\frac{120}{x}$ $\therefore x=80(\text{km/h})$

22 $\frac{1}{2}\times x\times y=30$ $\therefore y=\frac{60}{x}$

23 $y=\frac{60}{12}=5(\text{cm})$

24 $10=\frac{60}{x}$ $\therefore x=6(\text{cm})$

26 $y=\frac{72}{18}=4$(번)

27 $3=\frac{72}{x}$ $\therefore x=24$(개)

29 $y=\frac{60}{4}=15$(일)

30 $10=\frac{60}{x}$ $\therefore x=6$(명)

Ⅰ. 소인수분해 158~160쪽

01 ③	02 85	03 ②
04 ③	05 ④	06 ⑤
07 1, 2, 3, 4, 6, 9, 12, 18, 36		
08 12	09 ⑤	10 ④
11 ④	12 ③	13 ⑤
14 ①	15 1, 2, 3, 4, 6, 12	
16 10	17 6	18 ③
19 ④	20 24	21 5(개)
22 ④	23 $2^3\times3^2\times5^2\times7^3$	
24 360	25 9	26 ②
27 61		

01 ③ $2\times2\times2\times2=2^4$

02 $2^a=16$, $3^4=b$에서
$a=4$, $b=81$이므로
$a+b=85$이다.

03 ② 소수인 2는 짝수이다.

04 ③ 8의 약수는 1, 2, 4, 8의 4개이므로 합성수이다.

05 $116=2^2\times29$이므로 116의 소인수는 2와 29이다.

06 $52=2^2\times13$이고 어떤 자연수의 제곱이 되기 위해서는 지수가 짝수이어야 한다. 따라서, 곱할 수 있는 가장 작은 자연수는 13이다.

07 $36=2^2\times3^2$이므로 약수는

×	1	3	3^2
1	1×1	1×3	1×3^2
2	2×1	2×3	2×3^2
2^2	$2^2\times1$	$2^2\times3$	$2^2\times3^2$

1, 2, 3, 4, 6, 9, 12, 18, 36이다.

08 $2^3\times5^2$의 약수는 다음과 같다.

×	1	5	5^2
1	1×1	1×5	1×5^2
2	2×1	2×5	2×5^2
2^2	$2^2\times1$	$2^2\times5$	$2^2\times5^2$
2^3	$2^3\times1$	$2^3\times5$	$2^3\times5^2$

따라서, 약수의 개수는
$(3+1)\times(2+1)=4\times3=12$(개)

09 $60=2^2\times3\times5$이므로 약수는 개수는
$(2+1)\times(1+1)\times(1+1)$
$=3\times2\times2=12$(개)

10 □의 지수를 △라 하면
$(2+1)\times(\triangle+1)=12$이므로
$3\times(\triangle+1)=12$
$(\triangle+1)=4$
$\therefore \triangle=3$
따라서, 가장 작은 자연수는 $2^3=8$이다.

11 어떤 두 수의 공약수는 24의 약수이다. 따라서, 공약수는 1, 2, 3, 4, 6, 8, 12, 24이다.

12 36과 48의 공약수는 최대공약수의 약수이므로 36과 48의 최대공약수를 구하면
2)36 48
2)18 24
3) 9 12
  3 4
에서 $2\times2\times3=12$이다.
12의 약수는 1, 2, 3, 4, 6, 12이므로 가장 큰 수는 12이다.

13 ⑤ 25의 약수는 1, 5, 25이고 169의 약수는 1, 13, 169이므로 공약수는 1뿐이다. 따라서, 서로소이다.

14 두 수 $2^2\times3\times5^2$과 $2\times5\times7$의 최대공약수는 공통인 소인수 중 지수가 작은 수의 곱이므로 2×5이다.

15 두 수를 같은 수로 나누어 자연수가 되게 하는 수는 두 수의 공약수이다.
48의 약수는 1, 2, 3, 4, 6, 8, 12, 16, 24, 48이고
60의 약수는 1, 2, 3, 4, 5, 6, 10, 12, 15, 20, 30, 60이므로
공약수는 1, 2, 3, 4, 6, 12이다.

[다른풀이]
두 수의 최대공약수는 12이고
공약수는 최대공약수 12의 약수 1, 2, 3, 4, 6, 12이다.

16 $2 \qquad\qquad \times5\times5$
$2\times2 \quad \times3 \quad \times5$
$2\times2\times2\times3\times3\times5$
$2 \qquad\qquad \times5=10$이다.

17 2)30 42 108
3)15 21 54
  5 7 18
따라서, 최대공약수는 $2\times3=6$이다.

18 120, 80, 100의 최대공약수를 구하면
2)120 80 100
2) 60 40 50
5) 30 20 25
  6 4 5
따라서, 최대공약수는 $2\times2\times5=20$이므로 최대 20명에게 나누어 줄 수 있다.

19 2)24 32 48
2)12 16 24
2) 6 8 12
  3 4 6
24, 32, 48의 최대공약수는
$2\times2\times2=8$이므로
필요한 접시의 개수는 8개이다.

20 8의 배수이면서 12의 배수인 자연수는 24의 배수이므로 최소인 수는 24이다.

21 6과 9의 최소공배수가 18이므로 두 수의 공배수는 18의 배수이다. 따라서, 100 이하의 공배수는 18, 36, 54, 72, 90의 5개이다.

22 두 수 $2^a\times3$, $2^2\times3^a\times5$의 최소공배수가 $2^3\times3^2\times5$이므로 두 수는 $2^3\times3$, $2^2\times3^2\times5$이다.
즉, $a=3$, $b=2$
따라서, $a+b=3+2=5$이다.

23 $2\times2 \quad \times3 \quad \times5 \quad \times7\times7\times7$
$2\times2\times2\times3 \quad \times5\times5$
$2 \qquad \times3\times3 \qquad \times7$
$2\times2\times2\times3\times3\times5\times5\times7\times7\times7$
따라서, 최소공배수는 $2^3\times3^2\times5^2\times7^3$이다.

24 2)18 24 30
3) 9 12 15
  3 4 5

따라서, 최소공배수는

$2\times3\times3\times4\times5=360$이다.

25 (두 수의 곱)=(최대공약수)×(최소공배수)에서

567=(최대공약수)×63

∴ (최대공약수)=9

26
$$\begin{array}{r|rr} 2 & 16 & 24 \\ \hline 2 & 8 & 12 \\ \hline 2 & 4 & 6 \\ \hline & 2 & 3 \end{array}$$

에서 16과 24의 최소공배수는

$2\times2\times2\times2\times3=48$이다.

따라서, A가 회전하는 횟수는

$48\div16=3$(바퀴)이다.

27 세 자연수 4, 5, 6으로 나누어떨어지는 수는 최소공배수인 60의 배수이므로 세 자연수 중의 어느 수로 나누어도 나머지가 1인 자연수는 61, 121, 181, …이다.

따라서, 가장 작은 자연수는 61이다.

[다른풀이]

4의 배수 4, 8, 12, 16, …, 60, …

5의 배수 5, 10, 15, 20, …, 60, …

6의 배수 6, 12, 18, …, 60, …이다.

이 중 최소공배수는 60이고

(구하는 수)=60+1=61

Ⅱ. 정수와 유리수 161~163쪽

01 (1) +2 (2) +5 (3) −4 (4) −7

02 ③ 03 $\frac{5}{7}, -\frac{1}{4}, -0.3, +2.1$

04 점A : −3, 점B : −2, 점C : +1, 점D : +4

05 $a=-15, b=9$ 06 −4

07 $a=-9, b=+2$

08 (1) > (2) < (3) < (4) >

09 (1) $x\ge+3$ (2) $0<x\le+6$ (3) $-1\le x\le5$ (4) $x\ge2$

10 −17, −8, −4, 0, +3, +21

11 (1) $-\frac{5}{4}$ (2) $-\frac{5}{4}$

12 (1) $+\frac{1}{4}$ (2) $+\frac{37}{10}$

13 (1) −2 (2) −5 (3) −13 (4) −3

14 (1) +2 (2) −4

15 (1) −8 (2) −1

16 ㉠ : +11, ㉡ : 덧셈의 결합법칙

17 (1) −4.5 (2) $-\frac{49}{10}$

18 (1) $+\frac{1}{8}$ (2) $-\frac{3}{16}$

19 (1) −60 (2) +72 (3) −70 (4) 0

20 (1) $-\frac{20}{9}$ (2) $+\frac{1}{5}$ (3) $+\frac{40}{63}$ (4) $+\frac{1}{10}$

21 (1) $+\frac{1}{4}$ (2) $-\frac{11}{2}$

22 (1) −12 (2) 0 (3) +2 (4) +1

23 (1) +9 (2) +1 24 $-\frac{1}{6}$

02 ③ 정수는 양의 정수, 0, 음의 정수로 이루어져 있다.

03 유리수를 기약분수 꼴로 고쳤을 때, 분모가 1이 아닌 수를 찾는다.

04 원점 O에 0을 대응시키고 오른쪽에는 양의 정수, 왼쪽에는 음의 정수를 순서대로 대응시킨다.

06 두 정수의 절댓값이 모두 4이므로 두 수는 각각 −4, +4

07 절댓값이 가장 큰 수는 원점 O에서 가장 거리가 먼 수이고, 절댓값이 가장 작은 수는 원점 O에서 가장 거리가 가까운 수이므로 절댓값이 가장 큰 수는 −9, 절댓값이 가장 작은 수는 +2이다.

09 (4) '작지 않다'는 '크거나 같다'는 말과 같다.

11 (1) $\left(-\frac{3}{4}\right)+\left(-\frac{1}{2}\right)=-\left(\frac{3}{4}+\frac{1}{2}\right)=-\frac{5}{4}$

(2) $(-1.5)+\left(+\frac{1}{4}\right)=-\left(1.5-\frac{1}{4}\right)=-\frac{5}{4}$

12 (1) $\left(-\frac{5}{4}\right)-\left(-\frac{3}{2}\right)$
$=\left(-\frac{5}{4}\right)+\left(+\frac{3}{2}\right)$
$=+\left(\frac{3}{2}-\frac{5}{4}\right)=+\frac{1}{4}$

(2) $\left(+\frac{6}{5}\right)-\left(-\frac{5}{2}\right)$
$=\left(+\frac{6}{5}\right)+\left(+\frac{5}{2}\right)$
$=+\left(\frac{6}{5}+\frac{5}{2}\right)=+\frac{37}{10}$

13 (1) $3-5=-(5-3)=-2$

(2) $-7+2=-(7-2)=-5$

(3) $-4-9=-(4+9)=-13$

(4) $-5+2=-(5-2)=-3$

14 (1) $(+3)+(+7)+(-8)$
$=(+10)+(-8)$
$=+(10-8)=+2$

(2) $(-6)+(+5)+(-3)$
$=(-1)+(-3)$
$=-(1+3)=-4$

15 (1) $(+5)-(+7)+(-6)$
$=(+5)+(-7)+(-6)$
$=(-2)+(-6)=-8$

(2) $(+3)+(-8)-(-4)$
$=(+3)+(-8)+(+4)$
$=(-5)+(+4)=-1$

17 (1) $-5.1+3.4-2.8$
$=-5.1+(-2.8)+3.4$
$=-7.9+3.4=-4.5$

(2) $-3.2-1.5-\frac{1}{5}$
$=-4.7-\frac{1}{5}$
$=-\frac{47}{10}+\left(-\frac{2}{10}\right)=-\frac{49}{10}$

18 (1) $\left(+\frac{5}{12}\right)\times\left(+\frac{3}{10}\right)=+\frac{1}{8}$

(2) $\left(+\frac{7}{8}\right)\times\left(-\frac{3}{14}\right)=-\frac{3}{16}$

19 (1) $(+3)\times(+4)\times(-5)$
$=-(3\times4\times5)=-60$

(2) $(-2)\times(+9)\times(-4)$
$=+(2\times9\times4)=+72$

(3) $(-7)\times(-5)\times(-2)$
$=-(7\times5\times2)=-70$

(4) $(-4)\times(+1)\times0=0$

20 (1) $\left(+\frac{4}{3}\right)\times\left(+\frac{5}{6}\right)\times(-2)$
$=-\left(\frac{4}{3}\times\frac{5}{6}\times2\right)=-\frac{20}{9}$

(2) $\left(-\frac{2}{5}\right)\times\left(-\frac{3}{8}\right)\times\left(+\frac{4}{3}\right)$
$=+\left(\frac{2}{5}\times\frac{3}{8}\times\frac{4}{3}\right)=+\frac{1}{5}$

(3) $\left(+\frac{2}{7}\right)\times\left(-\frac{5}{6}\right)\times\left(-\frac{8}{3}\right)$
$=+\left(\frac{2}{7}\times\frac{5}{6}\times\frac{8}{3}\right)=+\frac{40}{63}$

(4) $\left(-\frac{1}{5}\right)\times\left(+\frac{5}{12}\right)\times\left(-\frac{6}{5}\right)$
$=+\left(\frac{1}{5}\times\frac{5}{12}\times\frac{6}{5}\right)=+\frac{1}{10}$

21 (1) $\left(+\frac{5}{6}\right)\div\left(+\frac{10}{3}\right)$

$=\left(+\frac{5}{6}\right)\times\left(+\frac{3}{10}\right)=+\frac{1}{4}$

(2) $(-3)\div\left(+\frac{6}{11}\right)$

$=(-3)\times\left(+\frac{11}{6}\right)=-\frac{11}{2}$

22 (1) $(+8)\div(+2)\times(-3)$

$=-(8\div2\times3)=-12$

(2) $(+9)\times0\div(+5)$

$=0\div(+5)=0$

(3) $(-12)\div(-3)\div(+2)$

$=+(12\div3\div2)=+2$

(4) $(-10)\div(+5)\div(-2)$

$=+(10\div5\div2)=+1$

23 (1) $(-3)\times(+5)+(-4)\times(-6)$

$=(-15)+(+24)=+9$

(2) $(+4)\div(-2)-(+12)\div(-4)$

$=(-2)-(-3)=+1$

24 $\left(-\frac{2}{3}\right)^2\div\left\{\left(-\frac{1}{2}\right)-\left(\frac{2}{3}-\frac{1}{2}\right)\right\}+\frac{1}{2}$

$=\left(+\frac{4}{9}\right)\div\left\{\left(-\frac{1}{2}\right)-\left(\frac{2}{3}-\frac{1}{2}\right)\right\}+\frac{1}{2}$

$=\left(+\frac{4}{9}\right)\div\left\{\left(-\frac{1}{2}\right)-\left(+\frac{1}{6}\right)\right\}+\frac{1}{2}$

$=\left(+\frac{4}{9}\right)\div\left(-\frac{2}{3}\right)+\frac{1}{2}$

$=\left(-\frac{2}{3}\right)+\frac{1}{2}=-\frac{1}{6}$

Ⅲ. 문자와 식 (164~168쪽)

01 (1) $3x+7$ (2) $(5a+1500)$원 (3) $3x+y$

02 (1) $-0.1ab^2$ (2) $-5abc$

03 ① 04 ④

05 (1) $-\frac{3a}{b}$ (2) $1-\frac{x+1}{3}$ (3) $-\frac{3a}{2}$

06 (1) -3 (2) 5 07 ⑤

08 ⑤ 09 ⑤

10 (1) abc cm^3 (2) 30 cm^3

11 (1) 3 (2) -3 (3) 5 (4) 2

12 ④ 13 ② 14 ③

15 ④ 16 ④ 17 $\frac{5}{4}$

18 ⑤ 19 ①, ④ 20 ⑤

21 ① 22 ③ 23 ④

24 ② 25 ② 26 ⑤

27 $x=3$ 28 ⑤ 29 ③

30 (1) $x=4$ (2) $x=3$

31 (1) $x=3$ (2) $x=5$

32 $x=3$ 33 ③ 34 ①

35 ⑤ 36 ④ 37 5

38 42, 43, 44 39 14년 후

40 4 cm 41 4 42 ③

43 ④ 44 ④ 45 24분

03 ② $\frac{(a+b)y}{x}$ ③ $a+\frac{by}{x}$

④ $a+\frac{bx}{y}$ ⑤ $a+\frac{b}{xy}$

04 $a\times b\div c\times(x\div y)$

$=a\times b\times\frac{1}{c}\times\left(x\times\frac{1}{y}\right)$

$=\frac{ab}{c}\times\frac{x}{y}=\frac{abx}{cy}$

05 (1) $a\times(-3)\div b=a\times(-3)\times\frac{1}{b}$

$=\frac{(-3)a}{b}=-\frac{3a}{b}$

(2) $1-(x+1)\div3=1-\frac{x+1}{3}$

(3) $a\times3\div(-2)=a\times3\times\frac{1}{-2}$

$=\frac{3a}{-2}=-\frac{3a}{2}$

06 (1) $\frac{1-5x}{3}=\frac{1-5\times2}{3}=-3$

(2) $x^2+3x-5=2^2+3\times2-5$

$=4+6-5=5$

07 ① $\frac{1}{-3}+1=\frac{2}{3}$

② $3\times(-3)-1=-10$

③ $2\times(-3)^2=18$

④ $2-5\times(-3)=17$

⑤ $\{-(-3)\}^3=3^3=27$

08 ① $a^2+b^2=1^2+(-2)^2=1+4=5$

② $a-2b=1-2\times(-2)$

$=1-(-4)=1+4=5$

③ $3a-b=3\times1-(-2)=3+2=5$

④ $a+(-b)^2=1+\{-(-2)\}^2$

$=1+4=5$

⑤ $\frac{8a+b}{2}=\frac{8\times1+(-2)}{2}$

$=\frac{8-2}{2}=\frac{6}{2}=3$

09 $a^2-2ab=(-2)^2-2\times(-2)\times\frac{1}{4}$

$=4-\frac{2\times(-2)}{4}$

$=4-\frac{-4}{4}$

$=4-(-1)=4+1=5$

10 (1) (직육면체의 부피)

=(가로의 길이)×(세로의 길이)

×(높이)$=abc(\text{cm}^3)$

(2) $abc=3\times2\times5=30(\text{cm}^3)$

11 $2x^2+5x-3$에서

(1) 항은 $2x^2$, $5x$, -3의 3개이다.

(2) 상수항은 -3이다.

(3) x의 계수는 5이다.

(4) 차수가 가장 높은 항이 x^2이므로 다항식의 차수는 2이다.

12 ① 항은 2개이다.

② 일차식이다.

③ 상수항은 -3이다.

⑤ $x=3$일 때, $2\times3-3=6-3=3$이므로 식의 값은 3이다.

13 $3x^2+x-4$에서 x의 계수는 $a=1$,

다항식의 차수는 $b=2$,

상수항은 $c=-4$이다.

$\therefore a+b+c=1+2+(-4)$

$=1+2-4=-1$

14 ㅁ. 이차식

ㅂ. $x+5-x=5$

따라서, 일차식은 ㄴ, ㄷ, ㄹ로 3개이다.

15 ④ $(8a-24)\div\left(-\frac{4}{3}\right)=-6a+18$

16 어떤 식을 A라고 하면

$3x-4-A=-2x+7$

$\therefore A=(3x-4)-(-2x+7)$

$=3x-4+2x-7=5x-11$

따라서, 바르게 계산한 식은

$3x-4+A=(3x-4)+(5x-11)$

$=3x-4+5x-11$

$=8x-15$

17 $\frac{a+5}{2}+\frac{3a-3}{4}$

$=\frac{a}{2}+\frac{5}{2}+\frac{3a}{4}-\frac{3}{4}$

$=\left(\frac{1}{2}+\frac{3}{4}\right)a+\frac{5}{2}-\frac{3}{4}$

$=\frac{5}{4}a+\frac{7}{4}$

18 $\frac{1}{2}(3x-2)+\frac{1}{3}(x+1)$

$=\frac{3x-2}{2}+\frac{x+1}{3}$

$=\frac{3}{2}x-1+\frac{1}{3}x+\frac{1}{3}$

$=\frac{9+2}{6}x+\frac{-3+1}{3}$

$=\frac{11}{6}x-\frac{2}{3}$

따라서, x의 계수는 $\frac{11}{6}$,

상수항은 $-\frac{2}{3}$이므로 두 값의 합은

$\frac{11}{6}+\left(-\frac{2}{3}\right)=\frac{11}{6}-\frac{4}{6}=\frac{7}{6}$

19 등호 (=)가 들어 있는 식을 찾는다.
②, ⑤는 부등호로 연결되어 있으므로 등식이 아니다.

20 ⑤ (좌변) $=2x-(x-8)$
$=2x-x+8$
$=x+8=$(우변)

21 $-2x+3=2(x+4)+\square$
$-2x+3=2x+8+\square$
항등식은 양변이 같아야 하므로
$\square=-4x-5$

22 ① $2\times(-3)+3\neq-1$: 거짓
② $(-3)-5\neq-2$: 거짓
③ $-(-3)-6=-3$: 참
④ $-3-1\neq2\times(-3)+3$: 거짓
⑤ $5\times(-3)-2\neq3\times(-3)$: 거짓

23 각 식에 $x=3$을 대입하면
① $2x-3=6-3=3\neq1$
② $4x-3=12-3=9\neq2x-1$
$=6-1=5$
③ $\frac{x}{3}+3=\frac{3}{3}+3=1+3=4\neq5$
④ $8+3x=8+9=17$
$=2x+11=6+11=17$
⑤ $\frac{x+1}{4}=\frac{3+1}{4}=\frac{4}{4}=1\neq2$

24 ① $x-4=7$에 $x=3$을 대입하면
$3-4=-1\neq7$
② $2x+3=2$에 $x=-\frac{1}{2}$을 대입하면
$-1+3=2$
③ $4x=4$에 $x=0$을 대입하면 $0\neq4$
④ $-\frac{1}{2}x=3$에 $x=6$을 대입하면
$-\frac{6}{2}=-3\neq3$
⑤ $6x=4x-7$, $2x=-7$에 $x=1$을 대입하면 $2\neq-7$

25 ① $a+1=b$의 양변에 2를 곱하면
$2a+2=2b$
② $a+2=b+2$의 양변에서 2를 빼면
$a=b$
③ $\frac{a}{3}=\frac{b}{4}$의 양변에 12를 곱하면
$4a=3b$
④ $ac=bc$에서 $c=0$이면
$a\neq b$일 수 있다.
⑤ $a=b$의 양변에 5를 곱하면 $5a=5b$

26 $a=-x+3$에 $x=-3$을 대입하면
$a=-(-3)+3=3+3=6$

27 $2x+3=4x-3$의 양변에서 $4x$를 빼면
$2x+3-4x=4x-3-4x$
$-2x+3=-3$
양변에서 3을 빼면
$-2x+3-3=-3-3$
$-2x=-6$
양변을 -2로 나누면
$\frac{-2x}{-2}=\frac{-6}{-2}$
$\therefore x=3$

28 ⑤ $2x=3x-6 \rightarrow 2x-3x=-6$이다.

29 $2(x-1)=x+3$, $2x-2=x+3$,
$x=5$
따라서, $a=1$, $b=5$이므로
$a+b=1+5=6$

30 (1) $3x+2=14$, $3x=14-2$
$3x=12$, $x=\frac{12}{3}$ $\therefore x=4$
(2) $4=5x-11$, $4+11=5x$
$\frac{15}{5}=x$ $\therefore x=3$

31 (1) $5x-4=x+8$, $5x-x=8+4$
$4x=12$, $x=\frac{12}{4}$ $\therefore x=3$
(2) $5x-1=-3x+39$,
$5x+3x=39+1$
$8x=40$, $x=\frac{40}{8}$ $\therefore x=5$

32 $2(x+3)=3(x+1)$,
$2x+6=3x+3$
$-x=-3$ $\therefore x=3$

33 $\frac{2x-1}{3}+\frac{1}{4}=\frac{1}{2}x$
$\frac{2}{3}x-\frac{1}{3}+\frac{1}{4}=\frac{1}{2}x$,
$\left(\frac{2}{3}-\frac{1}{2}\right)x=\frac{1}{3}-\frac{1}{4}$
$\frac{1}{6}x=\frac{1}{12}$
양변에 12를 곱하면
$2x=1$ $\therefore x=\frac{1}{2}$

$a=\frac{1}{2}$이므로 $2a^2=2\left(\frac{1}{2}\right)^2=\frac{1}{2}$

34 $0.4x-0.8=-2$의 양변에 10을 곱하면
$4x-8=-20$, $4x=-12$
$\therefore x=-3$

35 $5x+3=2x-9$
$3x=-12$ $\therefore x=-4$
$2x+a=3x-6$에 $x=-4$를 대입하면
$2\times(-4)+a=3\times(-4)-6$
$-8+a=-12-6$
$\therefore a=-10$

36 $(x-3):3=(2x-1):5$에서
$5(x-3)=3(2x-1)$
$5x-15=6x-3$
$-x=12$ $\therefore x=-12$
$\frac{x-3}{3}+a=2$에 $x=-12$를 대입하면
$\frac{-12-3}{3}+a=2$, $-5+a=2$
$\therefore a=7$

37 $a(x-1)=3$에 $x=-2$를 대입하면
$a(-2-1)=3$, $-3a=3$
$\therefore a=-1$
$x-a(x-1)=7$에 $a=-1$을 대입하면
$x+(x-1)=7$, $x+x-1=7$
$2x=8$, $x=4$
$\therefore b=4$
$\therefore b-a=4-(-1)=4+1=5$

38 연속하는 세 정수를 $x-1$, x, $x+1$이라고 하면
$(x-1)+x+(x+1)=129$,
$3x=129$
$\therefore x=43$
따라서, 세 정수는 42, 43, 44이다.

39 x년 후에 아버지의 나이가 딸의 나이의 3배가 된다고 하면,
$40+x=3(4+x)$
$40+x=12+3x$
$x-3x=12-40$
$-2x=-28$ $\therefore x=14$
따라서, 14년 후에 아버지의 나이가 딸의 나이의 3배가 된다.

40 가로의 길이를 x cm라고 하면, 세로의 길이는 $2x$ cm이다.
$2(x+2x)=24$, $6x=24$
$\therefore x=\frac{24}{6}=4$
따라서, 가로의 길이는 4 cm이다.

41 볼펜의 개수가 x일 때, 싸인펜의 개수는

$(7-x)$개이므로

$200x+300(7-x)=1700$

$-100x=-400$ $\therefore x=4$

따라서, 볼펜의 개수는 4개이다.

42 x개월 후에 준영이의 예금액이 은희의 예금액의 3배가 된다고 하면

$150000+5000x$

$=3(10000+5000x)$

$150000+5000x$

$=30000+15000x$

$10000x=120000$

$\therefore x=12$

43 구하는 분수를 $\dfrac{x}{72-x}$라고 하면

$x:(72-x)=4:5$

$5x=4(72-x)$

$5x=288-4x$

$5x+4x=288$

$9x=288$ $\therefore x=32$

분자는 32이고 분모는 $72-32=40$이므로 $\dfrac{32}{40}$이다.

따라서, 분자는 32이다.

44 올라갈 때 걸은 거리를 x km라고 하면

$\dfrac{x}{4}+\dfrac{x}{6}=5$, $3x+2x=60$, $5x=60$

$\therefore x=12$

따라서, 올라갈 때 걸은 거리는 12 km이다.

45 두 사람이 만날 때까지 걸린 시간을 x시간이라고 하면

두 사람의 움직인 거리의 합이 10 km이므로

$10x+15x=10$, $25x=10$, $x=\dfrac{2}{5}$

따라서, 두 사람이 만날 때까지 걸린 시간은 $\dfrac{2}{5}$시간, 즉 24분이다.

Ⅳ. 좌표평면과 그래프 169~172쪽

01 (1) P(-3), Q(2) (2) 풀이 참조
02 ④ 03 7 04 ③
05 ②
06 (1) 제4사분면 (2) 제2사분면
(3) 제3사분면 (4) 제1사분면
07 ① 08 ④ 09 ④
10 풀이 참조 11 100분
12 50분 13 ㄱ, ㄷ
14 6 m, 오전 6시와 오후 6시
15 4 m, 정오, 자정 16 4번
17 오후 3시부터 오후 9시까지
18 ②, ④ 19 ①
20 풀이 참조 21 ⑤
12 ④ 23 $k=\dfrac{3}{4}$
24 ② 25 17700원
26 ⑤ 27 ②
28 풀이 참조 29 ①
30 ④ 31 ②
32 ⑤ 33 3시간

01

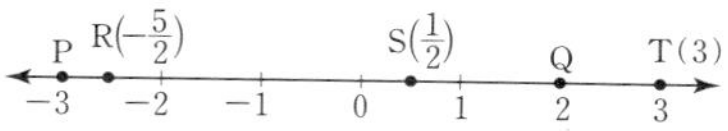

02 ④ 점 $(0, -1)$은 y축 위에 있다.

03 세 점 A, B, C를 좌표평면 위에 나타내면 다음과 같다.

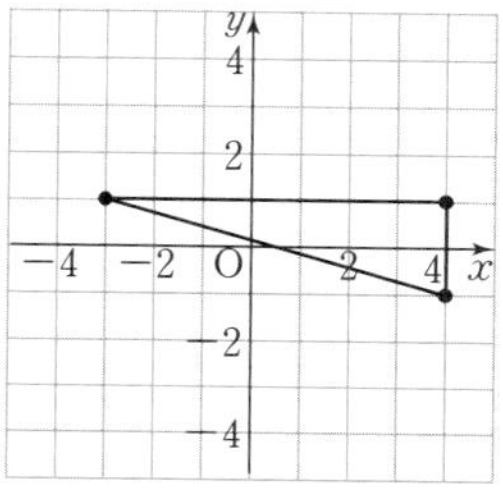

따라서, 삼각형 ABC의 넓이는

$\dfrac{1}{2}\times7\times2=7$

05 ① A$(-2, -5)$: 제3사분면

③ C$(0, 2)$: y축 위

④ D$(3, 3)$: 제1사분면

⑤ E$(-5, 0)$: x축 위

06 점 P(a, b)가 제1사분면 위의 점이므로 $a>0$, $b>0$이다.

(1) A$(a, -b)$의 부호는 $(+, -)$이므로 제4사분면

(2) B$(-a, b)$의 부호는 $(-, +)$이므로 제2사분면

(3) C$(-a, -b)$의 부호는 $(-, -)$이므로 제3사분면

(4) D(b, a)의 부호는 $(+, +)$이므로로 제1사분면

07 $ab>0$이므로 $a>0$, $b>0$ 또는 $a<0$, $b<0$

이때, $a+b<0$이므로 $a<0$, $b<0$

따라서, 점 $(-a, -b)$는 제1사분면 위의 점이다.

08 점 P$(ab, a+b)$가 제1사분면 위의 점이므로 $ab>0$, $a+b>0$이다.

$ab>0$이므로 a와 b는 서로 같은 부호이고 $a+b>0$이므로 $a>0$, $b>0$이어야 한다.

$a>0$, $-b<0$이므로 Q$(a, -b)$는 제4사분면 위에 있다.

09 점 P$(2, 5)$와 x축에 대하여 대칭인 점은 Q$(2, -5)$

점 P$(2, 5)$와 y축에 대하여 대칭인 점은 R$(-2, 5)$

점 P$(2, 5)$와 원점에 대하여 대칭인 점은 S$(-2, -5)$

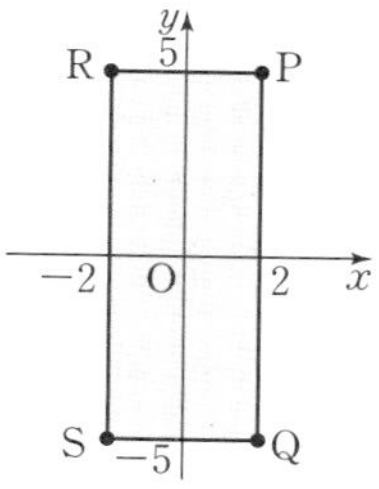

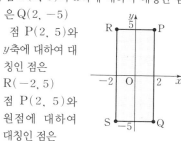

따라서, 네 점 P, Q, R, S를 꼭짓점으로 하는 사각형을 좌표평면 위에 나타내면 오른쪽과 같다.

$\therefore$ (사각형 PQSR의 넓이)$=4\times10=40$

10 (1) 용기는 바닥에서 위로 올라갈수록 폭이 일정하다가 넓어지는 모양이다. 따라서 일정한 양의 물을 넣을 때, 수면의 높이는 처음에는 일정하게 높아지다가 점점 천천히 올라간다.

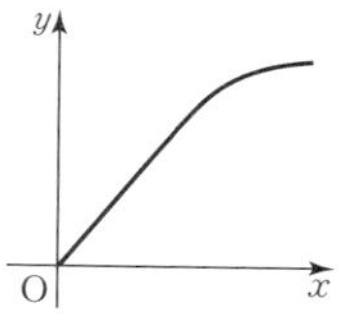

(2) 용기는 바닥에서 위로 올라갈수록 폭이 넓어지다가 다시 작아지는 모양이다. 따라서 일정한 양의 물을 넣을 때, 수면의 높이는 처음에는 천천히 올라가다가 점점 느려진 후 다시 빨리 올라간다.

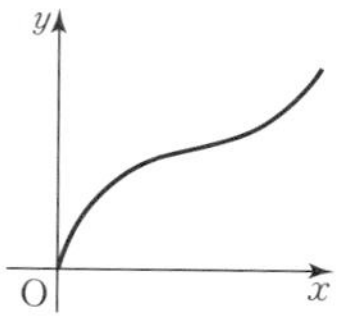

11 공원에 다녀오는 데 걸린 시간은 그래프에서 거리가 다시 0이 되는 지점까지의 시간이므로 100분임을 알 수 있다.

12 그래프에서 30분에서 80분까지 거리의 변화가 없으므로 공원에서 앉아 있던 시간은 50분임을 알 수 있다.

13 ㄱ. 오토바이의 최대 속력은 시속 50 km이다. (참)

ㄴ. 출발 이후 20초일 때, 시속 50 km로 달리는 중이었다. (거짓)

ㄷ. 출발 이후 30초부터 그래프가 아래로 내려가므로 오토바이의 속력은 계속 감소하였다. (참)
따라서 옳은 설명은 ㄱ, ㄷ이다.

14 하루 동안 해수면은 4 m에서 6 m까지 주기적으로 변화함을 알 수 있다. 따라서 해수면의 높이가 가장 높을 때의 해수면의 높이는 6 m이고, 그 시간은 오전 6시와 오후 6시이다.

15 해수면의 높이가 가장 낮을 때의 해수면의 높이는 4 m이고, 그 시간은 정오, 자정이다.

16 하루에 해수면의 높이가 5 m인 순간은 오전 3시, 오전 9시, 오후 3시, 오후 9시로 모두 4번 일어난다.

17 정오 이후에 해수면의 높이가 5 m 이상인 시각은 오후 3시부터 오후 9시까지이다.

18 x의 값이 2배, 3배, 4배, …로 변함에 따라 y의 값도 2배, 3배, 4배, …로 변하는 것은 $y=ax$ 꼴이다.
② $6x-y=0$에서 $y=6x$
④ $y=\frac{x}{10}=\frac{1}{10}x$

19 y가 x에 정비례하므로 $y=ax$에 $x=12$, $y=10$을 대입하면
$10=12a \quad \therefore a=\frac{5}{6}$
따라서 $y=\frac{5}{6}x$에 $x=-6$을 대입하면
$y=\frac{5}{6}\times(-6)=-5$

20

x	-2	-1	0	1	2
y	-4	-2	0	2	4

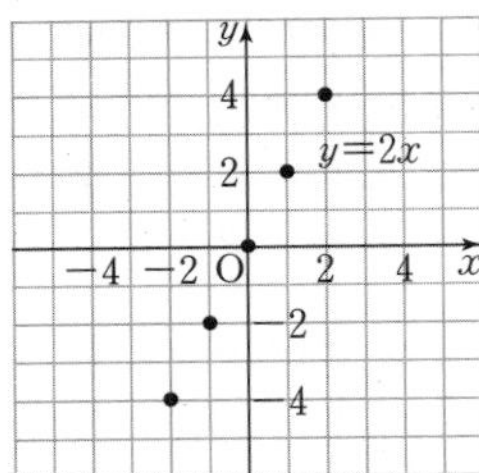

21 ⑤ a의 절댓값이 작을수록 x축에 가까워진다.

22 ④ $y=-3x$에 $x=2$를 대입하면
$y=-3\times2=-6$

23 삼각형 AOB의 넓이는
$\frac{1}{2}\times\overline{OA}\times\overline{OB}=\frac{1}{2}\times6\times8=24$
삼각형 AOB의 넓이를 이등분한 삼각형의 넓이는 12이다.
$(\triangle AOP$의 넓이$)=(\triangle BOP$의 넓이$)=12$
점 P의 좌표를 (a, b)라 하면
$(\triangle AOP$의 넓이$)=\frac{1}{2}\times6\times a=12$
$\therefore a=4$
$(\triangle BOP$의 넓이$)=\frac{1}{2}\times8\times b=12$
$\therefore b=3$
$\therefore P(a, b)=P(4, 3)$
$y=kx$의 그래프가 점 $P(4, 3)$을 지나므로 $x=4$, $y=3$을 대입하면
$3=4k \quad \therefore k=\frac{3}{4}$

24 (A톱니의 수)×(A의 회전수)
=(B톱니의 수)×(B의 회전수)이므로
$24x=36y \quad \therefore y=\frac{2}{3}x\ (x>0)$

25 고구마 100 g당 590원에 판매하므로 1 g당 5.9원이다.
따라서, $y=5.9x$에 $x=3000$을 대입하면 $y=5.9\times3000=17700$(원)

26 x의 값이 2배, 3배, 4배, …가 될 때, y의 값은 $\frac{1}{2}$배, $\frac{1}{3}$배, $\frac{1}{4}$배, …로 변하는 것은 $y=\frac{a}{x}$ 꼴이다.
⑤ $xy=-\frac{1}{9}$에서 $y=-\frac{1}{9x}$

27 y가 x에 반비례하므로 $y=\frac{a}{x}$에 $x=3$, $y=-6$을 대입하면
$-6=\frac{a}{3} \quad \therefore a=-18$
따라서 $y=-\frac{18}{x}$에 $x=9$를 대입하면
$y=-\frac{18}{9}=-2$

28

x	-4	-2	-1	$-\frac{1}{2}$	$\frac{1}{2}$	1	2	4
y	$-\frac{1}{2}$	-1	-2	-4	4	2	1	$\frac{1}{2}$

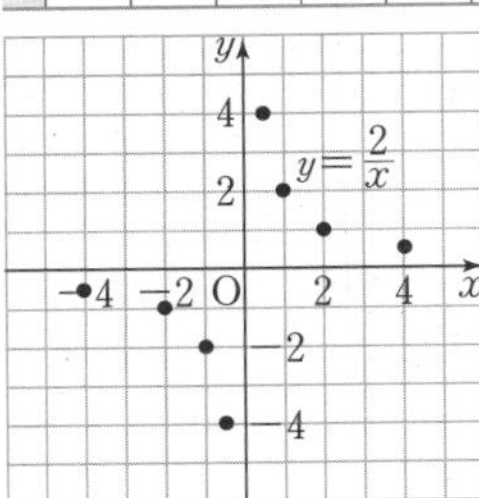

29 $y=\frac{a}{x}$의 그래프는 한 쌍의 곡선이고, $a<0$이므로
제2사분면과 제4사분면을 지난다.

30 $y=-\frac{6}{x}$에 $x=2$, $y=a$를 대입하면
$a=-\frac{6}{2}=-3$
$y=-\frac{6}{x}$에 $x=b$, $y=-\frac{1}{3}$을 대입하면
$-\frac{1}{3}=-\frac{6}{b} \quad \therefore b=18$
$\therefore a+b=(-3)+18=15$

31 $y=ax$, $y=\frac{b}{x}$의 그래프는 두 점 $(3, -12)$, $(c, 12)$를 지나므로 $y=ax$에 $(3, -12)$를 대입하면
$-12=a\times3 \quad \therefore a=-4$
$y=\frac{b}{x}$에 $(3, -12)$를 대입하면
$-12=\frac{b}{3} \quad \therefore b=-36$
$y=-4x$에 $x=c$, $y=12$를 대입하면
$12=(-4)\times c \quad \therefore c=-3$
$\therefore b+ac=-36+(-4)\times(-3)$
$=-36+12=-24$

32 사람의 수를 x명, 작업 일 수를 y일이라고 하면 5명이 10일 동안 작업하여 일을 완성하므로
$5\times10=x\times y$
$\therefore y=\frac{50}{x}\ (x>0)$
$y=\frac{50}{x}$에 $y=2$를 대입하면 $x=25$(명)

33 (거리)=(속력)×(시간)이므로
$240=xy$에서 $y=\frac{240}{x}$이다.
시속 80 km의 속력으로 달리면
$y=\frac{240}{80}=3$이므로 3시간 걸린다.

원리 이해력 향상! 체계적 실력 향상!

연마 중학수학

1·1

유형No.	유형	총 문항수	틀린 문항수	채점결과
050	나눗셈 기호의 생략	11		○△×
051	곱셈과 나눗셈 기호의 생략	11		○△×
052	곱셈, 나눗셈 기호를 사용하여 나타내기	12		○△×
053	식의 값	28		○△×
054	식의 값의 활용	3		○△×
055	항	4		○△×
056	다항식	16		○△×
057	차수	4		○△×
058	다항식의 차수	5		○△×
059	단항식과 수의 곱셈	6		○△×
060	단항식과 수의 나눗셈	4		○△×
061	일차식과 수의 곱셈	12		○△×
062	일차식과 수의 나눗셈	12		○△×
063	동류항	8		○△×
064	동류항의 계산	15		○△×
065	일차식의 덧셈	12		○△×
066	일차식의 뺄셈	12		○△×
067	일차식의 계산	11		○△×
068	분수 꼴의 일차식의 계산	6		○△×
069	어떤 식 구하기	4		○△×
070	등식	22		○△×
071	방정식과 항등식	6		○△×
072	방정식의 해	10		○△×
073	항등식이 되는 조건	5		○△×
074	등식의 성질	11		○△×
075	등식의 성질을 이용한 방정식의 풀이	24		○△×
076	이항	12		○△×

유형No.	유형	총 문항수	틀린 문항수	채점결과
077	일차방정식	11		○△×
078	이항을 이용한 일차방정식의 풀이	10		○△×
079	괄호가 있는 일차방정식의 풀이	18		○△×
080	계수가 소수인 일차방정식의 풀이	18		○△×
081	계수가 분수인 일차방정식의 풀이	18		○△×
082	복잡한 일차방정식의 풀이	22		○△×
083	비례식으로 된 일차방정식의 풀이	5		○△×
084	일차방정식의 해와 미정계수	7		○△×
085	자연수에 관한 문제	10		○△×
086	농도에 관한 문제	10		○△×
087	점의 좌표	6		○△×
088	좌표평면 위의 점의 좌표	6		○△×
089	좌표평면 위의 도형의 넓이	6		○△×
090	사분면	24		○△×
091	대칭인 점의 좌표	18		○△×
092	그래프의 해석	30		○△×
093	정비례 관계	17		○△×
094	$y=ax$의 그래프	8		○△×
095	$y=ax$의 그래프의 성질	6		○△×
096	$y=ax$의 그래프의 식	13		○△×
097	반비례 관계	17		○△×
098	$y=\frac{a}{x}$의 그래프	6		○△×
099	$y=\frac{a}{x}$의 그래프의 성질	2		○△×
100	$y=\frac{a}{x}$의 그래프의 식	17		○△×
101	정비례의 활용	18		○△×
102	반비례의 활용	12		○△×